上海市社会科学创新研究基地／吴信训工作室

复旦新闻与传播学译库·新媒体系列

吴信训 何道宽 主编

新新媒介
New New Media
（第二版）

［美］保罗·莱文森 著
（Paul Levinson）
何道宽 译

复旦大学出版社

谨以此书献给蒂娜、西蒙、莫莉、卡洛斯和普卡，
他们总是给我新的启示。

目录

- 何道宽第二版序 ········· 001
- 何道宽第一版序 ········· 001
- 莱文森中文版序 ········· 001
- 莱文森第一版前言与谢辞 ········· 001
- 莱文森第二版前言与谢辞 ········· 001

- **第一章 为什么要称为"新新"媒介？** ········· 001
  - 1.1 为何叫"新新"媒介而不是叫"社交"媒介？ ········· 004
  - 1.2 新新媒介的指导原理 ········· 005
  - 1.3 新新媒介涵盖新媒介的原理 ········· 007
  - 1.4 各章顺序与内容 ········· 008
  - 1.5 新新媒介和硬件的快速演化 ········· 011
  - 1.6 首要的方法论：在实践中学习 ········· 012
- **第二章 Facebook** ········· 015
  - 2.1 "朋友"的吸引力难以抗拒 ········· 017
  - 2.2 何谓网络"友谊"？ ········· 018
  - 2.3 细分网络友谊 ········· 019
  - 2.4 Facebook 小组及其变化 ········· 020
  - 2.5 Facebook 网友和小组是知识资源库 ········· 023
  - 2.6 Facebook 网友和小组是实时的知识资源库 ········· 024
  - 2.7 在真实世界里会网友 ········· 026
  - 2.8 与旧友在网上恢复联系 ········· 027
  - 2.9 保护"隐蔽的一维"：清理你的网页 ········· 028
  - 2.10 新新媒介里的主客观差异 ········· 030
  - 2.11 Facebook 的时间轴 ········· 031
- **第三章 Twitter** ········· 035
  - 3.1 典型的即时通讯 ········· 038

3.2　人际传播＝大众传播＝Twitter　…………………………………　040
3.3　Twitter 像智能 T 恤或首饰　………………………………………　041
3.4　Google＋, Twitter, Facebook 和 Pownce　…………………………　042
3.5　Twitter 的危险：沉迷 Twitter 的议员　……………………………　044
3.6　沉迷 Twitter 的议员，再添一例　…………………………………　045
3.7　Twitter 与伊朗的毛拉对阵　………………………………………　046
3.8　麦克卢汉是微博客　…………………………………………………　048

■ 第四章　YouTube　…………………………………………………　051
4.1　《奥巴马女孩》　……………………………………………………　053
4.2　YouTube 上的总统初选辩论　………………………………………　055
4.3　电视上好看＋YouTube＝网络上好看　……………………………　058
4.4　YouTube 上永不磨灭的印记和民主政治　…………………………　059
4.5　YouTube 篡夺电视的功能，成为公共事件的信使　………………　061
4.6　YouTube 不仅使用户能随时看，而且对制作者免费　……………　062
4.7　奥巴马是新新媒介时代的罗斯福及其新政的再现　………………　063
4.8　YouTube 的业余明星和视频制作人　………………………………　064
4.9　病毒视频　……………………………………………………………　066
4.10　病毒视频的弊端　……………………………………………………　067
4.11　通俗文化里的 YouTube 革命　………………………………………　068
4.12　洛伊·欧比森的吉他　………………………………………………　069
4.13　《当我的吉他温柔地哭泣》穿越千秋万代　………………………　070
4.14　YouTube 再现音乐电视　……………………………………………　071
4.15　YouTube 将使 iTunes 退出市场吗？　………………………………　072
4.16　YouTube 批驳刘易斯·芒福德，并把视频转换为文本
　　　………………………………………………………………………　073
4.17　蒂姆·拉瑟特（1950—2008）　……………………………………　074
4.18　YouTube 的阿喀琉斯脚踵：版权　…………………………………　075
4.19　YouTube 上的评论起矫正的作用：以弗利特伍兹组合
　　　为例　………………………………………………………………　078
4.20　教皇的频道　…………………………………………………………　079
4.21　YouTube 是国际信息解放者　………………………………………　080

■ 第五章　Wikipedia　…………………………………………………　083
5.1　泡菜与伯里克利　……………………………………………………　086

5.2　包容主义者 vs. 排他主义者：Wikipedia 上英雄的厮杀
　　　………………………………………………………… 086
5.3　编辑的中立与利益的冲突 ………………………… 089
5.4　身份问题 …………………………………………… 090
5.5　一切 Wikipedia 用户都平等，但有些人比其他人更能享
　　　受平等 …………………………………………… 092
5.6　Wikipedia 网页上的透明度 ……………………… 094
5.7　Wikipedia vs. 不列颠百科全书 …………………… 094
5.8　在报道蒂姆·拉瑟特死讯时的新旧媒介之争 ……… 095
5.9　Wikipedia 误报泰德·肯尼迪和罗伯特·伯德的
　　　死讯 ……………………………………………… 096
5.10　是百科全书还是报纸？ …………………………… 097
5.11　Wikipedia 使图书馆不再是必需的吗？ ………… 098
5.12　英国 vs. Wikipedia ……………………………… 101

第六章　Blogging ……………………………………… 103

6.1　电子书写简史 ……………………………………… 106
6.2　永存的博客，无所不写 …………………………… 107
6.3　对评论的控制 ……………………………………… 108
6.4　评别人的博客 ……………………………………… 109
6.5　用博客作纠正的评语 ……………………………… 110
6.6　《火线》明星斯特林格·贝尔在 Myspace 上给我来信
　　　………………………………………………………… 111
6.7　博文发表后的修改 ………………………………… 113
6.8　长期的博客效应与相互联系 ……………………… 114
6.9　博客团队 …………………………………………… 115
6.10　写博客赚钱 ………………………………………… 116
6.11　用博客赚钱与博主的理想不能兼容吗？ ………… 121
6.12　用图像、视频和小配件装点你的博客：Photobucket、
　　　Instagram、Flickr 和 Pinterest 等图片分享网站 …… 123
6.13　测算博客的访问量：流量、Alexa 排名和 Klout 影响力
　　　排名 ……………………………………………… 125
6.14　不同的博客平台 …………………………………… 126
6.15　博客人像旧媒体的新闻记者一样有权享受《第一修

	正案》的保护吗?	127
6.16	公民记者、《第一修正案》和"占领华尔街"	129
6.17	博主与说客	130
6.18	博客的匿名	132
6.19	维基解密与匿名	133
6.20	为他人写博客	134
6.21	用你的博客改变世界	136
6.22	一位镇长及其博客	138
6.23	"穿睡衣的博客人"	138
6.24	新新媒介与旧形式媒介的紧张进一步加剧	141
6.25	新新媒介新闻时代仍然需要旧媒介报道	143
6.26	旧媒介与新新媒介的共生:《迷失》与《危机边缘》电视剧里的复活节彩蛋	145

■ 第七章 Foursquare 定位与硬件 …… 147

7.1	Foursquare 与 iphone	149
7.2	签到与真相	150
7.3	隐私与定位	150
7.4	移动媒介的必然趋势	151
7.5	硬件之必需	152
7.6	移动之代价	153
7.7	新新媒介在无用之地变得有用	154
7.8	汽车、公园和卧室里的智能电话	155
7.9	电池是新新媒介的软肋	156
7.10	iPhone、平板电脑、蓝牙和大脑	156

■ 第八章 地位稍次的新新媒介 …… 159

8.1	Myspace	161
8.1.1	网"友"之缘起	161
8.1.2	Myspace 上的"欺凌"	162
8.1.3	新新媒介为网络欺凌疗伤	164
8.1.4	Myspace 是一站式社交媒介的自助餐厅	164
8.1.5	Myspace 音乐与新新媒介	165
8.1.6	Myspace 诗歌	167
8.2	Digg 与 Reddit	168

8.2.1　呼朋唤友,花钱买"挖掘"或"埋葬" ………… 170
　　8.2.2　罗恩·保罗与巴拉克·奥巴马在 Digg 上对阵 …… 171
　　8.2.3　罗恩·保罗与旧媒介 ………………………… 174
　　8.2.4　真实世界和大屏幕上的 Reddit ……………… 175
8.3　Second Life ……………………………………………… 177
　　8.3.1　Second Life 的历史和运行机制 ……………… 179
　　8.3.2　Second Life 与真实生活界面 ………………… 180
　　8.3.3　Second Life 里的一次研讨会 ………………… 180
　　8.3.4　肯尼·哈勃,Second Life 里的天文学家 …… 182
　　8.3.5　Second Life 里的性爱 ………………………… 184
　　8.3.6　Second Life 网上的《迷失》剧讨论小组 …… 185
8.4　Podcasting …………………………………………… 187
　　8.4.1　如何制作播客？ ……………………………… 188
　　8.4.2　播客制作蓝图一例 …………………………… 188
　　8.4.3　播客的储存与流通:播客播放器、iTunes 播放器和
　　　　　 RSS 阅读器 …………………………………… 189
　　8.4.4　播客成功案例:语法女王 …………………… 191
　　8.4.5　在智能手机上、汽车里听播客 ……………… 192
　　8.4.6　播客书 ………………………………………… 193
　　8.4.7　播客与版权:播客音乐 ……………………… 194
　　8.4.8　播客广告 ……………………………………… 195
　　8.4.9　视频直播 ……………………………………… 198
　　8.4.10　在线研讨会与视频播客 …………………… 200

■ **第九章　新新媒介的阴暗面** …………………………… 203
9.1　前新新媒介的滥用:欺凌、攻击与煽动 ……………… 206
9.2　网络流言与网络欺凌 …………………………………… 209
9.3　网络盯梢 ………………………………………………… 210
9.4　Twitter 与恐怖主义 …………………………………… 211
9.5　利用克雷格分类广告招募人打劫银行 ………………… 213
9.6　网络垃圾 ………………………………………………… 214
9.7　旧媒介对新媒介的弊端反应过度:图书馆 vs. 博客人
　　 ……………………………………………………………… 215

第十章　政治与新新媒介 …… 219

10.1　巴拉克·奥巴马,新新媒介和2008年的大选 …… 221
  10.1.1　用新新媒介公告副总统人候选人失策 …… 222
  10.1.2　总统就职典礼及政府工作在互联网上的反响 …… 223
  10.1.3　总统与黑莓手机 …… 224
  10.1.4　开局顺当 …… 226
10.2　2010年的茶党和Twitter …… 227
10.3　"阿拉伯之春"与媒介决定论 …… 228
10.4　"占领华尔街"汹涌澎湃,直选民主高潮再起 …… 230
10.5　2012年的美国大选 …… 232

■ 补记　2012年美国大选的借鉴意义 …… 234
■ 参考文献 …… 236
■ 第一版译后记 …… 265
■ 第二版译后记 …… 267
■ 作者介绍 …… 268

何道宽第二版序

麦克卢汉有一句警语:"如其运转,则已过时。"(If it works, it's obsolete.)

莱文森也反复重申,《新新媒介》的纸媒版到达读者手里时,其中许多内容已经过时。新新媒介的日新月异使写作和出版总是赶不上趟。数字技术、新新媒介、云计算、大数据、人机结合时代的发展速度,赛风驰电掣,似迅雷闪电,纸媒书怎么赶得上啊。

《新新媒介》第一版的英文版(2009)和中文版(2011)相隔两年多;第二版的英文版(2012)和中文版(2013)相隔仅一年,作者和译者追赶新新媒介的发展,总是跟不上。奈何!

好在媒介理论是相对稳定的,不会赶时髦,凑热闹。

《新新媒介》的功能因人而异。互联网的网虫,容易疯狂;虚拟空间的迷路人,幻觉缠身;社交媒介的追风人,误读真实世界。全身心浸淫在赛博空间里的人,将被灭顶。对一切非理性的网络行为,《新新媒介》不失为一剂清醒剂,第九章"新新媒介的阴暗面"是警世良药。

对新媒介和新新媒介的研究者,莱文森理论和实践并重的精神总是令人惊喜。

他是世界级的媒介理论家、数字时代的麦克卢汉、传播学媒介环境学学会顾问。

2011年麦克卢汉诞辰100周年纪念,莱文森是欧美多场纪念会上的学术明星。

他是媒介理论的践行者。大学教授中率先使用、研究最新潮的电子媒介和新新媒介者,罕有人能出其右。他是美国大学教授里的十大blogging人之一。

和第一版相比,《新新媒介》有增补、扩写、更新、调整、紧缩、修订,总体修订约二分之一,由原来的十三章减为十章,篇幅由225页增加到240页。

什么力量呼唤《新新媒介》的新版呢?无疑,社会文化技术的发展成为强大的驱动力,表现在几个方面:

(1)社会政治的重大变革:在"阿拉伯之春"(the Arab Spring)和"占领华尔街"(Occupy Wall Street)运动中,新新媒介闪亮、强大。

(2)在美国的政党政治和竞选活动中,和旧媒介、新媒介相比,新新媒介使政界人士更贴近民众。

（3）新新媒介如何洗牌？Foursquare 降生，Reddit 上升，Twitter 飙升，Facebook、YouTube 和 Wikipedia 强劲，Myspace 缩水，Second Life 没落……

（4）智能手机和平板电脑等硬件促进新新媒介的大发展。

最值得注意的是最后三章。

（1）第八章"地位稍次的新新媒介"集中讲地位下降的新新媒介，反映了一条铁律：凡是和真实生活贴近的媒介都地位上升，凡是和真实生活远离的媒介都地位下降。

（2）第九章"新新媒介的阴暗面"要我们警惕互联网和新新媒介的非理性和无序，呼唤必要的秩序和规制。

（3）第十章"政治与新新媒介"引领我们近距离观察美国的政治发展、选举民主、阿拉伯之春和占领华尔街。

何道宽

深圳大学文化产业研究院

深圳大学传媒与文化发展研究中心

2013 年 9 月 15 日

何道宽第一版序

这篇序文分十个部分对莱文森及其《新新媒介》做一些介绍和评论。

一、莱文森的学术地位

纽约福德姆大学教授保罗·莱文森（Paul Levinson）是我极力推崇的学者，我引进了他的六部著作，主持完成了"莱文森研究书系"（中国人民大学出版社），为他编辑了《莱文森精粹》。

《新新媒介》（复旦大学出版社，2010）是我翻译的他的第六本传播学著作，此前的五本书依次为：《数字麦克卢汉》（社会科学文献出版社，2001）、《思想无羁》（南京大学出版社，2003）、《手机》（中国人民大学出版社，2004）、《真实空间》（中国人民大学出版社，2006）、《莱文森精粹》（中国人民大学出版社，2007）。

在世学者出选集的不多，中国人为外国学者编选集的更少，《莱文森精粹》是我和他共同编选的文集。莱文森为何享此殊荣？

因为他是相当理想而完美的、多才多艺的知识分子。

他是世界级的媒介理论家、数字时代的麦克卢汉、传播学媒介环境学学会顾问，继承和发扬了马歇尔·麦克卢汉（Marshall McLuhan）和尼尔·波斯曼（Neil Postman）的媒介理论。

他是著名的科幻小说家，曾任美国科幻协会会长，科幻作品屡次获美国和世界级大奖或提名奖。

他是形而上的思辨型理论家，《思想无羁》是知识进化、媒介演化的专著。

他是媒介理论的践行者。大学教授中率先使用、研究最新潮的电子媒介和新新媒介者，罕有人能出其右。

他是著名的社会批评家，评论时政、新新媒介和电视节目，数百次上广播、电视、互联网发表评论、接受访谈、参与讨论。

莱文森是高产、优质、杰出的媒介理论家和科幻小说家。他的地位还在上升。

明年，复旦大学出版社还要推出我译介的他的《软利器》，这是我引进的他的第七本书。

2011年7月21日是麦克卢汉诞辰100周年纪念，莱文森将是欧美多场纪念会上的明星,风头不逊麦克卢汉的儿子埃里克·麦克卢汉(Eric McLuhan)。

二、《新新媒介》的意义

莱文森的《新新媒介》似乎是英语世界里同类型书之唯一。我于 2010 年 10 月 2 日上午 10 时(北京时间)在网上搜索,结果是:Amazon 网上书店的"New New Media"名下只有莱文森这一本 New New Media;旋即在卓越亚马逊和当当网检索"新新媒介",所获为零;接着转 Google 检索,未找到同名书籍;随即转"谷歌"检索"新新媒介",也一无所获;最后转"百度"检索"新新媒介",亦无同名书籍。看来,专著形式的"新新媒介"迄今只有莱文森这一本了。

早在 1979 年的博士论文《人类历程回顾:媒介进化理论》("Human Replay: A Theory of the Evolution of Media")里,莱文森就提出了媒介演化的"人性化趋势"(anthropotropic)理论和"补救性媒介"(remedial media)理论,于是,他的前卫媒介理论家地位得以确立。他认为,人类媒介的演化必然是越来越人性化;后继的媒介必然是对以前媒介的补足和补救。他以极端乐观的姿态推出若干媒介理论,始终占据媒介理论的制高点。1997 年,他以《软利器:信息革命的自然历史与未来》(The Soft Edge: A Natural History and Future of the Information Revolution)纵览千万年的媒介演化史,进一步巩固了他媒介理论家的地位。1998 年,他以《思想无羁》穷究知识进化史,入侵哲学家的领地,拓展了媒介哲学家的视野。2009 年,他以这部《新新媒介》进入最先锋的媒介理论家的行列,独占鳌头。

从媒介演化的视角看,《新新媒介》是《软利器》的续集;借此,他提出了当代媒介的"三分说"(旧媒介、新媒介和新新媒介),完成了理论上的突破,对学界作出了新的贡献。

从媒介理论的视角看,《新新媒介》从媒介哲学的高度阐述了新新媒介的性质、定义、原理和特征,它不是简单的"手册"和"指南"。

从媒介实践的视角看,《新新媒介》以作者本人丰富多彩的经验例证描绘了新新媒介在当代社会、政治、社交、娱乐、学习生活中的多彩画卷。对许多技术盲和"菜鸟"级的网民而言,这是一本非常亲切的启蒙读物。

三、新新媒介年谱

本书区分旧媒介、新媒介和新新媒介,介绍了新新媒介家族,其成员依次是

Blogging、YouTube、Wikipedia、Digg、Myspace、Facebook、Twitter、Second Life、播客网等。

新新媒介的问世年代有些可以精确到月,有些则只能确定一个大致的时段。兹分列如次:

Blogging 原型肇始于 1993 年 6 月,定名(blog)于 1999 年。
Wikipedia:2001 年 1 月诞生。
Second Life:2003 年由林登实验室创建。
Myspace:初创于 2003 年 8 月。
Podcast:诞生于 2004 年年初。
Facebook:滥觞于 2004 年 2 月。
Digg:创始于 2004 年 10 月。
YouTube:问世于 2005 年 2 月。
Twitter:创建于 2006 年 3 月。

四、旧媒介、新媒介和新新媒介的区分与界定

《新新媒介》提出了当代媒介的"三分说",已如上述,但作者并未明确界定这三种媒介,我想根据他的中文版序和正文做一番演绎,加上自己的理解,分别做一点简明的说明。

互联网诞生之前的一切媒介都是旧媒介(old media),它们是空间和时间定位不变的媒介,比如书籍、报刊、广播、电视、电话、电影等。书籍里的知识锁死在一个地方,不去翻检就不能获取。报刊有周期,出版之前只能苦等。电影电视有节目表,不到时候你就看不到。旧媒介的突出特征是自上而下的控制、专业人士的生产。

新媒介(new media)指互联网上的第一代媒介,滥觞于 20 世纪 90 年代中期。其界定性特征是:一旦上传到互联网上,人们就可以使用、欣赏,并从中获益,而且是按照使用者方便的时间去使用,而不是按照媒介确定的时间表去使用。新媒介的例子有电子邮件、亚马逊网上书店、iTunes 播放器、报刊的网络版、留言板、聊天室等。

新新媒介指互联网上的第二代媒介,滥觞于 20 世纪末,兴盛于 21 世纪,例子有 Blogging、Wikipedia、Second Life、Myspace、Facebook、Podcast、Digg、YouTube、Twitter 等。其界定性特征和原理是:(1)其消费者都是生产者;(2)其生产者多半是非专业人士;(3)个人能选择适合自己才能和兴趣的新新

媒介去表达和出版；(4)新新媒介一般免费，付钱不是必需的；(5)新新媒介之间的关系既互相竞争，又互相促进；(6)新新媒介的服务功能胜过搜索引擎和电子邮件；(7)新新媒介没有自上而下的控制；(8)新新媒介使人人成为出版人、制作人和促销人。

五、新新媒介的分类

(1) 按形态分为文字、音频、视听、图片。
(2) 按新闻属性分为 Digg、Wikipedia、blogging、Twitter。
(3) 按社交属性分为 Myspace、YouTube。
(4) 按软件功能可分为一般系统与专用系统。
(5) 按社会功能可分为政治媒介和娱乐媒介。
(6) 按自主性和控制程度划分，各新新媒介略有不同。

六、新新媒介的排序

新新媒介可以按四种参照排序：年谱、分类、用户人数、重要性。按问世年代排列，依次为 Blogging、Wikipedia、Second Life、Myspace、Facebook、Podcasting、Digg、YouTube 和 Twitter。按分类排列，新闻类有 blogging、Wikipedia、Twitter；交友类有 Myspace、Facebook、Twitter。按用户人数排列依次为 YouTube、Facebook、Myspace、Digg、Twitter、Second Life。还可以按重要性排列，本书大体上采用了这样的顺序来安排章节。

七、新新媒介的命名

互联网成熟以后的新一代媒介如何命名？有人称其为社交媒介、银屏艺术、Web 2.0、Web 2.5 或 Web 3.0。莱文森逐一予以否定，坚持将其命名为新新媒介。原因何在呢？

因为千万年来的一切人类媒介都具有社会性，所以用"社交媒介"专指当代最新一代的媒介是不妥当的。

用"银屏艺术"泛指所有的"新新媒介"不太妥当，Facebook 和 Myspace 很难被称为"艺术"，播客和纯音频的新新媒介多半是通过微型耳塞来传播的，而不是通过银屏送达我们的。用 Web 2.0、Web 2.5 或 Web 3.0 等数字来命名互联网新一代的媒介也不妥当,因为用数字表示代际差异固然简易,但数字不含具体的内容,难以做到严谨而准确。

仅引一小段文字显示旧媒介、新媒介与新新媒介的差异:"'新媒介'这个名字描绘的互联网生活和工作,与传统媒介和旧媒介截然不同,比如电子邮件与纸媒邮件不同,网上阅读与读书读报不同;同理,'新新媒介'描绘的互联网生活和工作与'新媒介'截然不同,比如,读 Wikipedia 的网页和读 CNN 电视网的网络版就截然不同,因为 Wikipedia 的网页是很容易编辑的。"(第5页,指原书页码,下同)

八、新新媒介的未来

"新新媒介的软件和硬件都在飞速发展、一日千里。目前,最大的飞速发展是传递新新媒介的硬件的发展。黑莓手机、iPad 平板电脑、iPhone 手机以及各种各样的智能手机不仅能用于会话和收发短信,不仅能收发视频、照片和博客,而且用来能阅读电子书和新闻,实际上,这些硬件设备能把一切新新媒介的内容送达每个人的手掌、眼睛和耳朵。"(莱文森中文版序)

"媒介演化的下一个阶段是什么?未来的媒介不是'后'新新媒介,也不是'新'新新媒介,而是新新媒介的'超级版',也就是新新媒介的'仿生版'。"(莱文森中文版序)

再引一段话说明新新媒介的未来:"新新媒介的出现和演化,都很快,其相对重要性的变化也快……到你读本书的时候,我所论述的新新媒介的重要性可能或多或少有所变化。此外,我写书时不存在的新新媒介却有可能在扮演重要的角色了。"(第13页)

九、新新媒介是"软利器"、双刃剑,利弊皆有

一切媒介都是双刃剑,利弊同在。这是莱文森一以贯之的思想。枪械可以用来猎取食物、保家卫国,也可以用来杀人越货;枕头使人安眠,却又可以用来窒息杀人;言语可以表情达意、传递知识,也可以用来咒骂、争吵、诽谤;电子游戏给人以愉悦,却又可能使人沉迷其中、难以自拔。

本书讴歌新新媒介对网民和用户的多功能的伟大解放作用,同时又专辟一章描绘"新新媒介的阴暗面"(第十一章),详细探讨新新媒介的潜在危险,并提出可能的补救措施。他论述的弊端有:知识产权的侵犯、信息垃圾(spam)、流言

(gossip)、攻击(flaming)、煽动(trolling)、欺凌(bullying)、盯梢(stalking)、恐怖活动。当然,这些弊端古已有之,并非新新媒介所独有,但由于网络世界的虚拟性、非真实性,其迷惑和引诱胜过物质世界里的吸引力,所以许多潜在的危险容易被放大,这又是不争的事实。

再从"莱文森研究书系"(中国人民大学出版社)的三本书里撷取例子,说明莱文森关于媒介"双刃剑"的思想。

《手机》(2004)里有这样一段话:"试图寻找固有属性一好俱好、一坏俱坏的技术,是徒劳无益的。毕竟,枪可以猎取食物,其好处是让我们免于饥饿。无害的枕头让我们高枕无忧,可是其坏处是它又可以使人窒息而成为杀人工具。"(第201页)

《手机》用两章篇幅详述手机的弊端:第6章"社会生活中的插足者"和第7章"儿童上钩",尤其是其中的两节"死死纠缠"和"夫妻待命"(第65—91页)。

《真实空间》(2006)第十一章"恐怖主义时代的真实空间"第一节"交流的双刃剑"(第105页)。

《莱文森精粹》(2007)里有这样一段话:"常识告诉我们,关于技术后果优劣利弊的问题就像是刀子的问题,刀子既可以用来做好事比如砍柴,又可以用来做坏事比如砍人。根据这个观点,刀子和一般的技术完全处于人的掌握之中。"(第129页)

《莱文森精粹》(2007)还专辟一章(第22章)"始终接触的危险:手机的阴暗面",论述手机的弊端(第276—281页)。

十、麦克卢汉是超前的微博人

莱文森撰写《数字麦克卢汉》时(1999),新新媒介尚未问世,他撷取14条简短的麦克卢汉"神喻"和"天书"来阐述麦克卢汉的思想:这些语录是:"媒介即讯息"、"声觉空间"、"无形无象之人"、"地球村"、"处处皆中心,无处是边缘"、"光透射对光照射"、"冷媒介与热媒介"、"人人都出书"、"电子冲浪"、"机器把自然变成艺术品"、"我们没有艺术,我们把一切事情都干好"、"后视镜"和"媒介定律"。

十年后撰写《新新媒介》时(2009),莱文森突然顿悟,原来麦克卢汉的警语、格言、典故、暗喻就是微博!他的简短章节就是blogging!

在麦克卢汉的《谷登堡星汉》(1962)里,每一个章节的标题之下的"题解"就是他所作的微博,例子有:"精神分裂症也许是书面文化的必然后果"和"新出现的电子相互依存性以地球村的形象重新塑造世界"。该书一共有107条这样的"微博"。

再将莱文森在《新新媒介》里的相关论述摘抄如下：

"言简意赅、格言警语的爆发是他的典型文风；自20世纪60年代起，他的重要著作常有简短到只有一两页篇幅的章节；这实际上就是网络书写（"电脑会议"）的一种形式，也就是我们今天所谓的博客，他的'微博'写作在互联网和网上交流之前几十年就出现了。"（第141页）

"麦克卢汉的章节标题不仅是微博的预兆，而且预示着最佳的微博。"（第141页）

"麦克卢汉为何能预见数字时代呢？使他窥见未来的并不是那种巫师的水晶球。他不拥有跨越时间的神奇窥视镜。那是因为他的脑子以我们数字时代的方式工作，尤其以新新媒介的方式工作，他的风格就是新新媒介捕捉并投射到屏幕上和生活中的运行方式。这反过来说明，微博这种简短的书写形式自古以来就是人类力所能及的书写方式，只不过我们的文化和教育限制或排除了这样的书写形式。麦克卢汉突破那样的期待，如今，他的风格成了短信、即时通讯、状态条报告和微博的规范。"（第142页）

何道宽
深圳大学文化产业研究院
深圳大学传媒与文化发展研究中心
2010年10月3日

莱文森中文版序

很高兴我的中文版《新新媒介》能在今年问世。中国是世界上人口最多的国家，是世界第二大经济体，最能从《新新媒介》的问世中受益。这是因为新新媒介的首要特征是使消费者成为生产者，换言之，新新媒介使每个人能创造媒介的内容，而且让世界各地的人们都能"看到"这样的内容。

报纸和电视是旧媒介，一切传统媒介多半都是在离线状态下工作，从滥觞之日起直到现在都是如此。亚马逊网上书店和iTunes播放器等是比较陈旧的新媒介，它们虽然在互联网上运行，但受到严格的编辑控制。在旧媒介和新媒介这两个领域里，只有少数人能把自己想要传播的内容和生产的讯息向世人传播。相反，在YouTube、Facebook和Twitter等新新媒介领域里，人人都能上传视频、创建网页或发表简短的微博。

我们正在走向一个新新媒介创造的文化、新闻和娱乐的世界。在这个世界里，仅靠众多的由消费者转化而来的生产者用户，中国就可以在新新媒介领域里发挥主导作用。《新新媒介》的宗旨之一就是让一切信息生产者更加了解这一新兴生活方式的运行机制及其可能产生的影响。

我在1977年的专著《软利器：信息革命的自然历史与未来》里，追溯了人类传播的历史。我从语言和文字的滥觞落笔，勾勒人类传播的未来，憧憬任何人从世界的任何地方都能获取任何信息的前景。

实际上，《新新媒介》是《软利器》的续篇，因为《新新媒介》详细描绘人人能生产和消费的信息是什么，讲述任何人如何从世界的任何地方获取这样的信息。视频、照片、音乐、口语词和书面词都是这个未来世界的构件，如今，这个"未来"世界已然成为我们当下的世界。任何人、每个人都可以创造这些构件，名人和渴望成为名人的人们、专业人士和业余人士都可以成为这样的创造者。

新新媒介之后，媒介演化的下一个阶段是什么？目前，最大的飞速发展是传递新新媒介的载体硬件的发展。黑莓手机、iPad平板电脑、iPhone手机以及各种各样的智能手机不仅能用于会话和收发短信，不仅能收发视频、照片和blogging，而且能用来阅读电子书和新闻，实际上，这些硬件设备能把一切新新媒介的内容送达每个人的手掌、眼睛和耳朵。

试想你知道智能手机就在身边，却记不起搁在哪里了，如果你将其忘家里了,你就可以瞥见未来承载新新媒介的硬件设备可能是什么样子了。它将置入你的耳孔或身上其他方便使用的地方。它将是随身携带的蓝牙(bluetooth),就像你嘴巴里的牙齿一样。

当然是供你选择的设备,而不是强制你使用的设备,但凡是不想与新新媒介世界脱离的人都可以使用这样的硬件。这样的媒介不是"后"新新媒介,也不是"新"新新媒介,而是新新媒介的"超级版",也就是新新媒介的"仿生版"。

很高兴何道宽先生翻译我的《新新媒介》,这是他为我翻译的第六本书。他的译作精雕细刻,灵动睿智。我的著作的汉译本之所以如此之多,仅次于我的母语英文版的数量,正是仰仗他的精心翻译。每一位作家都希望能拥有全球的读者,我衷心感谢何道宽先生的鼎力相助,他使我的希望成为现实。

保罗·莱文森

2010年9月于纽约

莱文森第一版前言与谢辞

有时,新书是作者几十年思考、研究和发展的思想。另一些书与之相反,只不过体现灵感袭来、驱使作者诉诸笔端的洞见。《新新媒介》里的一些媒介比如 YouTube 和 Twitter 在 2004 年前还不存在,所以这本书显然是新近获得的灵感。但《新新媒介》的主题尤其媒介的影响却吸收了千百年来人类传播的基本原理:媒介使我们既是新闻、舆论和娱乐的生产者又是其消费者。

最初想到写《新新媒介》是在 2007 年的盛夏。我在福德姆大学任传播与媒介系主任,喜欢教书。分管研究生教学的副系主任兰斯·斯特雷特(Lance Strate)与我探讨,选修我们的研究生课程"新媒介"的学生为什么不多。我突然意识到,这些课程虽然顶着"新媒介"的名字,重点却已陈旧:如何用超文本链接标示语言(HTML)、网络、电子邮件等的影响。这些课程在 20 世纪 90 年代中期是"新颖的"。相比而言,到了 2007 年夏天,学生和一般人都在热心议论 Blogging(博客)、Facebook 和 YouTube。我们注意到,在当年的春季学期和上一年的秋季学期里,许多学生已经在社交媒介上写博客。我对兰斯说,我们应该开设"新新媒介"的课程。2008 年春,我给研究生开了一门课,审视 2008 年的总统人选,研究 Blogging、Facebook 和 YouTube 如何为竞选造势。

兰斯·斯特雷特为本书的成形还提供了另一种帮助。2007 年秋,他介绍我认识正在为大学出版集团物色选题的阿伦·基斯伯利(Aron Keesbury)。我提出几个选题,阿伦选中了"新新媒介"。我草拟了目录给他。虽然我们未能在合同条款上达成一致,但我要感谢他,因为他看到了我们对这本书的需求,还在交谈中给我启示,有助于我确定书中的讲题。

与阿伦见面的同一个星期,查尔斯·斯特林(Charles Sterin)造访福德姆大学,全天为我录像,为他正在撰写的教材《数字新千年的大众媒介》(*Mass Media for the Digital Millennium*)准备素材,该书拟由培生公司(Pearson books)出版。几个月以后,他告诉我,他的编辑珍妮·扎列斯基(Jeanne Zalesky)可能对《新新媒介》感兴趣。

珍妮是理想的编辑。作者写书,编辑推荐出版,出版商向世人推荐书。她充满活力,思想新锐,推动《新新媒介》,为本书的出版作出了宝贵的贡献。我还要感谢橡树街(Elm Street)出版社的丹妮尔·乌尔班(Danielle Urban),她善于出版业务的管理。

以作者和教授的双重身份,我的每一本书包括科幻小说,在一定程度上都含有学生的灵感,现在和过去,我都要感谢学生的问题和激励。不过,《新新媒介》尤其是我20世纪70年代和80年代讲授研究生课程的产物。那时,我在费尔莱·迪金森大学(Fairleigh Dickenson University)教本科生课程,在社会研究新学院(New School for Social Research)教研究生课程。同时,《新新媒介》也是20世纪80年代和90年代我在联合教育公司(Connected Education)网上传授研究生课程的产物。尤为重要的是,它是我十年来在福德姆大学本科生和研究生教学的产物。需要感谢的学生不胜枚举,但有两人作出了特别宝贵的贡献,他们是麦克·普鲁弗(Mike Plugh)和尤利娅·戈罗波科娃(Yulia Golobokova)。我在书中还要提到他们的名字。

我还要感谢几位新新媒介的业内人士,他们提供了宝贵的洞见和信息。他们是巴纳·多诺万(Barna Donovan)、埃蒙·哈桑(Emon Hassan)、肯·哈德森(Ken Hudson)和马克·莫拉罗(Mark Molaro)。

我多年探索数字传播和移动传播如何与公共生活、个人生活以及家庭生活融合的问题,这是我探索的"新新媒介"的主题之一。本书问世之前,我的妻子蒂娜·沃齐克(Tina Vozick)阅读我的手稿,始终参与讨论。实际上,书稿送达编辑之前,她是唯一通读手稿的人。她对Wikipedia的研究尤其有助于本书那一章的撰写。我们成年的孩子西蒙(Simon)和莫莉(Molly)提供了源源不绝的资源。西蒙2004年向我介绍Facebook,莫莉首先让我注意一种现象:她那样的20岁出头的年轻人在网上看电视。

那是几年前的情景。《新新媒介》是这场异乎寻常的传播革命的快照和分析,也是我们生活的快照和分析。自那时以来,传播革命每天都在发生,而且还在继续进行。比如,就在一个月以前,一位宇航员从外太空发回了第一段微博。

保罗·莱文森
2009年6月于纽约

莱文森第二版前言与谢辞

一、为什么需要《新新媒介》的第二版？

为何需要这个第二版？媒介演化之快如迅雷闪电，《新新媒介》的第二版势在必需。第一版三年前问世以后，Myspace 缩水十分之九；Facebook 的发展繁花似锦，用户直逼 10 亿；Foursquare 和 Reddit 风头正旺。这些新新媒介和老牌的"强手"Twitter、YouTube 和 Wikipedia 一道产生了改变游戏的效果。"茶党"、"阿拉伯之春"、"占领华尔街"之所以出现，或多或少都和新新媒介有关系，它们使信息消费者成为生产者的方式也促成了这些运动。再者，使用智能手机和平板电脑的人数飙升，几乎人人都掌握了借用这些新新媒介书写、照相、制作视频并发送到世界各地的能力。这场传播革命涵盖社会的各个层次。如今，美国总统和罗马教皇都用 Twitter，你乘车时的邻座、在超市里与你一道排队付款的人也在用 Twitter。每天在 YouTube 上流通的视频多达 40 亿，不仅有贾斯汀·比伯（Justin Bieber）的视频，而且有邻居的视频，如果他们的视频恰好是"查理又咬了我的手指"（"Charlie bit my finger-again!"），浏览那段视频的人次自 2007 年以来已多达 4.27 亿。新新媒介使人做事的能力增强，巨细不论。

二、谢词

在这个新新媒介的世界上，人已成为终极的知识资源。你在 Facebook 或 Twitter 上提问，常常在分秒之间就得到解答。在撰写第一版时，我就有幸得到网友的帮助。读者可以在第一版序里看见我的谢词。我在这里再表谢忱。此外，在这个新版里，我要感谢斯科特·桑德里奇（Scott Sandridge）、史蒂夫·汤普森（Steve Thompson）、泰德·奥利卡拉（Ted Ollikkala）和乔·莫比利（Joe Vito Moubry），我们未曾谋面，他们却从 Twitter 和 Facebook 的视角给我提供了珍贵的信息。我还要感谢福德姆大学的同事乔纳森·桑德斯（Jonathan Sanders），他要我注意俄国人在 2011 年夏天的"白色革命"中使用新新媒介的情况。请允许我感谢本书编辑梅莉萨·马什伯恩（Melissa Mashburn）及其助手梅加·赫米达（Megan Hermida）的辛勤工作，特别要感谢英提格拉软件公司（Integra Software

Services)的项目经理阿比亚那·拉伦德兰(Abinaya Rajendran)和文字编辑克里斯琴·克拉克(Christine Clark)的精心工作。我的妻子蒂娜·沃齐克(Tina Vozick)始终不渝地在各方面给我宝贵的支持,通报新新媒介的最新发展、仔细与我切磋、推敲,细心通读我的初稿。蒂娜参与 Wikipedia 一章的编写工作,在各种条目上贡献了 23 000 条编审意见,她的帮助不可或缺。我们的孩子西蒙(Simon)和莫莉(Molly)以及他们的另一半萨拉·塞尔泽(Sarah Seltzer)和卡洛斯·戈多伊(Carlos Godoy)也常常给我启示和信息。

请欣赏 2012 年年初我为你抓拍的新新媒介的这幅快照。如果过去的三年算一个时间尺度的话,你读到这个第二版时,它将是有一点泛黄的一帧照片了,不过,其中应有足够多的东西会延续到将来,仍然是你似曾相识的旧友。在这个创意日新月异的世界里前进时,你会觉得,这些东西仍然是弥足珍贵的。

保罗·莱文森

2012 年 5 月于纽约

第一章

为什么要称为"新新"媒介?

第一章 为什么要称为"新新"媒介？

2009年6月,我在《新新媒介》第一版中写下一段话:以下是新媒介与独裁政府的一些重大冲突在20世纪和21世纪的时间表:

1942—1943年:"白玫瑰运动"用复印传单把纳粹政府的真相告诉德国人民。该运动未能推翻纳粹政权。

1979年:阿亚图拉·霍梅尼(Ayatollah Khomeini)的录像带在伊朗流传,成功煽动了推翻伊朗国王的革命。

20世纪80年代:"地下出版"录像带批评苏联政府,可能为米哈伊尔·戈尔巴乔夫(Mikhail Gorbachev)的改革和公开性以及苏联统治的终结铺平了道路。

2001年:约瑟夫·埃斯特拉达(Joseph Estrada)总统的手机,在动员菲律宾人和平抗议中发挥了一定的作用。第二次人民力量革命成功。

2009年:Twitter和YouTube把伊朗人对官方报道选举结果的抗议传到国外。截止本书完稿时,其结果尚不明朗。

几乎三年后的2012年年初,业已清楚的是,虽然伊朗的"绿色革命"没有成功,但它以"阿拉伯之春"、美国的"占领华尔街"等形式在世界各地兴起。

这些运动是直接民主的表达形式,滥觞于古代雅典,很快被亚历山大大帝和罗马取代,此后就不再见于很多地方。相反,在世界各地的民主社会比如美国、欧洲等地所实施的是间接民主或代议制民主,这是20世纪的趋势。原则上,民主选举产生的官员要表达人民的意志。促成代议制民主运行的是我们今天所谓的"旧媒介",首先是印刷机,20世纪是广播和电视。这些旧媒介地位坚挺,依然如故;由少数人比如编辑、制片人或所谓"守门人"进行决策,由他们处理信息、新闻和娱乐,决定版面、广播节目和屏幕的形貌。包括我们在内的受众很容易接收和消费其信息,但我们不能发表信息。

相比而言,21世纪最新的媒介使我们消费者很容易生产和传播信息,而且同接收和消费信息一样容易。不过,并非互联网上的一切信息都同样容易生产和传播。《纽约时报》的网络版与其纸媒版一样,要受编辑控制。为了夺取大多数图书和音乐资源,连Amazon和iTunes播放器也是与出版商合作,而不是与消费者合作,不过,作者可以用 Kindle 电子书阅读器直接出书,原有的出版格局开始变化。但在 Facebook、Twitter、YouTube、Google+、Wikipedia 或 Blogging 上,任何人都能生产内容,读者和出品人常常是相同的人。这样的消费者和生产者集于一身的人在世界上数以千万计。我把这些媒介称为"新新"媒介而不是"新"媒介,目的是要把 Amazon、iTunes 和《纽约时报》的网络版这些"新"媒介和 Facebook、Twitter、YouTube 之类的"新新"媒介区别开来,"新新"媒介把强大的信息生产力交到每个人的手里。

《新新媒介》第二版的主题是,人人都是生产者和消费者,这一新的能力改变我们大家生活、工作和游戏的方式。这一变化不仅促动和推进了占领华尔街运动,而且催生了"茶党";在许多方面,这两场运动处在美国政治频谱的两端。这是因为"茶党"与"占领华尔街"源自同样的不满,该党也不满意代议制政府;在数字时代,在社会决策中,新新媒介赋予人人更直接发表意见的机会。这不仅涉及政治,而且和我们在真实的离线世界里的日常生活息息相关,比如,朋友能找到我们正在就餐的饭店,只需用 Facebook、Twitter、Foursquare 就能够"追踪"并找到我们,无论我们在何方。实际上,我们的在线生活和离线生活日益合为一体,再用这两个术语将其分开越来越没有意义了。无论我们在何方,无论在线还是离线,无论使用 Twitter 描写我们在真实世界里的行为还是讲述网上的经验,我们都栖居在新新媒介的世界里,数字的和物理的媒介都近在手边。

1.1 为何叫"新新"媒介而不是叫"社交"媒介?

Twitter、Facebook 和 YouTube 一般叫"新新"媒介。为什么称之为"新新"媒介呢?为什么其他类似的媒介也叫"新新"媒介呢?毫无疑问,使消费者能成为生产者的媒介是社交性的,其互动性远远胜过单向的旧媒介比如电视。我们用 Twitter 写我们的所思所想、所作所为,而且回应他人的 Twitter,包括我们在线或离线是否认识的人。这些"朋友"可能是数字人,而不是血肉之躯的人,他们是新新媒介的首要成分,将是本书考虑的重点。

有些旧媒介相当"新",比如 Amazon 和 iTunes;有些旧媒介显然"旧",比如广播和印刷。所有这些旧媒介都有相当重要的社交成分。人们常常交流他们读书、听音乐、看电影电视的体会,实际上,这样的交谈常常是完全离线的。如果这样的交谈不是旧媒介的社交成分,那么,书店的读书小组和电视上对政治候选人的冷静评论是不是旧媒介的社交成分呢?即使和一个朋友议论你们正在看的电视、正在读的书,那也能说明媒介固有的社交性。换句话说,包括从书页和屏幕接收单向的信息,一切传播都有社交性。

由此可见,和旧媒介的社交性相比,虽然新新媒介的社交性极其重要,明显得多,然而它们不能独揽"社交媒介"一语,我们不能以互换的方式使用"社交媒介"和"新新媒介"。况且,新新媒介的首要成分比如消费者成为生产者的要素可以由一人独自实现,而不是靠交往来完成,比如单枪匹马就可以撰写 blogging、制作视频。当然,要改变"社交媒介"的称谓为时已晚,我们不断听见旧媒介用这个称谓描绘 YouTube、Twitter 和 Facebook。但我们可以这本书里用"新新媒介"这个辨析力更强的术语。

1.2 新新媒介的指导原理

什么是本书介绍的 Facebook、Twitter、YouTube、Wikipedia、Blogging 等媒介共同的界定性特征呢?这些特征使它们互有区别又使之不同于旧媒介。

(1)每个消费者都是生产者。这是一切新新媒介底层的核心特征。凡是读博客的人几乎都能立即开启自己的博客,但微软国家广播公司网站和《纽约时报》网站的博客不是新新媒介的例子,而是新媒介的例子。它们的读者最多只能对其中的文字产生次要的、间接的影响,读者也许能在其博客上面写几句评论,但不能对这些博客进行修正,又不能上传自己的帖子,亦不能在上面开新的博客。相比而言,你自己开的博客是能修正、删除的,你能写新的博文,能决定是否容许别人评论,换句话说,博主对自己的博文拥有传统出版人对自己出版物那样的权利。以 Wikipedia 而论,读者/编辑集于一身的人任何时候都能编辑 Wikipedia 里的文章,实际上他们一直在这样做。

但这不是新新媒介的唯一界定性特征。其他的特征包括:

(2)你能免费获取信息。新新媒介对消费者总是免费的,对生产者有时也免费。这一特征再次说明,Amazon 和 iTunes 播放器不是新新媒介,因为它们上面的图书和歌曲都是在收费销售的。相反,新新媒介 YouTube 上的视频歌曲是免费的。博客地(Blogspot)和"文字博客"(Wordpress)网站对博文的生产者是免费的。Wikipedia 靠募款维持(颇像公共广播公司),对读者/编辑(两者常常集于一身)是免费的。Twitter 靠风险投资和广告,对读者/写手是免费的。Facebook 有大量的广告,已经成为公共拥有的公司,对用户免费。YouTube 网站上不仅打广告,而且上传视频的人可以选择分享风险,只要他不侵犯他人的版权。Google 的广告圣(AdSense)系统也容许任何网站上的博主分享风险;

YouTube对观赏者和上传者都免费。

传统的广播媒介一直是免费的,而且将继续免费。这一重要特征与新新媒介相同,在这一点上,广播媒介比Amazon和iTunes更接近新新媒介,这两种媒介是要对顾客收费的。但放送传统广播电视节目的有线电视是要收费的。《纽约时报》之类的传统的纸媒体虽然依靠广告,但也要顾客缴费。传统的纸媒体虽然也依靠广告,但其中一些的网上服务采用了付费墙模式,读者要付费,其结果喜忧参半。

(3)竞争和互相催化。我在博士论文《人类历程回顾：媒介进化理论》(Human Replay: A Theory of the Evolution of Media)里详细阐述,媒介互相竞争,有生有死,争夺我们的时间和惠顾,颇像达尔文生物界里的有机体。在自然界里,有机体有共生关系,比如蜜蜂采集花粉,并使其受孕,我们则欣赏花朵、吃蜂蜜。但总体上说,媒介尤其新新媒介不仅互相竞争,而且主要是互相受益。一篇博文里嵌入了一段视频,它可以自动发给Twitter,Twitter用博文标题生成一句话的短讯,这一短讯又可以在Facebook和邻客音(LinkedIn,职业社交网站)上显示,加入那些小装饰或特别应用程序里。虽然这些新新媒介互相竞争,争夺我们的注意力,但它们互相支持。而且,新新媒介与旧式媒介也互相竞争,同时又协同增进。播客人吸引读者离开书籍,使收视者离开电视,但他们又写书,又在电视上露面,至少是在他们自己的博文里评论图书和电视节目。一种新近创生的媒介还能推进旧媒介的变革。由于Google+的出现,Facebook制定和实施了许多保护隐私的条款,"新运动媒介"(New Movement Media)如是说(Bodnar,2011)。

(4)不限于搜索引擎和电子邮件的功能。谷歌和雅虎是互联网的神经系统,与我们电脑上的微软浏览器(Microsoft Explorer)、火狐(Firefox)浏览器和谷歌的Chrome浏览器对应。电子邮件和搜索引擎对新新媒介必不可少,但它们本身并非新新媒介。基于互联网的货币系统比如PayPal也是新新媒介的关键要素,其功能同样是新新媒介的服务系统,本身却不是新新媒介。Google、Yahoo!和PayPal是免费的,用户可以为自己的电子邮件、网络搜索量身定做,而且还可以用PayPal来完成自己的银行手续。然而,Google、Yahoo!和PayPal的用户并不能像Wikipedia用户那样写作和编辑,不能创建自己的系统,不能决定自己的"脸谱"时间轴(Facebook Timelines),不能决定潜在Facebook读者读取Facebook的水平,也不能像Digg用户那样挑选置于Digg首页的东西。同理,虽然雅虎用户可以在留言版上留言,但这些讨论组的协调人完全能够像旧媒介那样控制讨论的情况。AdSense之类的应用功能对新新媒介有支持的作用,它能靠 blogging 帖子和 YouTube 视频挣钱。我们将考察它支持新新媒介的应用程序所产生的价值和冲击。Google＋是近似 Twitter/Facebook 的系统,是谷歌运行的新新媒介,也是本书考察的对象。

（5）新新媒介最终将超越用户的控制。新新媒介需要有其消费者/生产者不能控制的底层运行的平台,比如 Facebook 的机制、Podcast 的系统、YouTube 的格式、Wikipedia 的编辑程序等。然而,用户向固定系统的输入量的比率大大有利于新新媒介的用户,而不是 Google 和 Yahoo！之类的底层平台。当新新媒介运行良好（无失误）、符合期待（与我们上次使用时无变化）时,我们往往忘记,媒介在别人的控制之下。然而,如果媒介的任何界面有所变化,如 Facebook 一年几变那样,我们就意识到,原来我们不能掌控媒介,我们痛苦地意识到,我们不喜欢那样的变化。一种媒介停止运行（Vox 2010 年停止）时,或者被收购并停业时（问答网 Aardvark2010 年被 Google 收购,2011 年被搁置）。

1.3 新新媒介涵盖新媒介的原理

新媒介的一个界定性特征很清楚,因为它是在 20 世纪 90 年代中期兴起的。这个特征是：一旦其内容贴到网上,人们就可以使用、欣赏,并从中获益,而且是按照使用者方便的时间去使用,而不是按照媒介确定的时间表去使用。这个优势延续至今,使人们不用苦等晨报送上门,也不用等电台播放你喜欢的歌曲,亦不用等待每周一集的电视连续剧。这些"按约定运行的媒介"（media by appointment）至今是一切旧媒介的特征。Tivo 和 DVR 硬盘数字录像机在一定程度上使用户摆脱了约定的束缚,这是电视从旧媒介向新媒介演化的表征。

新新媒介使其用户对新媒介有一定的控制权,用户可以决定何时何地去获取新媒介提供的文本、音频和视听。实际上,新新媒介把新媒介对旧媒介的优势拿过来,一网打尽,而且,还进了一步。于是,新新媒介就有了不同于新媒介的特征：新媒介的用户不得不等待别人生产的内容,比如从 Amazon 书店买书、在 iTunes 播放器上下载歌曲。与之相反,新新媒介的用户则被赋予了真正的权利,而且是充分的权利；同时他们还可以选择生产和消费新新媒介的内容,而这些内容又是千百万其他新新媒介消费者/生产者提供的。他们构成一个消费者/生产者共同体,这是旧媒介时代没有的共同体。

1.4 各章顺序与内容

2009年6月出版的《新新媒介》第一版快速扫描了彼时新新媒介的相对重要性和冲击力,各章顺序如下:为什么要称为"新新"媒介?/Blogging/YouTube/Wikipedia/Digg/Facebook/Twitter/Second Life/Podcast/新新媒介的阴暗面/新新媒介与2008年的美国总统选举/硬件。

Alexa网站排名公司的算法是考虑访客人数、与其他网站的链接等因子;根据2008年12月Alexa的排名,新新媒介的排序是:YouTube第3,Facebook第5,Myspace第7,Digg第284,Twitter第669,Second Life第3354(Yahoo!第1,Google第2)。

《新新媒介》的第二版问世于2012年年初,本书各章顺序显示,在三年之内,新新媒介发生了多么戏剧性的快速变化。除了开卷的一章外,没有一章保留了第一版里原有的顺序。有几章失去了独立成章的地位,被压缩了,另有新独立的几章加上了。兹将新顺序及其理由略述如下:

Facebook(2004年创建)是本书第二章,从原有的第七章上升到这个地位(由于新旧两个版本都以绪论为第一章,Facebook实际上从第六位上升到第一位),Facebook从2011年12月Alexa的排名第五上升到第二,Google从第二上升到第一,Yahoo!从第一降到第五。2009年第一版出版时,Facebook在用户人数上刚刚超过了Myspace,但两者对世界的冲击力不分伯仲。2012年的今天,Facebook在新新媒介中独立成类。2011年7月,其用户超过8亿,其收入达到42.7亿美元(赢利约10亿美元),2010年上映的电影《社交网络》(*The Social Network*)讲述其创业史,极其成功,获奥斯卡金像奖。与其他社交媒介相比,Facebook鹤立鸡群;和Twitter、YouTube一道,傲然成为公众头脑中社交媒介(即新新媒介)的同义词。再者,Facebook调节、界定和提炼了网"友"的概念,及其与离线生活中朋友的关系,Facebook继续其修补和变化,几乎每月一变,保持领先。新新媒介里的"友谊"是本书的核心主题之一。

Twitter(2006年创建)从第一版的第八章跳升到第二版的第三章,在Alexa上的排名从第669位飙升到第10位。2011年,其用户超过3亿,不及Facebook用户的一半,然其搜索量(互联网用户搜索Twitter)为每日16亿人次,如此,Twitter在许多方面的突出地位堪比Facebook,在某些方面甚至更重要,因为它使人容易获取朋友的Twitter,以及政界人士和名流的Twitter。2011年6月,Google推出的Google+兼有Facebook(大量图像)和Twitter(容易上传,不必链接)的特点,但更像 Twitter,我们将在 Twitter 那一章讲 Google+。

YouTube(2005 年创建)从第一版的第三章调整到第二版第四章,它稳居 Alexa 排名第三位,但在世界上的地位总体上比 2009 年重要得多了。之所以在《新新媒介》的第二版里位居第四,仅仅是因为 Facebook 和 Twitter 比它更重要。到 2011 年年底,YouTube 上每天流动的视频多达 30 亿,而 2009 年每天流动的视频仅有 12 亿。YouTube 比 Facebook 和 Twitter 相加的流量还要多。不过,YouTube 的规模大是在另一个意义上:视频要观赏者投入的方式和书面词的要求大有不同。我将 YouTube 当作改变世界的新新媒介的大三脚架的第三条腿。

Wikipedia 从第四章移到第五章,但其在 Alexa 上的排名却从第八位升到第六位。Wikipedia 2001 年 1 月开始运行,是本书考虑的新新媒介里资格最老的一种。和 YouTube 一样,自 2009 年以来,其重要性和用途都大大增加,它在本书第二版里的排位略微下降,仅仅是因为 Facebook、Twitter 和 YouTube 无与伦比的发展比它更快。但 Wikipedia 独具特色,其特点远远超越了它的时代和用户数:

(1) Blogging 与报纸之类的旧媒介竞争,YouTube 与电视竞争,而 Wikipedia 这一新新媒介实际上迎头挑战过去几百年来最令人尊敬的媒介:百科全书。作为权威信息的宝藏,《不列颠百科全书》是专家驱动、自上而下、经过审查的媒介体系,而 Wikipedia 是读者/写手撰写的(2012 年的读者数高达 365 亿,其中有一亿人参与了条目的编撰)。

(2) Wikipedia 的读者每天都参与撰写(共 2 000 万篇,2012 年时已有 283 种不同语言的版本),涵盖很多专题,但多半是编辑已经写好的文章,涉及矫正、增补或紧缩。世人共同参与审查是新新媒介的另一个重要原理。

(3) Wikipedia 始终如一地否定旧媒介只用专业人士撰写文章的方式。虽然这些读者/编者在不同的层次上工作,有些人的权力超过其他人,然而,凡是 Wikipedia 上的文章无不含有最新读者/编者的输入。相比而言,YouTube 上的许多视频是专业人士制作的,受人尊敬的报业媒体比如《纽约时报》和有线电视新闻网每天一次甚至多次发布博客。

Blogging(1997 年或略早问世)从第二章降到第六章。我们考察这个新新媒介里的第一,它并非一个具体的系统,而是一个通用的形式,书写和发表的新形式。Blogging 是最早问世的新新媒介,唯一可以回溯到 20 世纪 90 年代的新新媒介。就机制而言,它赋权写手的方式是一个蓝图,一切后继的新新媒介都仿效这一蓝图,而且在某种意义上都是由 Blogging 衍生而来。本书第一版将其置于卷首,其原因就在这里。在这个新版里,Blogging 的位置往后挪,并不是因为其重要性衰减,而是因为 Facebook、Twitter 和 YouTube 发展得更快。2011 年,活跃的博客人超过 1.65 亿,比 2008 年 1.30 亿增加不少。包含文字和视频的 Blogging 还提出了一个何谓新闻、何谓记者的问题,博客人有资格受《第一修正案》的保护。如果同意马歇尔·麦克卢汉的论断"媒介即讯息",那么,报道新闻的人就是新闻记者,无论他用的是什么媒介,无论他用的是纸媒报纸、广播电视、视频流或 YouTube。诸如此类的问题和"占领华尔街"运动里新新媒介的作用有关系。

Foursquare(2009 年创立)目前在 Alexa 的排名是第 782 年,在《新新媒介》第二版里首次亮相,成为第七章,2011 年的用户已达 1 000 万。Foursquare 是"基于位置"的媒介,用户"签到",让"朋友"知道自己的位置(在商场、饭店、电影院或街口)。Foursquare 可以被视为 Twitter"我在托尼比萨店"的衍生物,这是用 Twitter 披露自己的位置。因为它只用于宣告你在真实世界里的位置,所以 Foursquare 代表着数字/真实世界融合的最新形式;在这一点上,它和 Twitter 相对,因为 Twitter 多半只含数字,或只含关于数字的数字,或涉及其他媒介的数字传播。Foursquare 是第一个也是迄今唯一需要智能手机或平板电脑的媒介——你不能用台式电脑或笔记本"签到"。Foursquare 凸显与物理场所的联系,强调在真实世界里的移动。新新媒介的硬件利器 iPhone、Blackberry、Android、iPad、Kindle 等放在第一版第十三章里讲,在新版的《新新媒介》里,它们被放进第七章 Foursquare。

"地位稍次的新新媒介"是新版《新新媒介》第八章的题名,不是任何新新媒介系统的名字。这一章考虑的是重要性有所下降但仍需要分析的新新媒介。Myspace(2003 年创建)可用作典型案例,显示一种新新媒介的在这个欣欣向荣的新新媒介时代里的衰落。2005 年至 2008 年年初,Myspace 吸引了最多的访客,所以在《新新媒介》的第一版里,它独立成为第六章,排在 Facebook 之前;到《新新媒介》第一版 2009 年问世时,Myspace 已经落在 Facebook 之后;此后,其用户已下降到 3 000 万(Alexa 的排名从第 5 位下降到第 135 位),如今主要是音乐网站。我们将考察 Myspace 衰落的原因,其 2011 年的销售额仅有 3 500 万美元,岂能和 Facebook 的身价相比:2012 年,Facebook 可望获得几十亿美元的公众投资。我们还将比较 Myspace 和 Reverbnation、Soundcloud 等音乐网站。Digg(2004 年建立)在第一版里是第五章,排在 Myspace 和 Facebook 之前。2008 年美国总统大选时,Digg 的影响如日中天,其访客多达 2.36 亿,在 Alexa 的排名高居第 20 位。Digg 是新闻网站,用户投票决定新闻的"上"或"下"("挖掘"或"埋葬"),最成功的新闻高居在 Digg 的首页,它过去和现在都代表着消费者(读者)在新新媒介时代成为生产者(编辑)的一种方式。由于各种原因,Digg 的用户在

2011年降至5 000万,低于其对手Reddit,我们将探索它下降的原因;Reddit在传播"占领华尔街运动"的信息中发挥了重要的作用,我们也将在第八章考察(Digg 2008年年底在Alexa的排名降到第294位,目前又升至第194位;Reddit已超越它,排名为第114位)。Second Life(2003年问世)是用户借化身游戏、买卖和社交的网站(其Alexa排名是第3354位),在2009年也不算大站;在本书第一版里,Second Life是第九章。2009年年初,它有82 000位用户同时在线。之后,其用户数就开始下降,到2010年,其平均在线人数为54 000人,截止到笔者写这一章时,其2011年的用户人数不详。不过,其排名又升至第2608位。Second Life是浸淫在数字王国的最佳例子,在这个意义上,在新新媒介的频谱上,它处在与Foursquare对立的一端。Podcast可以被视为博客的音频形式,在第一版里,它有资格独立成为第十章。但自2009年以来,Podcast日益让位于YouTube等网站上的视频或视频播客。"音频播客"和"视频播客"有许多相同的特征,我们将在YouTube那一章予以说明。"音频播客"独有的特征将在"地位稍次的新新媒介"这一章里讨论。

《新新媒介》两版书的总体立场是,新新媒介恩泽世人,意义重大,常给人革命性的利益,越来越多的人将其用于工作、游戏和教育。但和一切人类的工具一样,新新媒介也可能被用于对个人和社会有破坏作用的事情,包括犯罪行为和致命行为。这些破坏行为包括积习难改的数字化版本比如网络欺凌和网络盯梢,一直到公然用社交媒介来促成犯罪包括抢劫和谋杀。我们将在第九章"新新媒介的阴暗面"里探讨这些滥用和罪行。我们还将考察一些新新媒介比如Wikipedia解密见仁见智的用途,有人认为它们对社会有害,有人认为它们是言论自由的真诚表达,应该受《第一修正案》保护。

本书第一版孕育于2007年,彼时,巴拉克·奥巴马的竞选业已开始。人们说他是第一位"上镜好看"的总统(Saffo, 2008),自此,各色各样的政治人物都学会了使用新新媒介的诀窍,美国和世界各地的政治人物无一例外。本书新版的最后一章"政治与新新媒介"将考察2012年美国总统竞选时"茶党"、共和党和民主党候选人使用新新媒介的情况,还将考察从长远看也许是更重要的事件:"占领华尔街"、"阿拉伯之春"以及世界各地直接民主的高潮再起。在这一章里,我们将讨论《第一修正案》对新新媒介记者的保护,及其对"占领华尔街"报道的保护。

1.5 新新媒介和硬件的快速演化

新新媒介在快速演化,上文对新新媒介系统和网站重要性及生存状况的介绍清楚显示了这一现象。YouTube 和 Twitter 在 2008 年的美国总统竞选中扮演了重要的角色,和奥巴马的阵营相比,麦凯恩(John McCain)的阵营欠缺新新媒介的使用。在 2004 年的总统选举时,新新媒介尚不存在。看来,它们在 2012 年总统竞选中将要发挥的作用殊难预料,唯有一点可以肯定:总体上,它们将发挥重大的作用,还可能发挥决定性的冲击。Twitter 将使突发性政治新闻迅速发布;YouTube 将抢发视频,让人先睹为快,然后用 24 小时跟进的视频进行报道;Facebook、Podcast、Wikipedia 等媒介将提供背景,详细报道快速变化的故事和事件。新新媒介的演化如此之快,从我这本书完稿到你读它时,它们的阵容定会剧变。在第一版的 2009 年与 2012 年的第二版之间,Myspace 就从繁星似锦的画面核心淡出了。在第一版的写作过程中,Foursquare 尚不存在。2009 年业已很重要的 Facebook 和 Twitter 此后就爆炸性增长,规模和冲击力都大增。图片社交分享网站 Pinterest 创建于 2010 年,初为有限封闭系统(不向公众开放),《新新媒介》第一版问世时尚不存在,第二版 2011 年的初稿里亦不存在,但此后在用户人数和经营水平上如火箭飙升(MarketingProfs,2012);Pinterest 将在第六章的照片播客那一节里介绍。很可能,它将在本书的第三版里独立成章吧。

与此同时,新新媒介赖以栖身的硬件也在与其同步演化。iPhone 2007 年 7 月问世,是手机上网的技术突破,成为消费者的掌上新宠,之后 Blackberry 手机和 Android 手机旋即加入 iPhone 的行列。2010 年年初,另一种迥然不同的新新媒介设备 iPad 诞生了。以 iPad 为代表的平板电脑舍弃智能手机的模式,显示屏更大,更适合书写、阅读和观赏电视剧、电影和 YouTube 视频。智能手机和平板电脑都继续演进,几乎每年一变。

这些新出现的电子产品都大获成功:2011 年 3 月,iPad 2 上市时,iPad 1 已售出 1 500 万部,iPhone 已售出 1.08 亿部。它们至少传递了新新媒介的一个讯息,我们百分之百肯定,它们将继续在我们的生活中发挥关键的、日益重要的作用。

1.6 首要的方法论:在实践中学习

和第一版一样,第二版的大多数引文取自互联网上的文章。原因很简单,书籍不足以评估快速变化的媒介,它们的形式和功能都几乎每月一变。以《奥巴马的胜利:媒体、金钱和信息如何塑造 2008 年大选》(*The Obama Victory: How Media, Money, and Message Shaped the 2008 Election*)(Kenski, Hardy, Jamieson, 2010)为例,除了 YouTube,在其多达 314 页的索引里,上述新新媒介均不见踪影。再者,大多数书籍从动笔到送达读者的纸媒和显示屏,一般要花大半年时间;即使聚焦妥当的书也难免是抓拍的一个镜头,无论多么新,都已成历史。当然,这是《新新媒介》第二版及未来新版的命运,请读者参看我滚动的博文《什么比新新媒介更新?》("What's Newer than New New Media")(Levinson,2009—2012)。目前版本的《新新媒介》的许多新发展首先在我的 blogging 里亮相,将来可能的新版本也会如此。

所幸的是,互联网上的一切编辑驱动的文章都能够即时报道和分析媒介的新发展,任何领域的媒介及新新媒介都包括在内。除了将互联网作为首要参考资料,而不是用图书之外,本书的"研究"路径和新新媒介兼有的特征是吻合的,那就是读者或研究者都能成为生产者;这条路径也符合美国实用主义哲学家约翰·杜威(John Dewey,1925)的实践原则:我们最好靠实践学习,在工作中学习,在动手干的活动中学习。本书的首要信息源来自我不断地在各领域里游走的学习。我是作家、媒介制作人和出品人,在本书考虑的新新媒介中,我都兼有这几种身份。当然,一种可能性总是存在的:我的实践经验、任何其他研究者的实践经验未必都代表世人的经验。凡有必要,我都记录自己以教授、作家身份践行新新媒介时带有的个人色彩的经验。本书指引的文献还有一个功能:核对我用新新媒介自己的实践和做研究是心得是否准确。

兹将我使用和研究新新媒介的经验略陈如下:

2004 年,我接受儿子西蒙的建议注册 Facebook,他当时正在哈佛大学念书,Facebook 就是在那里诞生的;我用福德姆大学的教育网的电子邮件账号(.edu),因为我一直在福德姆任教。那时,拥有 .edu 电子邮箱的人才能注册 Facebook。

Facebook 取消这样的要求已经有一段时间。实际上,一切新新媒介的标志之一是任何人都可以加入,游戏或工作都行。

2005 年 5 月,我加入 Myspace,但没有参加具体的活动,直到 2006 年 2 月我最新的科幻小说《拯救苏格拉底》(*The Plot to Save Socrates*)问世。那个月,我第一次把博文贴上 Myspace,意在撰文介绍 Myspace 并推广我的小说。我的双重目的表明新新媒介的另一个特征:促成我们同时从事并完成多种任务的能力。正如美国实用主义哲学家和心理学家威廉·詹姆斯[①](1890, p.462)所言,我们的大脑与外界链接,所以能理解世界的"气象万千、熙熙攘攘"。

2003 年,我在微软国家广播公司(MSNBC)短命的杰西·文图拉(Jesse Ventura)节目中露面。自此,我就在全国的有线电视和网络电视上接受访谈。

---

① 威廉·詹姆斯(William James,1842—1919),美国哲学家、心理学家、实用主义者,机能心理学创始人。——译者注(全书脚注均为译者所加,后不再一一指出)

从2006年8月起,我将这些访谈的片段上传到YouTube上。那个月我还注意到,有关我和《拯救苏格拉底》的文章被贴在了Wikipedia上,这促使我注册了Wikipedia。不久,我就为Wikipedia撰写了文章,这些文章的论题和任务从《乡村之声》(Village Voice)到普利策奖得主特雷萨·卡彭特(Teresa Carpenter)再到纽约格林堡镇的镇长保罗·费纳(Paul Feiner);我还参与激烈的辩论,如"颚骨无线电播客"(Jawbone Radio podcast)是否够资格写成一篇Wikipedia文章等(我认为它够格,但我输了。但不久以后,我在另一场辩论中获胜,介绍皮科尔播客网[Podcast Pickle]的文章就保留下来,这个网站提供播客和留言板服务)。

2006年10月,我发布的第一段播客题名为"光照射光透射"(Light On Light Through),说的是通俗文化、电视和政治,我在介绍词里统称这些论题为"作品"(works)。一个月以后,我发布第二段播客名为"莱文森新闻播客"(Levinson News Clips),内容是电视评论。到2006年年底,我贴上第三篇播客,名为"询问莱文森"(Ask Lev podcast),意在给新作家一些指点。

2006年11月,我开始写"无穷回溯"(Infinite Regress)博客,至今,它仍然是我独立的博客,不与Myspace、沙龙网(Salon)联系。我在"无穷回溯"博客里写了1 900篇博文,吸引了50余万读者。吸引读者的方式之一是把你的博文的提要贴在Digg和Reddit上。我注册Digg是在2006年12月。微博是吸引读者的另一种方式,我在2007年夏天注册了Twitter。借用"应用"(apps)或"专题"(special programs)等程序,你可以把自己的博文和视频的题名等直接上传到Twitter等网站,它们又自动把这些信息传递给Facebook、LinkedIn、Myspace等网站。

2007年11月,肯·哈德森(Ken Hudson)邀请我到Second Life去讲新新媒介。我注册Second Life后发现,我的化身(avatar)的全套设备都得更新,发型、体型、性别和衣装都要面目一新,还得确保麦克能正常工作。Second Life是最后一种我加入并学会使用的重要新新媒介。2010年7月,我注册了Foursquare,用我的BlackBerry Torch签到。2011年9月,我开始用Google+,使用方式和Twitter及Facebook差不多。我继续维持这些系统上的账号,不仅是想要利用其信息来更新我的《新新媒介》,而且是因为我喜欢这样的经验并从中受益。这些系统都免费,人人能用,具有新新媒介的所有特征。凡是注册的人都能用这些账号生产并接收信息。想深入了解这些新新媒介的读者不妨加入并加以利用。适合起步的媒介是Facebook,这是下一章的主题,以免需要时你尚未加入。

第二章

Facebook

第二章 Facebook

"倘若 Facebook 是一个国家,它就是世界上的第三大国,仅排在中国和印度之后。每个小时都有数以百计的新人加入。"萨利·迪南(Sally Deenan)在《成功》(*Success*)四月号上撰文如是说。这是名副其实的成功,2011 年 7 月,其用户超过 8 亿,在人口上仅次于中国和印度,但这个人口数字只用了 8 年就达到了,而不是花了数千年。2010 年 2 月,Facebook 的首次公开发售(IPO)有望获得 50 亿美元的公众投资(Szalai,2012),这比 Google 2004 年首次上市斩获的 17 亿美元投资还多得多。Facebook 是一个放大的社群,充分展现新新媒介的风格。

2011 年秋,蒂芬妮·施莱恩(Tiffany Shlain)邀请粉丝到 Facebook 上而非到精致的电影网页上去看她执导的新纪实片。这一忠告凸显了互联网网页和 Facebook 网页的差异,无论互联网网页多么吸引人、多么详细,它都比不上 Facebook 网页,即使这个 Facebook 网页首次亮相,尚未打磨。互联网网页的影像更清晰,截取的片段更长,制作人的控制更广泛,但它缺乏 Facebook 的社群和构建社群的潜力。专业的互联网网页是比较旧的新媒介,而 Facebook 则是表现最为卓越的新新媒介。

社群主要表现人的关系:一群人有共同而持久的关系时,社群随之形成。两种最深厚的关系是家庭关系和朋友关系。两种关系都能从真实世界迁移到数字世界,我们离线的家人和朋友可以是我们网上社群的成员。然而,新新媒介发明了一种新的友谊,这种前所未有的友谊只存在于线上。唯有一点要说明的是,"存在"一词太弱,不足以表现这种现象,因为数字"朋友"像漫山遍野的鲜花,五彩缤纷,姹紫嫣红,或者说像四处蔓延的野草——如果你认为这种朋友比不上现实中活生生的朋友(我并不这样认为,我只认为他们不同而已)。没有任何线上环境比 Facebook 更有助于培养和界定数字友情。

2.1 "朋友"的吸引力难以抗拒

最早的社交媒介 Friendster(2002),把"friend"一词融入其称谓。启动三个月之内,它就吸引了 300 万用户,今天,它仍然是社交游戏网站,在东南亚极其成功。一年以后即 2003 年，Myspace 的网络门户洞开。和 Friendster 一样，Myspace 也免费，其宣传口号是"朋友之家"（Place for friends）。2004 年，Myspace 的用户就超过了 Friendster；同年，马克·扎克伯格（Mark Zuckerberg）启动 Facebook。2005 年年初，我加入了 Facebook，不是去寻找老朋友，也不是去交新朋友，亦不是去推销我的科幻小说。之所以加入，那是因为我的儿子很早就成为 Facebook 的积极分子。他在哈佛大学念书，2004 年马克·扎克伯格也在那里念书。彼时，只有拥有教育网电子邮箱的人才能在 Facebook 上注册，所以大多数用户都是大学生。我能在 Facebook 上注册，那是因为我是福德姆大学的教授，有教育网邮箱。但我很少用 Facebook 的账户。我的用户身份是家人推动、教师身份促成的。在线和离线的友谊和我的注册没有关系。

今天，我的 Facebook 粉丝将近 5 000（5 000 是该网运行的极限）。其中 25 人是亲友，100 人是过去的学生，50 人是德姆大学的同事；此外大约有 75 位生活中真正的朋友，其余的人最好是称为熟人，包括会晤过一两次的人，大约有 250 人；另外的 4 750 人多半是每周互动 20—25 次，另有 75—100 人每年互动一两次。我写这段文字的实践是 2011 年 12 月 31 日，谨在我的"状态栏"（Status）里祝人人新年快乐。在"喜欢"（Liked）（"喜欢"是 Facebook、YouTube 等社交媒介上表示赞赏的正式用语）的 20 位朋友中，我只面晤过两人，一人一次；两年前见过科幻小说家米歇尔·朗格（Michele Lang），交谈过；五年前见过电影制片人大卫·索贝尔曼（David Sobelman），在公映他拍摄的马歇尔·麦克卢汉的片子时。在未曾谋面的 18 人中，两人是网上密友。随着"喜欢"人数的增加，我希望这个比率向从未谋面、仅仅网上认识的那边倾斜。但所有这些人都是我 Facebook 上的朋友。

2.2 何谓网络"友谊"？

纯粹的网友，即使在网上互动，有所了解，与离线情况下亲自接触的朋友也只有一个共同点：有一两种相同的兴趣爱好。另一种情况的朋友另当别论。我记得 2006 年加入 Myspace 不久，我邀请一位和我一样对科幻小说感兴趣的人交朋友。他讥讽地回答说："哦，我们要一道进进出出吗？"我向他道歉。看来，邀请人交"朋友"暗示的关系远远超过了对科幻小说的共同兴趣。除了一两种相同兴趣爱好比如运动、饮食、购物等关系之外，你和离线朋友还有一点共同之处：你们熟悉彼此的音容笑貌。这些关键而印象深刻的特征毫不费力地集合成为"朋友"，这是你熟悉的血肉之躯的朋友，无论他是在街上或其他任何地方，但他未必在网上，他不必需要电池或任何电子设备。

Facebook 上的"个人简介"(profile),这是 Facebook 或其他新新媒介上的名片,含照片,还可能有音频链接提供说话的声音,但那不足以保证,照片和声音就与那个名字吻合。实际上,若要确认网友是否就是离线状态下那个名字的人,唯一的办法就是和网友见面(除了公共场所外,我们不推荐见网友,显然出于安全考虑,我们将在"新新媒介的阴暗面"那一章详细探讨)。

你甚至可能收到并非真"人"的请求。我就收到过《广告狂人》的主角"唐·德雷珀"(Don Draper)和连续剧《迷失》的主角"凯特"(Kate Austen)的请求。几位名叫苏格拉底的"人"都是我的网友(苏格拉底本人早在公元前 399 年就去世了)。我不仅收到这类人的邮件,而且还创作过这样的网络人物。

"茜拉·沃特斯"(Sierra Waters)是我的两部小说《拯救苏格拉底》(*The Plot to Save Socrates*, 2006)和《不燃烧的亚历山大城》("*Unburning Alexandria*", 2008)里的女主人公。2008 年,我在 Myspace 和 Facebook 上用她的名字开户。从她的履历一望而知,她是我小说里的虚构人物。然而,我在 Myspace 上不止一次收到男性署名的电子邮件——向"茜拉"求欢。

由此可见,Facebook 和其他新新媒介上的网友可能会对应离线人物的一个连续谱:网友可能是离线朋友(或家人),离线朋友的朋友,也可能是和你认识的人毫无关系的人,还可能是历史人物的名字,甚至就是虚构的人物。

Facebook 尽力应对网络友谊复杂的特性,它试图尽力细调网络友谊,使之更好地对应离线的现实。在这个方面,它比其他任何新新媒介都更加努力。

2.3 细分网络友谊

到 2012 年 1 月,Facebook 提供三种网友选择:"朋友"(Friends)、"密友"(Close Friends)、"熟人"(Acquaintances),以及无人称的"订阅"(Subscription),用户有机会设"网页"(Pages)(或请人代劳),身份可以是作家、公众人物、政界人士,甚至可能是书名、电影名等。Google + 也提供类似的选择:"朋友"(Friends)、"家人"(Family)、"熟人"(Acquaintance)以及"跟随"(Following)(相当于 Facebook 的"订阅"[Subscription]),这些是网友"圈子"(Circles)的选择,还可为行业、书籍等设网页。而 Twitter 只提供"跟随"的选项,在这一点上,三者不尽相同。

上文业已提及,Facebook 把"朋友"的上限设定为 5 000(这个总数里包含用户"喜欢"的"朋友"和"网页"),这是个显而易见的事实,没有人能在真实世界里能拥有超过 5 000 位朋友。相比而言,一个人拥有的"订阅"数是不设限的,喜欢"网页"的人数是不设限的。如此,"订阅"和"网页"就为朋友的建构设定了边界——"友好"的区域,用户能与共同兴趣的人或"跟随"他们的人建立联系,不必维持虚幻的网络友谊。

另一方面,Facebook 上的"密友"、"熟人"将网络友谊分析或划分为比较小型而适当的小组。就像真实生活里的朋友一样,有人是密友,有人是点头之交,更恰当的称谓是"熟人"。Facebook 用这三个词描绘网络友谊的深浅程度,和真实生活里的划分一样。

再者,Facebook 提供广泛的隐私条款,使用户明确区分"密友"、"朋友"和"熟人",以及"家人"(只为真实家人提供),各类人所看见的照片、时间轴和其他网上活动不一样。然而,由于任何人能从 Facebook 的"个人介绍"里去抓取照片和信息,随心所欲地广泛散布,这种隐私条款漏洞甚多。

2.4 Facebook 小组及其变化

社群需要一些个体组合成小组,朋友的共同兴趣在一对一的基础上分享、讨论和增进,小组的许多成员或全体成员参与其中。

Facebook 小组聚集于人类所知的大多数兴趣,如对流行文化的激情,比如对电影、电视节目和音乐的兴趣,对前沿的社会政治问题的兴趣。

Facebook 小组"巴拉克·奥巴马(百万拥趸者)"在 2008 年 11 月的总统大选后继续发展,到 2009 年 11 月 5 日,该小组已超过一百万人。到 2012 年 1 月,"巴拉克·奥巴马(百万拥趸者)"的小组以被"巴拉克·奥巴马(政界人士)"的网页取代,"喜欢"(Likes)他的人超过 2 400 万。"米特·罗姆尼(政界人士)"的网页有不止一百万"喜欢"者。"喜欢"里克·桑托罗姆(Rick Santorum)的有 55 000 人(他在艾奥瓦选区以 8 票之差输给罗姆尼,稍后,桑托罗姆又险胜)。罗恩·保罗(Ron Paul,艾奥瓦选区排名第三)有 24 000 位"喜欢"者。

Facebook 为何用"网页"取代"小组"(Group)?"网页"意在更好地界定"小组";同样,Facebook 尝试更加精确界定和完善网络"友谊"。小组的含义是,小组成员想积极参与推进小组的兴趣和宗旨。不过,小组大多数成员只不过表达对本组的主题和宗旨的浓厚兴趣。"喜欢"网页是这种消极参与更准确的反映。

Facebook 早就不只是仅限于美国的社交媒介了,其小组业已成为世界各地社会行动的载体。2008 年 12 月 1 日,福克斯新闻网的埃里克·肖恩(Eric Shawn)报道,2008 年 2 月,世界各地 190 座城市有 1 200 万人上街游行示威,抗议哥伦比亚的恐怖组织哥伦比亚革命军(FARC)。他们响应奥斯卡·莫拉莱斯(Oscar Morales)在"百万声音,抗议 FARC"的小组里组织的抗议活动。回头来看,这场风暴无疑是"阿拉伯之春"和"占领华尔街"的先驱。美国国务院的贾雷德·科恩(Jared Cohen)对肖恩说,在 Facebook 上,"你可以在卧室里成为积极的活动分子"。但这句话忽略了一点:新新媒介的活动分子有一个无缝对接的界面,街头和电脑显示屏是连为一体的。2012 年除夕夜(2011 年 12 月 31 日),我观看了蒂姆·普尔(Tim Pool)发布的纽约市警局在曼哈顿拘捕抗议者的视频流。他在街头,我在家里,我们都成了"占领华尔街"共同体的成员。

任何用户都能创建一个小组、设置一个网页,免费,一两分钟就可以搞定。你想出一个主题,写一篇简短的介绍,也许一两个小段,谈动态,上传一幅图,开始邀请朋友。为了解这是轻易之举,无论什么话题都行,请考虑以下情景:

2008 年感恩节的星期五晚上,我回家时,已经是印度孟买恐怖袭击危机的第三天,我急于在我喜欢的 MSNBC 全新闻电视台寻找最新的报道。我看到的却是"节目集锦"(Doc Bloc),那是几年前汇集的"镜头掠影"(Caught on Camera)。

于是,我就这个问题在"无穷回溯"博客上发布了几篇博文,标题是"孟买燃烧时,MSNBC 播'集锦'"(Levinson,2008)。我发现,许多人用粘贴评论或来电子邮件的方式表达同样的感受。我们都想要 MSNBC 每周 7 天、每天 24 小时播新闻;我们的日常生活、我们的时代和世界都希望这家新闻网不打折扣。(第九章"新新媒介的阴暗面",将讨论 Facebook 和 Twitter 如何抢先提供孟买恐怖袭击的报道及其后果,在这一点上,新新媒介与 MSNBC 这个旧媒介形成强烈的反差,请读者参见。)

微软—国家广播公司(MSNBC)创建于 20 世纪 90 年代,成为互联网和电视的最佳组合,由旧媒介(NBC)和新媒介(Microsoft)联姻。我决定尝试,看看我是否能利用新新媒介的社会力量来影响电视的节目安排。2008 年 12 月 1 日,我在 Facebook 上建立了一个小组,评论 MSNBC,名为"停止播放'集锦'",小组的介绍词与上文差不多,开篇是"我星期五晚上回家……"结尾是:

> 我们在 Facebook 上相聚,也许我们能迫使 MSNBC 做对观众和它自己都最好的事情——停止播放集锦——还我新闻!向你喜欢新闻的朋友介绍我们这个 Facebook 小组!

我在 Facebook 上共有 1 600 个朋友,我邀请的人数接近 1 500。Facebook 规定,用户最多只能参加 300 个小组,所以我其余的一百来位朋友收不到我的邀请函。我下载了一个红色的"停止"徽标,用免费的 GIMP 程序(与图像处理软件

Photoshop 类似），在 DOC BLOCK 那个徽标下写上"STOP"，把这个图像上传到小组里。不到两个小时，小组就有了 50 个成员。不到 24 小时，小组就有了 150 人，至少 15 人不在我起初邀请的名单上。

这是病毒营销原理在起作用——在这里是为了共同的事业而奋斗。每当 Facebook 用户加入一个小组时，他的网页上就公布一个"通知"，这一"通知"就自动发给他所有的朋友，朋友就会看到这一通知。如果他的朋友对这个话题感兴趣，他们就会加入。于是，这个兴趣小组又一轮的发展就启动了。

截止到 2009 年 5 月，"停止播放'集锦'"的小组已经增加到 300 人，MSNBC 被迫对其周末节目做了一点小小的调整。到 2012 年 1 月，这个不活跃的小组缩小到 265 人，最后一个帖子是 2010 年 10 月发布的。但 MSNBC 的"新闻集锦"大大削减，星期五尤其大大瘦身，它现在的直播节目一直进行到晚上 10 点钟。但并非每个小组都能完全成功，或部分成功。

然而，Facebook 小组的力量不可否认，而且很大，所以旧媒介及其支持者也利用 Facebook 小组来推进自己的事业。马克·亨特（Mark Hunter）在他的社交媒介播客（2009）中，针对 Facebook 上的"不要让报纸死亡"小组，不无讥讽地说："买一份报，拯救一位记者。"他采用一种最新的新新媒介来推进"不要让报纸死亡"的事业，的确有一丝讽刺意味，因为这一新新媒介的目标就是要让你的报纸歇业。不过，究竟有多少人在 Facebook 上得到了他们传递的信息，并不清楚。

另一方面，Facebook 上的这个小组还是有益无害的，这反映了报纸提倡者对新新媒介力量的理解。截止到 2009 年 5 月，"不要让报纸死亡"的小组拥有 8 万多成员；截止到 2012 年 1 月，这一口号和事业又在另一个新新媒介上栖身，其名字是恰如其分的"事业"（causes.com），其成员增加到十万余人。至于这一事业是否成功，局势尚不明朗。（见第六章"Blogging"，看数字时代报纸存活的前景。）

再介绍 Facebook 小组推进社会政治事业的最后一个例子。2011 年 11 月，福德姆大学的同事马克·内森（Mark Naison）邀请我参加一个刚创建的小组，名为"福德姆 99% 俱乐部"，我和他面熟。创建人是内森的同事依拉·斯科尔（Ira Schor），其意图是创建一个虚拟的"场地"，让不能亲临现场却又想参加"占领华尔街运动"的福德姆大学的师生有一个活动场所（这个例子再次说明真实世界和虚拟世界在新新媒介里的混合）。2012 年 1 月，小组成员接近 200 人，开始接收校外人士，小组不仅成为论坛，而且提供纽约市及市外"占领华尔街运动"的信息。

2.5 Facebook网友和小组是知识资源库

和 Twitter 一样（见第三章），Facebook 有"状态栏"（status bar），以告诉网络世界你的所思所想、所作所为、感觉如何。这个状态栏提醒你"你在想什么？""状态栏"还可以用来提问，寻求出版信息和正在发生的事情。和 Wikipedia 一样，它不断更新，不可能用一篇文章或文章的某一部分来回答一切问题，因为问题既可能是有关突发新闻的，又可能是有关历史秘闻的。2008—2011 年运行的问答网（Aardvark）是完全用于问答服务的新新媒介，引导用户去请教自封的"专家"用户，问答网被谷歌收购，已停止运作。

现举一例说明"状态栏"如何在 Facebook 上运行：

2008 年 11 月 17 日那一周，基斯·奥尔伯曼（Keith Olbermann）和雷切尔·麦道（Rachel Maddow）没有在他们主持的全国广播公司的"倒计时"（Countdown）述评和"雷切尔·麦道新闻述评"（Rachel Maddow Show）节目中露面，他们没有给予任何说明。奥尔伯曼的缺席找不到任何解释。大卫·舒斯特（David Shuster）说，由他来顶替奥尔伯曼的空缺。每次节目开始时，麦道都会通报即将顶替她的主持人，第一天晚上是娅莉安娜·哈芬顿（"赫芬顿博报"的创始人），第二天晚上是阿里森·斯图亚特（Allison Stewart）。顶替者在节目结束时说，雷切尔·麦道"很快"就回来主持节目。

不仅全国广播公司的网址上没有通告，我在互联网上也找不到多少信息，只找到另一位在提相同问题的人（Arnold, 2008）。他也不知道这两位主持人怎么了。我猜想，他们是在度假，但……

我在我 Facebook 的"状态栏"里贴上一个问题，果然，我一位聪明好学的学生迈克·普鲁夫（Mike Plugh）立刻就回答了我的问题（见 Levinson, "Where Have Olbermann and Maddow Disappeared To?", 2008）：

> 度假。他们在大选期间没有休息，我想，雷切尔正在乘美利坚航班飞行，同机的乘客正有幸听她说话。奥尔伯曼可能在地下室里重放"SNL"乐队的光碟，欣赏本·阿弗莱克（Ben Afleck）的表演。

迈克不仅解答了我的问题，颇有品位，而且为新新媒介的价值提供了重要的一课。当旧媒介不能提供信息、老式的网上搜索不能解答问题时，新新媒介使读者成为作者并提供信息的原理就能发挥作用、能提供我们寻求的答案了。在这个意义上，Facebook 比 Wikipedia 深入了一步，它把新新媒介这个世界变成一部宏大的百科全书，你的任何网友都可能解答你的问题。

Facebook 小组可用"状态栏"提示成员"写东西"——"写帖子、传照片/视频、提问题"。小组"状态栏"的好处是向有学问的成员提问题，他们成了更明确的目标受众。

2.6　Facebook 网友和小组是实时的知识资源库

网络传播始于 20 世纪 90 年代。从一开始，它就提供即时或实时信息交换渠道，以及非同步的或延后的信息传播。数字媒介之前，除了电话交谈和面对面会话之外，一切传播都是不同步的；或为单向，或为双向如写信——从发信到收信再到回信，有一个延后的问题。机印书可以被视为非同步媒介的原型。有时，机印书传递的是千百年前的信息。唯一的实时传播是面对面交谈（一些烟火信号、旗语和递给身边人的字条是少许的例外）。

Facebook 和一切新新媒介都提供两种选择：实时的和非同步的。但新新媒介上的大多数传播是非同步的。无疑，YouTube 上的视频、Wikipedia 上的文章和博客是非同步的，唯有其评论（以及 Wikipedia 交谈）部分是实时的信息交换。（Twitter 和博客的实时性是名副其实的，但那仅仅一定程度上的同步——读者刚好在博主写 Twitter 和博客时在线。）然而，Facebook 确实含有重要的实时成分，其功能多种多样，从闲聊到严肃的知识追求都有。

2008 年 11 月 21 日我开始上 Facebook。未曾谋面的 Facebook 网友詹姆斯·温斯顿（James Winston）询问，他是否可以就正在撰写的论文提一两个问题。他是北伊利诺伊大学的传播与媒介研究专业的研究生。

他就有关"信息超载"的问题询问我的意见：互联网是否造成信息超载？高等教育在教导学生对付信息超载方面做得好吗？

我的回答是：我认为，"信息超载"不是我们面对的问题；我们面对的挑战是如何对付"信息欠载"，换言之，我们缺乏足够的信息帮助我们最有效地在互联网上航行。再说到今天的世界和媒介，我们可以说，我们所需的一切是正确航行的信息。我们走进图书馆或书店时，虽然藏书多得大大超过了我们的阅读能力，但我们并不感到压抑得不知所措，其道理就在这里。自童年时代起，我们就学会了如何在图书馆和书店里航行（关于"信息超载"实际上是"信息欠载"，详见 Levinson, 1997, pp. 134–135; Levinson, "Interview by Mark Molaro", 2007）。

至于高等教育，我告诉他，我认为已经做得不错，向学生提供了一些有关新新媒介的信息，但学习使用新新媒介的最佳办法是自己实际使用新新媒介（据 Dewey, 1925, 又据本书第一章"新新媒介"）。

在回答詹姆斯问题的过程中，我意识到我们在 Facebook 上的一问一答是一个很好的例子，说明新新媒介不仅是一个互动的知识库，而且是一个实时的知识资源库。我告诉他，我可能会把我们的会话放进这本书，他说那太好了。这一切问答和交谈就发生在我写这段话之前的分秒之间。

我还告诉詹姆斯，我会送他这本书（稍后他收到了）。你读到这里时，詹姆斯可能已经收到我这本书的第二版，可能它正在你的手里，在你的显示屏上。詹姆斯可能正在读这一段呢。

他又追问：我是否认为，互联网的长处和内容对年轻一代更有用。我告诉他，我所谓"媒介之媒介"（medium of media）（"Digital McLuhan"，1999）的互联网有适合一切年龄段的内容。

詹姆斯感谢我回答他的问题，感谢我在这本书里的"呼叫"（Shout-out）①，又问他将来是否还可以向我提问。我说当然可以。

会话结束。我的知识很容易就成了詹姆斯的资源。他在伊利诺伊，我在纽约，我们甚至可能相隔天涯海角。这样的会话同样很容易在任何两个人之间进行，詹姆斯和任何一位教授、任何一位学生和我、任何两个人都可以进行这样的会话，无论他们是教授、学生，还是其他人。新新媒介的世界使知识的获取前所未有地容易。

实际上，我就成了彼得·马克（Piotr Mach）的实时知识库资源，2010 年 1 月 10 日，他给我写信说：

> 我是华沙大学政治学学生，专攻政治营销，我的硕士论文是写巴拉克·奥巴马 2008 年的总统竞选，此刻，我正在读你的《新新媒介》……因此，我想听听你对 mybarackobama.com 网站的意见，请你说说它在为奥巴马募款时发挥了什么样的作用。你会把它放进新新媒介的范畴还是新媒介的范畴？之所以问这个问题，那是因为其用户通常是被动的——他们可以捐也可以不捐。另一方面，他们能把个性化的募款工具放进自己的简历并鼓励朋友们捐款。

显然他读的是《新新媒介》的第一版。我回答说：

> 我说 mybarackobama.com 是过渡性媒介，2007—2008 年间正在变形（就像蛹化蝶），从新媒介变为新新媒介。正如你说的，是被动捐款，是新媒介。但代表着用户成为募款人，这又是典型的新新媒介之举（相当于自己制作视频）希望对你有所帮助，祝你学业进步。

---

① Twitter 中"Shout-out"功能的目的是特地地对某个人或组织说的话。

如今，Facebook使这种知识获取比2008年容易多了。Facebook上的聊天和短信系统2011年开通，其内容自动出现并载入用户的通信历史，使以后的查检容易。彼得和我在聊天室结束会话。我告诉他，我正在修订《新新媒介》。他说很凑巧，他正在读《新新媒介》。我告诉他，我将把我们的会话写进第二版，作为Facebook实时国际知识资源的例子。新新媒介在这方面的演化中，同步性和非同步性正在整合。

然而，万一由于无知或恶意我给詹姆斯·温斯顿和彼得·马克提供的信息是错误的呢？但即使他们有理由这样想，他们也很容易在互联网上去核查我的其他著作。我们将在第五章 Wikipedia 里看到，新新媒介不仅提供知识资源，而且提供了核查和矫正所需的任何知识。

2.7 在真实世界里会网友

Facebook起初的双重逻辑是：进一步了解同班同学，注意你不认识但在Facebook上见过其面孔的人。其中含有一个假设、一种期待：人们喜欢从网上友谊和关系转入面对面的友谊和关系。在校园里，安全并不是重要的关切。你可以会见在Facebook上看见过和认识的同学，你可以与一两位活生生的朋友一起去校园里的自助餐厅或公共场所聊天。校园环境过去和现在都不同于Myspace网友面对面会见的情况。这是因为两位会见的网友并不来自同一校园。他们在网上"认识"，然后才在真实世界中会面。这样的会见危机四伏，我们将在第九章"新新媒介的阴暗面"里详细考察。

Facebook大大超越校园以后，其性质和诱惑都更像Myspace；无论危险或益处，Facebook网友在真实生活中的会见都像Myspace了。如何避免危险呢？与过去从未谋面的网友会见时，安全的办法是在公共场所，如果符合两人身份，那就选择一个专业环境。餐馆是很好的公共场所，业务办公室是很好的专业环境；办公室面晤是网上交流后决定求职的好地方。

除了安全考虑之外，网上关系变成面晤、数字代码变成血肉之躯以后，网上关系会发生什么变化？我在《软利器：信息革命的自然历史与未来》(*The Soft Edge: A Natural History and Future of the Information Revolution*, 2007)一书里已对此做了详细的介绍。人们在网上相会相恋的历史可以回溯到20世纪80年代中期。"电子和谐网"(eHarmony)、"红娘网"(Match.com)、克里斯琴·敏格尔(Christian Mingle)和 JDate Friendster 等是当前正在运行的例子，其服务是启动真实世界里的恋爱关系；还有人在网上相会并走向成功的业务关系。

我多次参与过两种始于网上、终于面晤的业务关系或专业关系。

从 1985—1995 年,我与妻子蒂娜·沃齐克创办了并一同管理"联合教育公司",这是有史以来第一个网上媒介研究教育计划,授研究生学分和硕士学位。来自 40 多个州、20 多个国家的数以千计的学生在这个网站注册上课挣学分;授予学分的学校有:纽约市的社会研究新学院和理工学院、英国的巴斯学院等大学。在这些学生中,注册前我就认识的不到 5%,在网上认识但从未谋面的学生也不到 5%。十年间,我在美国各地开会认识的或因这样那样的原因来纽约面晤的还不到 10%。

与网上认识的人初次面晤时,我注意到一种情况,差不多每遇见两个人就有一次这样的感觉:刚见面总是一愣,但至多持续几分钟,当网上那人坐在桌子对面时,总还是能辨认。实际上,从 1985 年到 21 世纪初的几年里,大多数网上交流用的是文本,没有看见过对方的形象或照片。所以,会见网上认识的人时,你总有双重异样的感觉。以前只有文字之交,如今看见了面孔、听见了声音、面对着一位活生生的人。你还有可能做这样的预判:桌子对面或屋子里的这个人与你网上了解的人迥然不同。但结果与你的异样感觉截然相反。

20 世纪 90 年代中期和后期,另一种专业会晤的情况兴起。有许多人是先在网上认识的,大约 50% 网上认识的人有机会见面。科幻小说的作者和出版社开始在网上交谈,我们用过的网络系统有电脑信息服务公司(CompuServe)和通用电气公司信息网(GEnie)(Levinson,1997)等。我那时开始写科幻小说,1998 年到 2001 年又担任美国科幻小说协会会长。此间以及前后的一段时间里,我会见过数以百计的作者、数以十计的出版商。与他们面晤时的感觉和看见我的学生时的感觉一样,面孔、声音和人格都与我网上的印象吻合。

2.8 与旧友在网上恢复联系

与面晤网友相反的另一端,是在网上与昔日友人恢复联系。十多年来,我屡屡有这样的经验:老朋友、老同学和学生在电视上看见我后用电子邮件与我恢复联系。2000 年元旦,我以嘉宾身份在福克斯新闻网出席特别节目:"新千年:科学,小说,科幻"。不久,我收到几封电子邮件。一封来自费力克斯·波尔兹(Felix Poelz),他是我的中学同学,1963 年以后未曾见面;一封来自彼得·罗森塔尔(Peter Rosenthal),他为我 1972 年的唱片辑《双重押韵》(Twice Upon a Rhyme)弹吉他,我们 20 世纪 70 年代中期以后失去了联系。在 20 世纪 80 年代和90年代，我收到一些学生的电子邮件。这些通信都说明，在21世纪社交媒介出现之前，赛博空间（Cyberspace）就已经具有消除时空距离的力量，使我们与老友隔绝的时空距离不复存在了。

有了Myspace以后，与老友恢复联系的速度加快了。2006年年初，我成了Myspace活跃的网民。但Facebook使网上的重逢跃升到一个新的水平，大概是由于它起源于大学社群吧。我在Facebook上有5 000位朋友，至少有100位是多年未通音信的学生和朋友。每周大约有两次老友来信。你很容易在Facebook上找到中学同学和大学同学，从毕业年限就容易分清楚。费力克斯不在1963年哥伦布中学的毕业生名录中（他没有上Facebook），在这个名录中，有一些名字很熟悉。

与未曾谋面的"网友"会见有潜在的危险，且这被认为是新新媒介的缺陷和潜在的弊端，那么，通过新新媒介与长期失去联系的旧友恢复联系必然就是其巨大的好处与恩泽了。如果我们赞同卡尔·萨根（Carl Sagan，1978）的观点——我们是宇宙赖以审视自己的物质材料，那么，旧友凭借新新媒介实现的重逢就是宇宙缝合自己裂缝的机制了。

2.9 保护"隐蔽的一维"：清理你的网页

一切新新媒介都有自生产（self-production）的机制，这是一个"隐蔽的维度"；我们书写和创制的一切都会长期在互联网上存在。"隐蔽的维度"借自爱德华·霍尔①。在互联网出现之前很久，他创造了这一术语，将其作为1966年的专著《隐蔽的一维》（*The Hidden Dimension*）的书名。该书论述的是人际关系里的人际距离和空间，它们强有力地形塑我们面对面交谈的走向和结果，但我们一般将其视为理所当然。与此相似，我们常常不注意，我们的博客、YouTube视频、Facebook简介和网页会长期存在；我们的帖子传上网以后很久，人们还会读到上面的语词和图像，这些帖子就有可能产生我们起初不打算传达的意思或没有料到的后果。

我2006年才开始写博客，但我十多年前写的东西却在今天的谷歌搜索里出现。所幸的是，我写的一切主要是专业性的，我在网上包括Myspace和Facebook

---

① 爱德华·霍尔（Edward T. Hall，1914—2009），美国人类学家，跨文化传播（交际）学祖师，著有《无声的语言》、《隐蔽的一维》、《超越文化》、《生活之舞蹈》、《空间关系学手册》、《建筑的第四维》、《隐蔽的差异：如何与德国人打交道》、《隐蔽的差异：如何与日本人做生意》、《理解文化差异：德国人、法国人和美国人》、《日常生活里的人类学：霍尔自传》、《三十年代的美国西部》等。

上创建和留下的一切首先都是专业性的,不带有个人的私密性。所以,我20世纪90年代初在通用电气公司信息网写的评论不会使我尴尬,因为那些评论一般说的是科幻小说(Levinson,1997);就像我1976年的论文不会使我尴尬一样,那是发布在《媒介环境学评论》(*Media Ecology Review*)上的文章《互动媒介冷与热的重新界定》("Hot and Cool Redefined for Ineractive Media");同理,我1972年的密纹唱片《双重押韵》也不会使我难堪(2008年,它重新以光碟发行,2010年,它又以唱片发行)。我为此而感到自豪。

但大多数Facebook的网民将自己的网页视为个人性的而不是专业性的。如今,上Facebook的学生尽人皆知的危险冒出来了:你网页上贴的照片,聚会时烂醉如泥的形象早已忘记得一干二净了,却会在网上冒出来,其他类似的不雅照可能会冒出来。你一两年后求职时,老板一看见那些照片,就决定不要你了——醉酒的照片使你的工作泡汤。实际上,虽有争议,但雇主和潜在的雇主喜欢要雇员提供Facebook密码和Twitter账号,以便不仅看到员工公开的帖子,而且要看到他们私下传播的讯息(Madrigal,2011)。

在一个理想化的世界里,老板不会计较你两年前甚至两天前聚会时的举止。重要的是你在工作岗位上的表现(2004年,我上福克斯新闻的《奥雷里脱口秀》[O'Reilly Factor]时,就捍卫当地一位新闻节目主持人的权利,她在度假时参加过脱湿汗衫比赛留下了"不雅"照)(见Levinson,2004)。或者,在理想化的世界里,唯有你的友人才能看见你的照片。Facebook提供一些选择,使你的账户里的内容不能完全让人看到。但好意的朋友可能重贴你的照片,因为网上的一切包括音乐、视频和照片都是很容易复制的,所以这第二重的保护就不太管用了,因为人的天性往往会在你进行第一重保护时就加以阻拦。

由此可见,防止照片和其他新新媒介产物使你难堪的最佳补救手段是:首先就不要贴上网。如果要贴,一旦你不再乐意让其暴露在公众视野里,你就要记住将其删掉。醉酒的帖子不等于醉照的保存。但你永远要记住,网上的任何东西和一切东西会像病毒一样扩散,你在Facebook上删掉的东西有可能在别人的网页、电脑中长期存在,也会在任何与互联网或云计算中心相连的设备上长期存在。换句话说,即使你清理自己的网页,也还有这样的可能:至少一些清理工作是白费力气,徒劳无功。在Twitter上,众议员安东尼·维纳(Anthony Weiner)贴了一张照片,稍后曾几次予以删除,但为时已晚,已经有人看见了。这就引爆了一连串的事件,最终使他被迫辞职(请看下一章"Twitter"及该章第六节"沉迷Twitter的议员,再添一例")。

2.10 新新媒介里的主客观差异

我们即将结束 Facebook 这一章并转向新新媒介排行榜上的下一个媒介 Twitter。一个问题自然跳出来：Facebook 和 Twitter 相比，哪一个更好？答案并不像表面上看那样一目了然。更好的提问方式是：对某一种应用或功能而言，哪一种媒介更好？

但即使这个问题也没有简单的答案。这是因为媒介或活动在争夺我们的喜爱和惠顾，而我们对这一媒介或那一媒介的偏爱取决于许多主客观因素的组合。

主观因素或标准来源于我们使用那种媒介的经验，这是我们独特的经验，其与我们的关系胜过与其媒介的关系。比如，我们可能对 Facebook 的喜爱胜过 Twitter，因为我们在 Facebook 上结识了一位好朋友，或者产生了浪漫的兴趣，或者 Facebook 的关系帮助我们找到了工作。如果你想在 Twitter 上保持联系的网友有 200 人，显然你会觉得 Twitter 更好，或更有价值，而我在 Twitter 上只有几个感兴趣的朋友，那么，你就比我更喜欢 Twitter。换一种方式说，如果一种系统的网友更令人满意，对你的帮助更大，对你更重要，即使它速度较慢、效率较低，你也会更喜欢它。

本章稍早时我提到，我 2004 年加入 Facebook，因为我的儿子很早就在那里注册，这是一个强大、亲切、诱人的因素，使我喜欢 Facebook。相比而言，2005 年加入 Myspace 时，我没有熟悉的网友，只有一位建议我加入的学生。2006 年我回到 Myspace 去宣传我的最新的科幻小说《拯救苏格拉底》，我立即搜索有同好的人，包括喜欢"科幻小说"甚至"时光旅行"的人。几天之内，我就有了 20 来位朋友，我在离线状态的真实世界里对他们一无所知。我们共同的兴趣爱好使我们阅读彼此的网页和 blogging。到 2007 年，我已有 1 000 位 Myspace 朋友，约有 40 人买了我的书，但那已不是我珍视他们友谊的主要原因。更重要的是，我觉得我们成了一个共同体：评说政治，议论看过的电视和电影，我们在新年、万圣节和生日时彼此祝福。虽然除了少数例外，我们未曾谋面，但我们仍然是一个社群。

彼时，我很少用 Facebook。那是因为与儿子联系打电话、用电子邮件很方便，学生用电子邮件也很方便，课堂上也能见面，此外，从 2005 年到 2007 年，Facebook 上再也没有兴趣相同的交流。那时我认为，Myspace 更好，更适合我，而不是 Facebook。但到 2008 年，Myspace 式微、Facebook 崛起，我的新新媒介主观价值的支点发生变化。许多 Myspace 上的朋友继续在 Facebook 上与我联系，

Facebook 既是我的专业港湾,也是我的亲切港湾。我在此重申,任何社交媒介主观感觉的利弊都和一个因素相关:在你的数字生活中,那里的人对你很重要。

主观因素还包括我所谓的"一见钟情综合征",这种综合征不仅见于我们喜欢的网络系统,而且见于我们喜欢的电影、电视剧和小说。其原理是,我们多半喜欢我们首先接触的经验。先读《指环王》(Lord of the Rings)三部曲小说后看《指环王》电影的人也许会喜欢电影,但总觉得小说更好,因为小说把这一史诗演绎得最完整。另一方面,先看电影的人可能却觉得,小说固然好,但有时太迂回曲折。一些先看电影的人甚至从未看完小说。我没有做过正式的调查,但多年来与人聊天时询问过,他们更喜欢哪一种:同一故事的小说还是电影、电影还是电视剧;交谈的结果使我相信,人们最喜欢他们首先接触到的那一种形式。

那么,Facebook 和其他新新媒介有什么客观的差异呢?

一些客观差异与用户对自己的网页的控制力有关。Myspace 允许用户通过超文本链接标示语言用色彩、图像和声音来装点自己的网页(颇像独立的博客网页)。Twitter 允许用户上传图像,将其用作网页的背景。相比而言,Facebook 只允许纯文本、链接(图像和视频可以传到自己的网页上)和较小的照片(不占据整页)上网页。

Facebook 起初是大学生"会晤"的方式——看网友的样子、兴趣,却不必见面。这就形塑了它的发展势头,赋予它更宽厚的基础,使它在真实世界里胜过竞争对手。起初,Facebook 社群主要是学生,若想要见面很容易,因为他们就是哈佛大学的学生。不久,它欢迎其他学校的大学生,先在线相遇后离线见面、先面对面会晤后网上会晤的模式继续下去。后来,家人开始现身,Facebook 社群进一步转向真实世界。再后来,Facebook 胜过并遮蔽了 Myspace;从起家到扩张的年代里,Myspace 一直没有 Facebook 那种宽广的真实生活基础,没有 Facebook 典型关键的特征:真实世界里的那种关系。

和其他系统相比,这个特征始终是 Facebook 的界定性特征。下一章考虑的 Twitter 用户的确有真实生活里的朋友和家人。但拥有数以百万计拥趸者的 Twitter 账号被名流、政客和电影明星垄断了。他们认识的跟帖者屈指可数。相比而言,本书稍候介绍的 Foursquare 本质上是"基于位置"(place-based)的系统,"签到"(check-ins)的用户来自四面八方真实的场所。

2.11 Facebook 的时间轴

Twitter、Myspace 等新兴媒介靠朋友和拥趸推动。相比而言,Facebook 略胜一筹的特征是,用户有机会阅读你和你的朋友多年前论公共空间的帖子。这个公共空间有一个著名的名字:"墙"。其历史不容易存取,直到2011年年底它更名为"时间轴"(Timeline)。

此刻,2012年1月,我正在我的"时间轴"上看我2005年刚上Facebook的记录。

只需点击"2005",我就可以在我的电脑上看到我在"墙"(The Wall)上三条记录:

  2005年4月17日,戴安娜·里克特(Diana Richter)来信:"'我总是喜欢把自己对生活的观点表现得清清楚楚。这就是我为什么不吸毒,不带墨镜'。——保罗·莱文森"

  2005年5月2日,米歇尔·帕斯特(Michelle Pastor)来信:"不可思议,难以置信的你!"

  2005年12月10日,洛妮·里克特曼(Loni Lichtman)来信:"墙!!!!"

戴安娜一直是我女儿莫莉的朋友,她引用的话是我对女儿说过的话,女儿把我的话转告她。

米歇尔选修了我讲授的"传播与媒介研究导论"课程,是福德姆大学的本科生。她引用的话是我写的歌词,这首歌(1968)由The Vogues乐队演唱并录制,从我的网页(http://paullevinson.info Web page)上还能检索到。

洛妮选修我的"定向写作"(Targeted Writing)课,她赞扬"墙"的话显示,当时的"墙"在Facebook上是多么重要,那还是我们课堂讨论里重要的话题。

总起来看,我2005年Facebook"墙"上的这三个帖子概括了本章的要点。当时,Facebook远不如今天用得多,你的朋友是你在真实世界里认识的人。这些帖子使人深感网上帖子的长寿——Facebook的时间轴使琐细的东西有了深度,至少在超越创作时间的持久性上有了深度。

还值得注意的是,在那些日子里,人们很少在自己的墙上粘帖子。相反,到了2012年,实际上在此之前的几年里,大多数墙贴粘在自己的墙上,人们把自己喜欢的事情、自己的活动贴在自己的墙上。

洛妮2005年在我的"墙"上发出的惊叹对我的时间轴也有一丝讽刺的意味,因为到2011年"时间轴"取代了"墙"。这就凸显另一个要点。新新媒介的演化风驰电掣,不仅如此,可以说,新新媒介演化最重要的特征之一是,它超越了人的控制力,是消费者/生产者不能控制的。我们能在"墙"上和"时间轴"上随心所欲地写,但Facebook有权用"时间轴"取代"墙",它也能"随心所欲"。Facebook这一举措可以是突然的,也可以是渐进的。到2012年1月,从"墙"走向"时间轴"仍然是自愿的（但在向强制性过渡）——然而，Facebook 手握所有的牌。

Facebook 并不反对审查内容。2008 年年底，它发起清理色情照片的运动。首先，黄色照片从来就没有得到过鼓励或允许。但没有任何集中的系统能管制每一张上传的照片。

"令人反感"的照片内容包括妇女袒露的乳房。但正如莉萨·克里杰（Lisa M. Krieger）在《圣何塞信使报》（*San Jose Mercury News*）上详细描绘的那样，这一政策的后果是，母亲哺乳婴儿的照片也被删掉了，因为它们被评估为"色情、黄色或性露骨"。反过来，这场运动引起了网上世界和真实世界对 Facebook 的抗议，Facebook 上的讨论小组和事业小组也随之猛增，支持和反对哺乳照的小组都有。Facebook 人员告诉记者莉萨·克里杰，为捍卫自己的立场，大多数哺乳照没有也不会被删除，只有那些露出乳晕的照片才删掉。

我们将在本书看到，不同的新新媒介以各自独特的方式演绎了新旧媒介的冲突——旧威权主义的媒介和新的民主的媒介的冲突。相比而言，Wikipedia 比 Facebook 和 Myspace 更容易进行删除，在这一点上，Wikipedia 远不如 Facebook 和 Myspace 作风"旧派"。然而，如果另一组人多势众的读者/编者认为不恰当，Wikipedia 仍然可以删除你我书写或上传的语汇、文章和照片。换句话说，在一定程度上，Wikipedia 已经用民主的小组控制取代了威权主义的、专家驱动的控制，但 Wikipedia 绝对没有消除或减轻对个人表达的控制。实际上，Wikipedia 要求至少鼓励人人参与编辑，这就增加了群体的控制。

然而，新新媒介对内容的控制政策说明，它们限制了消费者转化而来的生产者实际的产出，但并不最终摧毁用户对新新媒介的控制，并不都像 Facebook 等媒介突然改变基本的结构。对研究新新媒介的学者而言，这个故事的寓意是：无论我们认为新新媒介在多大程度上是我们人体、生活和欲望的延伸（根据麦克卢汉的观点，一切媒介都是人的"延伸"，1964），就其核心而言，新新媒介并不是、至少不完全是我们的延伸，不受我们控制。我们可能觉得，新新媒介是我们的延伸，因为它们赋予我们非凡的生产能力和个人投射能力；但无论我们这种感觉是多么强烈，新新媒介都不完全是我们的延伸。以 Facebook 为例，它既是我们的延伸，又属于它自己，这一点耐人寻味。在这个深刻的、深层的、不可改变的意义上，旧媒介、新媒介和新新媒介都没有区别。由此可见，我们业已辨认、正在本书考察的新新媒介和较早媒介的区分并非新新媒介的全盘故事。

我们应该记住一切新新媒介这个坚如磐石的底层，它绝不因用户而改变。我们在下一章着手考察 Twitter 无与伦比的飞跃时，请不要忘记这个道理。

第三章

Twitter

第三章　Twitter

或许,你想让人人知道,你刚才看了什么电影或准备看什么电影,你对老师、老板或董事长怎么看,你午饭吃的是什么或准备吃什么;你想让人知道,天正在下雨,警察正在向你站的地方冲过来;或许你想告诉别人上述任何一件事情、上述一切事情甚至更多的事情。无论你想让世人知道的是什么,刚想到的事情、刚经历的事情你都有向世人播报的冲动吧?如果是这样,Twitter使你播报这一切都容易了。

你可以传播你想发布的任何信息,向你选择的任何对象播报,只要你的接受对象有Twitter账号就行。截止到2011年,Twitter仍然是发展最快的媒介,其用户仅次于Facebook的用户(Bennett, 2011)。而且通过智能手机、iPad或其他任何手边的移动设备,你都可以与世界联系,别人也能和你联系,这成了你生活的一部分,世界近在咫尺,就像你的手一样近。

一切新新媒介都这样便利,但Twitter上的粘贴和阅读都极其简单,几乎像说话一样流畅,更受制于冲动的影响,因为推文(tweets)是默默无声的,旁人听不见,不会对你想说的话产生抑制。

担心你的隐私吗?担心这样的便利性会使讨厌的眼睛偷窥你的心思吗?和一切网络系统一样,你可以用化名或假装的身份。你甚至可以采用电视剧人物的名字。当然你可以根本不用Twitter。

另一方面,如果你想出名,或因工作缘故需要名气,你可以用真名很投入地写推文。比如,CNN的唐·莱蒙(Don Lemon)、MSNBC的塔姆垄·霍尔(Tamron Hall),以及"与媒体见面"的主持人大卫·格列高利(David Gregory)早在2009年年初就在积极使用Twitter。电视主持人和评论员都有Twitter账号,而且把推文的内容融入其电视节目中。这是旧媒介与新新媒介合作的又一个例子。名流、政客和高身段的用户都有一个蓝色的身份核实标记,表示名如其人:奥巴马的账号就是奥巴马的账号,不是别人盗用他名义的账号。任何用户都可以用一个"beta"程序验证账号,但2011年停用;2012年,Twitter建议用户将其Twitter账号与blogs账号和官方网页链接,以便于核实身份。

阿什顿·库彻(Ashton Kutcher)(2012年1月的跟帖者逾900万)和巴拉

克·奥巴马(近1 200万跟帖者)都有Twitter账号。库彻的账号自己打理,而奥巴马的账号由其他人打理,多半不是他自己写的。总统账号上的简介如实告诉读者,"这一账号由奥巴马竞选团队打理,总统的推文已经他签名授权"。奥巴马2012年7月的首次记者招待会用的是Twitter(Olander, 2011),提交给他的问题是经过"管理"的,而不是任意选择的,这就弱化了招待会的新新媒介民主潜力(Levinson, 2011, "First Presidential Twitter press conference";又见下一章YouTube直播总统竞选的介绍)。2012年2月,梵蒂冈宣告,教皇就要开Twitter,并解释说,"他并非亲自写每篇推文,但每一篇都要经他批准"(Chansanchai, 2012;亦见下一章"教皇的频道"有关梵蒂冈对新新媒介利弊的分析)。

Twitter的原名是"微博客"(microblogging)——这似乎是很久很遥远的事了,但其实它只有几岁,起步于2009年。不过仔细一想,由于新新媒介风驰电掣的演化速度,那的确是很久很遥远的事了。而今天,Twitter的不可撤销、不可逆转性大概才刚为人知。

欢迎你进入迅速成长的微博世界,你可以在Twitter上发表并传播一两句话,说一说你自己,说一说任何你想说的东西,个人的、政治的都行,任何时候,想写就写。Twitter不再是媒介部落里的幼童。2006年3月由奥迪欧(Odeo)公司的杰克·多西(Jack Dorsey)、诺厄·格拉斯(Noah Glass)、比兹·斯通(Biz Stone)和埃文·威廉斯(Evan Williams)启动。2009年上半年,Twitter迅猛发展;当年2月,Twitter用户只有600万;到当年5月,Twitter用户已达3 000万。2009年2月8日的《纽约杂志》(*New York Magazine*)一篇文章说:"如果你是世界上最后一位不知道什么是Twitter的人,容我作这样简单的介绍……"(Letch, 2009)然而,到2009年6月15日,Twitter成为《时代》杂志的封面故事时,谁也不会感到奇怪了(Johson,2009)。

但正如两篇文章都接着解释、我们在本章将要详细说明的一样,Twitter有许多复杂而深奥的东西,2012年的Twitter比2009年的Twitter更复杂而深奥了。

3.1 典型的即时通讯

及时发布文本、图像、声频或视频是新新媒介的标志之一。但这些标志在新新媒介里的分布并不平均。

你可以拿起电话、照张相、抓取一段视频,通常比任何书写都容易。但标记视频不如标记文本容易,上传到网站的照片或视频比写作花的时间多,长篇的视频加工起来尤其费时间。此外,直接在博客、网页、网站上写东西比在书桌前写东西容易;和制作照片、视频相比,直接在网上写东西比上传照片和视频也更容易。

  通盘考虑网上创作和发布东西的各个方面,结果就是,文本的生产比录音和音像的制作容易。140个字符是Twitter文本的上限,所以一两行字的这种微文本撰写起来最迅捷。当然,如果你是个字斟句酌,搜索枯肠,微博这种短小的形式也可能会多花一点时间。我曾经应邀写一篇200字符的内容介绍——而不是200词的内容介绍,为科幻小说俱乐部介绍我自己的小说《出入银河系》(*Borrowed Tides*,2001)。这几行字竟然花了我15分钟。不过,那是因为我想要每个字母、字符、单词都有分量,以便吸引潜在的读者。如果我写的是我很喜欢在福德姆街上的比萨饼,或者是我对违背《第一修正案》的想法,或者是我对总统最新讲演的看法,我就可能在几秒钟里一挥而就了。

  一切思想都源于心灵,用不那么形而上的话说,一切思想都源于大脑。说话的时候,一种神经元突触或神经通道把思想传导到我们的发音器官。另一种神经元突触把思想传导到我们的手指,于是我们用手指书写或打字。在个人的传播中,这两种神经传导的距离大致相等,思想以相同的速度传递到舌头或手指。

  电子媒介出现以前,即时传递到舌头的思想只能传播到耳朵能听见的范围内。即时传递到手指的思想更受局限:它结束于指尖,这是因为如果要别人读到你写下的文字,羊皮纸、莎草纸纸张都必须要出人手传递。这种非电子的从指尖到指尖的"数字"传播可能是比较快的,但它不能和声音的传播相比。因此,说话和书写相比有迅捷的优势。(关于手写是"数字"或手指传播的一种形式,见Levinson,1999。)

  电流以光速传递,这就是说,任何诉诸电子传递的讯息,包括口语词和书面词,都可以即时传递到任何地方。电速是每秒186 000英里,赤道的周长只有24 000英里。但这并不意味着,电传的讯息立即就能被任何人收到,包括听到和看到。接收一端的设备运作需要时间,开电视、走向电话机需要时间,电速传导的讯息最终被接收到之前,至少有几秒钟的延宕。

  Twitter革命胜过任何旧媒介、新媒介或新新媒介,其短信的收发几乎与其构想和书写同时,都立即完成。Twitter比博客快,因为推文比博文短,只有一两行字,书写、发出和接收几乎和心想一样快,弹指一挥而就。Twitter比Foursquare快,因为"签到"验证你所在的地方要多花几秒钟的时间。短小推文的书写、发出和接收完成于弹指一挥。如此,Twitter的远程传播就像近距离交谈一样轻而易举、毫不费力了。

而且，Twitter传递的讯息任何人都可以读到，只需要一个条件：读者需要在线"跟随"你的"帖子"。Twitter还可以送给特定的群体，也可以只送给一个人。这就是说，Twitter不仅是历史上最迅捷的书面媒介，而且是有史以来人际传播和大众传播最好的结合。

3.2 人际传播=大众传播=Twitter

这个标题约有45个字符，很容易用Twitter发送，它可以用结合人际传播和大众传播的许多方式发出。

传播的基本教益之一是，它有两种形式。人际传播涉及一人发信，另一人收信，收信者很容易转化为发信者。例子有面对面距离、书面通信、电脑上的即时通讯、电话上的交谈、手机上的短信。大众传播含有一人和一个源头同时向许多人发送讯息，接收者却不能转换为发送者。大众传播的例子有墙上的雕刻、书籍报纸、电影、电视和不容许评论的博客。因此，人际传播是定点的双向交流，大众传播是广泛的（故而有"广播"一词，源自种子的撒播）的单向传送。

有时有人错误地说，人际传播是非技术性的，与大众媒介的传播迥然不同。他们认为，大众媒介必须是高技术，至少要用工业技术比如印刷机，而电话上的人际交流是技术性的，而墙上的张贴或黑板上的板书几乎无技术可言，是一种很低技术的大众传播。

说到黑板，课堂上很容易在大众传播与人际传播之间转换，课堂是能在两种传播之间转换的很少的几种情景之一。我上课时，学生是大众传播的接受对象，我的讯息针对许多人。但如果一位学生提问，我接着回答，我和这位学生的交流就是人际交流，但对班上听我们一问一答的其他学生而言，这仍然是大众传播。回答第一位学生的问题以后，我抽问另一位学生，第一位学生就回到大众传播，第二位学生就和我进行人际交流了。

Twitter使课堂上升到全球的层次。诚然，Twitter并非没有先例，聊天室和即时通讯也可以在大众传播与人际传播之间转换。然而，Twitter是每天24小时、每周7天的聊天室、课堂或集会。虽然Twitter上的短信肯定有教育意义，但使之弹升到全球规模会话的是其课堂的传播结构，而不是课堂教学的内容。

Twitter使课堂的传播结构以独特的方式延伸，使小组对个人的传播像个人对小组（老师对学生）的传播一样容易。各种规模和宗旨的群体都发送推文。旧媒介巨人比如福克斯新闻网和CNN就发布滚动的一句话新闻；总统竞选班子和其他职位竞选团队、专一社会事业或宗旨的团队比如 TwitterMoms（支持哺乳照的 Twitter 小组）等也发送推文；我们在上一章已经介绍过 TwitterMoms，这个团队动员各界力量反对 Facebook 禁止哺乳照片的举措。诸如此类的 140 字符的 Twitter，与互联网上更丰富的内容链接，送达智能手机、平板电脑和笔记本电脑，这些接收器上都可以显示诸如"刚去牙医办公室"之类的推文。

Twitter 还可以使专业和个人信息轻而易举地广泛传播，比如卡尔·罗弗（Karl Rove）2009 年 2 月 14 日的推文："回到华盛顿。周末写书。明天早上收听福克斯新闻。上克里斯·华莱士（Chris Wallace）的'100 天特别节目'。"实际上，我的一切 blogging 和播客都在我的 Twitter 账号里显示，我的 4 700 名"跟帖者"（截止到 2012 年 1 月）都可以看到；关于我上电视和电台等旧新闻媒体的 Twitter、有关棒球评论的推文，以及有关暴风雪的推文，也出现在我的 Twitter 账户里显示。

通过"Apps"（应用）程序，互联网上的任何链接和一切链接都自动发送到账户里，链接的内容包括 blogging、视频、新闻、一切新媒介和新新媒介；这些微博随即又自动传递到 Facebook、LinkedIn、"斯奎多"（Squidoo）、"回荡"（Reverbnation）网上，还传递到这类"元"（meta）新新媒介或"聚合的"（aggregate）新新媒介上（之所以称为"元"，那是因为它们的内容包含来自 Twitter、Facebook、YouTube 等新新媒介活动的链接）；这种双向的自动发送构成了一个能使自己永久存在、并非完全人为策划的、不断拓展的网络，这一网络与生物有机体和演化系统有许多共同之处（关于媒介的有机演化，详见 Levinson，1979、1997）。

3.3 Twitter 像智能 T 恤或首饰

Twitter 用来表达感情比如"我厌烦"或"我感觉好"时，其功能类似虚拟的衣装或首饰，就像我们"穿戴"的衣饰或发出的讯息，宛若黑色的礼帽或艳丽的项链，显示我们的情绪。

Twitter 上的讯息还可能更加具体，比如"我刚才投票选奥巴马"，此时的讯息就从"珠宝"变为竞选徽章或印着讯息的 T-恤。1970 年，在个人电脑革命的十多年前，加里·冈珀特（Gary Gumpert）就论及"微型传播"（mini-comm）的兴起。他所谓的微型传播是，人们用印在 T-恤、运动衫等衣服上的语词来"广播"个人的讯息或者符合自己口味的讯息。

与印刷领域的一切均有改进一样，数字时代的个人讯息和政治讯息凭借新新媒介比如 Twitter 的更新,使"微型传播"大踏步前进,于是,任何语词都可以立即在全球范围内"印刷"、发表了,而且接收者还可以将其复制并转送给自己的跟帖者。如果写 Twitter 的人愿意,凭借一个新的 Twitter,那些语词还可以刹那间修改或改变。

URL 常常是 Twitter 讯息的要素,福克斯新闻网、CNN 和《纽约时报》也发送微博,它们的网页上有链接突发新闻的 Twitter。在功能上,这些新闻网上的 Twitter 是一种无线服务,就像美联社或路透社一样。"跟帖者"收到这些 Twitter,一般不回应。在这样的传播中,虽然接收者能用 Twitter 互相交流,但这里的 Twitter 是大众传播媒介,而不是人际传播媒介。

Twitter 容许单向跟帖,A 收到 B 的所有的 Twitter,而 B 没有收到 A 的 Twitter;Twitter 也容许双向跟帖者,A 和 B 都看到对方的所有 Twitter。单向跟帖者相当于 Facebook 上的订阅者,双向跟帖者相当于朋友。互相发送的公共 Twitter 是 Twitter 上的任何人都可以看见的;此外,双向跟帖者还可以彼此发送私密的讯息("直接讯息"DM),这是 Twitter 上的其他人看不见的讯息。众议员安东尼·维纳以为,他发送的是谁也看不见的"直接讯息",却误发成公共 Twitter 即"大众媒介"讯息,内容却是给一位跟帖者的性暗示(见本章"沉迷 Twitter 的议员,再添一例"那一节)。

另一方面,Twitter 可以是一对一的人际交流;此时,其功能不仅是一种珠宝首饰,而且是一种新的电报。2007 年 11 月在 Second Life 的访谈中,我对肯·哈德森说,"电报很像微博"。电报还像 Twitter,不是因为其收发速度,而是因为其简明,电报是按字收费的。

博主不仅可以用 Twitter 发自己的 blogging 帖子,还可以用 TwitterFeed(Twitter 种子)的免费服务自动传播帖子。2011 年下半年,在我的"无穷回溯"blogging 的读者中,大约 15% 的人看见的博文是由 Twitter 通过我的网页自动发出的。我们再回头说珠宝和 T-恤的比方:Twitter 讯息的一极是商店购买的讯息比如 CNN 新闻,另一极是手工制作的讯息,比如通向个人 blogging 帖子的链接。与一切新媒介一样,旧媒介并没有在 Twitter 上被抹掉,而是被纳入了 Twitter 并得到推广。

3.4 Google+,Twitter,Facebook 和 Pownce

如果从 Twitter 来临的 2006 年算新新媒介时代的起点,迄今还不到十年。新新媒介的受害者并不是旧媒介,而是新新媒介本身。不错,有些报纸关门大吉了(我们将在第六章 blogging 讨论报纸的衰落),但大多数报纸还在继续办,只是形式有缩减。相比而言,新新媒介在互联网上经常消失;这一现象令人痛苦还是令人振奋呢?那就看你取什么视角了。自本书第一版发行以来,奥迪欧(Odeo)blogging 公司走了,实时专业服务的问答网(Aardvark)也走了,与 Twitter 链接的广告公司比如 Adjix.com 歇业了,Google Buzz(谷歌闪响)一年就夭折了(2010—2011)。

Pownce(庞斯网)由 Digg 设计团队开发,2007 年和 2008 年,它是 Twitter 的唯一竞争对手,直到 2008 年 12 月关门大吉;其规模比 Twitter 小得多。与 Twitter 相比,其优势是可以在发送讯息的同时发送图像、音乐和视频等文档;而 Twitter 只发送链接,两者反差很大。如此,Pownce 用户免于点击链接的步骤,可以即时欣赏音乐或视频。

但这一点优势不足以拯救 Pownce。其主要特征之一起初是使 Google + 不同于 Twitter。但 Google Buzz 只不过是 Twitter 的另一种形式,很快就失败了,到 2011 年 6 月,谷歌推出 Google + ,Google Buzz 就被贴上了历史之"墙"。到 2011 年年底,Google + 已拥有 6 000 万用户,用户人数还在以每天 50 万的速度增加;到 2012 年年底,其用户可望达到 6 亿,那将超过 Twitter 2012 年年初 3 亿多用户的水平——假定 Twitter 用户不增加 33% 的话(Guynn, 2011)。(但 Google + 的增长亦有弱点,见 Ferraro, 2012,"Google + Defenses"。)

无疑,Google + 的成功是由于它不像 Twitter,而是像 Twitter 和 Facebook 的混合。Google + 有"圈子",相当于 Facebook 的"小组",但 Google + 的信息目标的指向容易得多。Google + 粘贴的链接能发送给其用户的全体公众或具体的"圈子",比如我的"圈子"就是"媒介理论"、"科幻小说"、"音乐"和"昔日的学生"。这些链接提供的原创的文本、文章、博客帖子比 Twitter 上多,伴随的讯息或解说词没有 140 个字符的限制。诚然,视频和照片都可以嵌入 Twitter 和 Facebook 的"状态栏",都很容易在 Twitter 和 Facebook 上观赏,不必离开它们的网站,但相比而言,Google + 的无缝界面胜过 YouTube,而 YouTube 已并入谷歌。和 Facebook 一样,Google + 也为用户提供个人自我介绍网页,还提供图书杂志网页(关于 Twitter、Facebook 和 Google + 特征全面的分析和比较,见 Bodnar, 2011)。

正如新新媒介世界的其他方面一样,新新媒介的软件系统有日益合流的趋势。Google + 开发者对 Twitter 和 Facebook(以及 Google Buzz 的失败)有全面的了解。Facebook 经常调整自己的结构,它考虑到了 Google + 成功的新特征。Twitter 也更新了自己的系统,使用户容易看见:谁把你的 Twitter 标记为"喜欢"

（Facebook上的"喜欢"颇像Google+的"+"），谁转发了你的推文（Twitter上的"retweet"相当于Google+和Facebook上的"分享"[share]），谁回答或回应了你的推文。这三种最新的新新媒介必然是越来越类似了。

它们最终会融合为一个系统吗？无论那个系统叫什么名字，它将把三种系统的成功的特色一网打尽、结为一体吗？也许最终是这样的结局吧。在此期间，Google+显然在眼前有最大的发展潜力，因为它的用户达6 000万之众，而Twitter维持其混杂的暴发户形象，因为它的地位次于Facebook，而Facebook是不属于Google这样的网络巨兽的。

3.5 Twitter的危险：沉迷Twitter的议员

如果你做的事情有挑战性，你又处在容易受伤害的、公众容易达到的地方，你却用Twitter告诉满世界的人你在做什么，其危险是显而易见的。

你可能会认为，上面这句话也适用于聊天室或Twitter聊天室，我们杞人忧天在取笑，但这里的危险是千真万确的。请考虑彼得·霍克斯特拉（Peter Hoekstra,密歇根州共和党众议员）2009年2月6日写的一连串微博："刚到巴格达……乘直升机进入绿区,宫殿上飘扬着伊拉克国旗。直奔美国大使馆新址,似乎不如以前混乱。"（Donnelly,2009）

霍克斯特拉是众议院情报委员会成员，他产生了危险的错觉，他成了这一错觉的受害者。自20世纪80年代以来，这种错觉与其他问题一道加重了。霍克斯特拉的危险加重了，因为倘若世界上任何一个地方有一个恐怖分子读到他的推文，并将其转发给他附近的恐怖分子，那些人就能对霍克斯特拉一行人发起攻击。

错觉产生于对眼前显示屏的误解，无论这一屏幕是20世纪80年代台式电脑的显示器或今天握在手里的黑莓手机的显示屏。如果你认为，那仅仅是个人用品，你可以在上面记录你私密的或愤怒的思想，只发送给你心中想到的人，那就错了。之所以会错，那是因为20世纪80年代的设备毕竟是"个人电脑"。Twitter更容易使你产生错觉，因为你可能认为，只有你的"跟帖者"才能看见你的微博。不错，你的"跟帖者"能看见你的微博，但除非你"保护"你的自我介绍，把接收者限定在你同意的范围，而不是向Twitter的所有网民开放，否则Twitter上的3亿人（2012年年初）都能看见你的推文。如今,一切Twitter活动本质上都是公开的，表现之一是，不到1%的Twitter用户在"保护"自己的账号。

霍克斯特拉热心使用新新媒介，但他忽视了检查新新媒介的所有特征和控制机制。这是可以理解的疏忽,却是潜在的致命错误。我们接触并采用新的传播方式尤其Twitter这样的新新媒介时,成年人就成了名副其实的天真儿童,因为只需在键盘上敲几下,就可以开启个人生活和职业生涯的别外洞天。

还值得注意的是,根据2009年2月Twitter公司一次非科学的抽样调查,Twitter用户的平均年龄是37岁(Weist,2009)。读者还可以注意黑尔和皮斯克斯基调查报告里有趣的人口统计情况。他们的一次科学抽样调查显示,90%的Twitter是由10%的活跃用户撰写的,"男人跟随另一位男人的微博的概率是女人的两倍"(Heil & Piskorski,2009)。大体上看,新新媒介尤其新锐的Twitter不再是仅限于年轻人喜欢的媒介了。

3.6 沉迷Twitter的议员,再添一例

实际上,沉迷于Twitter对共和党和民主党两党都有危险。安东尼·维纳是纽约州民主党人、国会众议员,直至2011年6月。他误用Twitter的情况和共和党议员霍克斯特拉的情况截然不同。他把有性暗示的照片发给一位Twitter跟随者(follower)(不是他妻子,而是另一位21岁的女性)。他用的是照片分享软件yfrog,这款软件和"Twitter照片"(Twitpic)类似,这样保存的照片很容易分享。他发推文的意图是私密的("直接讯息"),却误将其作为公共讯息发给这位跟随者了。刚发出去他就意识到有误,立即将其删除,但危害已经造成———一位保守人士已经看见了这条推文,后者在yfrog上点击时发现了维纳的照片,立即将其转发到安德鲁·布雷特巴特(Andrew Breitbart)人气很旺的blogging站Breitbart.com(其Alexa排名是第3574位)。起初维纳声称,其账号被黑,但接二连三赤裸裸的性照曝光以后,他被迫为撒谎和发照片道歉(Weiner transcript,2011)。

国会议员是国家公职人员,公众极为关注,他为什么用公共渠道表达这样私密的事情呢?答案和霍克斯特拉议员的一样,发推文时他没有意识到,它发的博文的潜在后果是非常公开的。以维纳为例,他的Twitter全然是公开的。和Facebook一样,和你眼前的台式电脑、笔记本或掌上智能手机的显示屏一样,你物理空间身边的人是看不见的,因此,Twitter就产生骗人的错觉:你传播的东西完全在你意向中的接受者之间。但和拉斯维加斯的赌场不一样,用新新媒介所做的一切都不会只保存在新新媒介的系统里,即使仅限于其中,那也是巧合,因为底层的真相是,互联网上发生的一切从本质上看和其他一切媒介都是联通的,因而和满世界的人是连在一起的。无论用什么方式,在互联网上上传讯息时,你

就像把它放在时代广场的辉煌灯火之中了,全世界新闻业的照相机都指向那里的一切。

尤里·赖特(Yuri Wright)是打橄榄球的高中生,前途光明,升学可望上名校。2012年1月,他发了一些性露骨、充满种族偏见的推文,引起公众的注意,得到了一场深刻的教训。安迪·斯泰普尔斯(Andy Staples)将其放进《体育画报》(*Sports Illustrated*)的网站(Staples, 2012):"在大多数橄榄球更衣室里,尤里·赖特发的推文都使用的是队友之间火辣辣闲聊时使用的语词——只要教练不在场。"然而,一旦上了Twitter,不仅教练看得见,人人都能看见,爷爷奶奶也看得见。结果,赖特就被球队开除了。

2011年11月,中学生艾玛·汤普森(Emma Thompson)的推文被全世界都知道了,至少大多数美国人都听说了,而她有幸得到了一个好一点儿的结局。她在推文里说,堪萨斯州州长萨姆·布朗巴克(Sam Brownback)"很差劲"、"太吹牛",而且在"太吹牛"前加了一个井字号"#"。布朗巴克手下的人很生气,就联系汤普森的校长,校长指示她写信道歉。她不听。所幸的是,布朗巴克和校长的态度不同,他显然理解《第一修正案》对言论的保护,反而向汤普森致歉说,他的官员过火了(Madison, 2011)。尽管如此,这件事使我们痛感那难以避免的教训,就像霍克斯特拉、维纳和赖特的事件一样:任何推文内容,无论发推文者的意向是什么,原则上都是任何人和每个人都看得到的,包括发推文者最不喜欢的人都看得见。

然而,新新媒介更严重的危险并不是来自误用,而是一心想干坏事的人,他们用狡猾奸诈的手腕利用新新媒介。在第九章"新新媒介的阴暗面"里,我们将考虑恐怖分子对Twitter的利用。

与此同时,Twitter又是促进民主表达的有力工具。

3.7 Twitter与伊朗的毛拉对阵

2009年6月,伊朗人上街示威,抗议总统选举中的舞弊行为。这是独裁政权的老故事,人们在广场集会抗议,却常常以对民主不幸的结局告终(详见Levinson, Cellphone, 2004)。但到2009年,人民和民主有了新的工具。

伊朗的最高领袖支持马哈茂德·艾哈迈迪-内贾德(Mahmoud Ahmadinejad)连任总统。他与观点相同的毛拉们禁止报道日益高涨的反对意见,不准报道选举一位新总统的呼声,也不准报道抗议者被殴打和杀害的情况。就传统的集中化的媒介比如广播和专业记者而言,对直接的、目击者报道的新闻封锁容易生效,因为专业记者很容易被驱逐,防止他们直接报道也容易。然而,在2009年的伊朗,YouTube、Facebook和尤为突出的Twitter就不容易阻止或控制了。

在伊朗,互联网和手机服务断断续续地受到限制,其部分业务被关闭。但如果要切断一切Twitter,要阻止一切视频上YouTube,那就不得不切断一切互联网和手机服务。伊朗当局小心翼翼不走出这一步,因为那对伊朗的商务和其他基本的信息交流会产生严重后果。于是,抗议者和市民"记者"均有了发推文和视频的渠道,国外的人也可以把推文发回伊朗,他们可以用当局看来合法的"代理服务器"发推文。

与此同时,伊朗当局当然也可以用Twitter发出误导人的信息,显然他们的确这样做了。2009年6月16日,我上洛杉矶的KNX电台的访谈节目,主持人问我如何分辨从伊朗传出的信息的真伪时,我的回答是,与Wikipedia的读者/编者为信息的准确性提供了制衡机制一样,Twitter者的聚合可以确保信息的准确性(Levinson,2009,"New New Media vs. the Mullahs")。事实正是这样,被疑为政府植入的Twitter被辨认出来,并受到了谴责(见Grossman,2009)。

伊朗人2009年的抗议没有成功,到2012年1月,毛拉们和内贾德还在掌权。但值得注意的是,20世纪70年代末的新媒介录像带推动了1979年的伊朗革命(见Zunes,2009),在组织2001年菲律宾的第二次人民力量革命中,手机发挥了作用(见Rheingold,2003;Popkin,2009)。美国国务院认为,Twitter在2009年年初的抗议活动中至关重要,所以它请Twitter推迟原定停网维修的时间,直到大多数伊朗人可能都沉入梦乡了才去维护Twitter(见Grossman,2009)。

新新媒介技术2009年用于伊朗的大选;在2011年的"阿拉伯之春"里,新新媒介更为成功,以后在突尼斯、埃及发利比亚(利比亚人得到美国和欧洲的帮助)推翻独裁者的运动中,新新媒介也相当成功。这些技术同样促进了2011年秋天开始的"占领华尔街"运动,这一运动遍及美国,扩展到世界很多地方。我们将在第十章"政治与新新媒介"考虑这些意义深刻的政治发展。

以下是新新媒介与政府权威的一些重大冲突在20世纪和21世纪的时间表:

本书第二版有所更新。本质上说,新发明的技术难以被政府控制,因为它们太新,政府人员难以完全理解。而且,即使在互联网和新新社交媒介之前,这个时间表里的设备和系统也有助于个人创生讯息,这一点使之和年代相近的大众媒介尤其广播和电视不同。

1942—1943年:"白玫瑰"运动(The White Rose)用复印传单把纳粹政府的真相告诉德国人民。该运动未能推翻纳粹政权。

1979 年：阿亚图拉·霍梅尼（Ayatollah Khomeini）的录像带在伊朗流传，成功煽动了推翻伊朗国王的革命。

20 世纪 80 年代："地下出版"录像带批评苏联政府，可能为米哈伊尔·戈尔巴乔夫（Mikhail Gorbachev）的改革和公开性以及苏联统治的终结铺平了道路。

2001 年：约瑟夫·埃斯特拉达（Joseph Estrada）总统的手机在动员菲律宾人和平抗议中发挥了一定的作用。第二次人民力量革命成功。

2009 年：Twitter 和 YouTube 把伊朗人对官方报道选举结果的抗议传到国外。该运动未能推翻伊朗政权。

2010 年起：Twitter、Facebook 和 YouTube 帮助突尼斯人和埃及人动员起来反对政府，把伊朗国内的抗议运动的消息传到国外。独裁者在和平革命中被推翻。"阿拉伯之春"传到利比亚，利比亚政府被武力推翻；传到也门总理被迫辞职；传到巴林和叙利亚，截止到 2012 年 1 月，结果尚不确定。"阿拉伯之春"的抗议运动波及 12 个国家（当前局势见 Wikipedia, "The Arab Spring"）。

2010 年起：Twitter、Facebook 和 YouTube 促进了美国的抗议运动，并很快传到世界各地，该运动名为"占领华尔街"，截止到 2012 年 1 月，结果尚不确定。

3.8 麦克卢汉是微博客

Twitter 的简短形式是政治追求效率、个人追求"酷"的必要工具，而且，早在 Twitter 问世之前很久，它就是一种著名的文字表达形式。马歇尔·麦克卢汉去世于 1980 年的最后一天，不仅在 Twitter 和博客出现之前，而且离电子邮件的出现还有好几年，距容易登录的网页问世还有十几年。然而，在他最重要的著作之一《谷登堡星汉》（*Gutenberg Galaxy*, 1962）里，章节的标题或"题解"就是他的博客和 Twitter，例子有："精神分裂症也许是书面文化的必然后果"和"新出现的电子相互依存性以地球村的形象重新塑造世界"。该书一共有 107 条这样的 Twitter。

微博出现之前二十多年，我首次认识到麦克卢汉的著作那种近似数字的特征。1986 年，我为美国电气电子工程师学会（IEEE）的《专业传播汇报》（*Transactions of Professional Communication*）撰写了一篇文章《麦克卢汉与计算机会议》（"Marshall McLuhan and Computer Conferencing"）。我说，言简意赅、格言警语的爆发是他的典型文风;自20世纪60年代起,他的重要著作常有简短到只有一两页篇幅的章节;这实际上就是网络书写("计算机会议")的一种形式,也就是我们今天所谓的博客,他的"微博"写作在互联网和网上交流之前几十年就出现了。

让我们快进21年……到2007年夏天,在Twitter注册几个月以后,我浏览它书面的公共网页时,突然一震:这里的Twitter很像麦克卢汉著作的章节标题。如果说他的章节内容是一篇篇的博文,一两页纸书写的思想,章节之间没有必然的联系,没有固定的顺序,那么,那些章节的标题就是Twitter,最多只有一两个吸引人的短语。换言之,他的章节"题解"就是走在Twitter时代前面的Twitter(Levinson,Oct. 2007),只不过是固定在纸张上,而不是在显示屏浮动。当然,《谷登堡星汉》里"在无文字的社会里,没有人犯语法错误"之类的标题,如果与Twitter网站上的大部分Twitter相比较,其意义不知要胜过多少倍了。由此可见,麦克卢汉的章节标题不仅是Twitter的预兆,而且预演着Twitter的最佳状态。(事实上,有几个Twitter账号就用麦克卢汉的名义,其Twitter里就有麦克卢汉的格言警语。)

但麦克卢汉为何能预见数字时代呢?使他窥见未来的并不是那种巫师的水晶球。他不拥有传说中的基督教国王普雷斯特·约翰(Prester John)独有的跨越时间的神奇窥视镜。那是因为他的脑子以我们数字时代的方式工作,尤其以新新媒介的方式工作,他的风格就是新新媒介捕捉并投射到屏幕上和生活中的运行方式。如果说新新媒介表达的讯息是,古人和先辈想要交流却不能交流时,那是因为它们缺乏先进技术(见我的"人性化趋势"的媒介演化理论,Levinson,1979,1997);但即使在数十年前,麦克卢汉就理解并邂逅了这种交流。他不是在写自己的时代,而是在写我们的时代,他的风格与他那个时代的印刷媒介并不是最佳匹配,与我们当代的新新媒介却非常契合。这反过来说明,Twitter这种简短的书写形式自古以来就是人类力所能及的书写方式,除了涂鸦和电报,我们的文化和教育限制或排除了这样的书写形式。麦克卢汉突破那样的限制,如今,他的风格成了短信、即时通讯、状态条报告和Twitter的规范。

莎士比亚就抓住了精简的形式。他说:"简洁是智慧的灵魂。"简洁指向旧媒介与新媒介之间更加普遍的历史动态关系。新技术再现以前的传播形式,这是麦克卢汉媒介理论的主要内容。他将其概括为"四定律"(tetrad),这是媒介效应的四元模式。每一种新技术都"放大"传播的某些方面(如广播延伸声音的传播距离),使当前一种普及的形式"过时"(obsolesces)(如广播取代一些阅读),"再现"(reteave)一种稍早的形式(如广播使口语词回归),最终使某物"逆转"(flip)为另一物。《数字麦克卢汉》(*Digital McLuhan*, Levinson, 1999)为"四定律"提供了更多的细节和例子。再以 Twitter 为例,我们可以说,它"放大"了简短的书写形式;使长篇博文和长时间通电话"过时";"再现"了涂鸦、电报、诗歌式短语和麦克卢汉的写作方式;"逆转"为……我们时代目睹的东西。

然而,我们也许已经窥见了 Twitter 正在生成或逆转成的一种新新媒介新形式的迹象。罗伯特·布莱克曼(Robert K. Blechman)的小说《行政关系的切割》(*Executive Severance*,2012)完全是一本"Twitter 式小说",在 Twitter 上连载,每天发一条。Amazon 推出的 Kindle 是一种新媒介(传统图书的形式、数字的内容),新新媒介 Twitter 产生了一种新的小说(twitstery),Twitter 之前不可能存在的小说。这部小说以 Twitter 的形式写成,在 Twitter 网站上发布,它完成了麦克卢汉开启的一个周期;麦克卢汉用 Twitter 的形式写作,那是在 Twitter 诞生之前。

但大多数 Twitter 并不生于虚构的世界,而是生于你我生活的真实世界。在第七章里,我们将看到,Foursquare 推进数字世界和真实世界的整合,并将其提升到更方便的高度。在下一章里,我们将回到视频的新新媒介 YouTube——这是 Facebook-Twitter-YouTube 三合一引擎的一部分,YouTube 是 2012 年最有力地推进新新媒介的引擎。

第四章

YouTube

如果文字是最接近最古老的、人类传播的持久的形式,如果我们将阿尔塔米拉(Altamira)和拉斯科(Lascaux)的洞穴画当作象形的书写,那么,录音录像肯定是最新的"书写"形式了。

古埃及亚历山大城的人知道视觉形象的持久性,人类视觉的特征是能把眼前的形象保持一刹那,这使人形成移动画面的感觉成为可能。然而直到19世纪90年代,表现移动画面的电影才姗姗来迟。最初的电影是无声片。有声片到来的时间是20世纪20年代,与电视发明的时间大致相当。20世纪40年代末,商业电视开始产生强大的冲击。20世纪50年代末,90%的美国家庭在看电视了。20世纪70年代中期,录像机问世,20世纪80年代初,独立的有线电视网开始播放自己的节目。换句话说,YouTube之前的视听媒介的历史不到一百年。

YouTube 2005年2月问世,创建者是查德·赫里(Chad Hurley)、陈士骏(Steve Chen)和约德·卡里姆(Jawed Karim),曾经是PayPal的同事。2005年11月,YouTube公开亮相。无疑,其兴旺仰赖网络电视和有线电视的剪辑,这是新旧媒介伙伴关系的突出例子。与其徽标同时推出的招牌用语是"播放你自己"。

我们来看看奥巴马女孩的故事,它已成为YouTube和新新媒介的经典。2012年1月,观赏它的人次已接近2 400万,观赏其派生视频的人次逾1.2亿,《新闻周刊》将其评为十年内的十大主题之一。

4.1 《奥巴马女孩》

《奥巴马女孩》(Obama Girl)的故事于2006年12月在一种旧媒介里露面。NBC电视网的《周六晚现场》(Saturday Night Live)播放了一段很搞笑的小品《魔兽礼品》(My Dick in a Box)。由于联邦通讯委员会的规定,NBC担心按原来的话《我的生殖器》(my dick)不雅,于是就用《特别礼物》(special treat)取而代之。

但YouTube把这个小品的歌舞和原话原滋原味地播出,吸引了数以百万计的观众;从长远看,《奥巴马女孩》这个视频的观众人数可能会超过它那电视小品的观众人数。(国会尝试对互联网进行语言限制,比尔·克林顿还在1996年签署了《联邦传播风化法》,但最高法院否决了这一法案。)

本·雷勒斯(Ben Relles)随即登场。他与词曲作家丽叶·考夫曼(Leah Kauffman)想到一个办法,解决《魔盒礼品》视频里不雅的嫌疑,把节目的名字从"My Dick in a Box"改为《盒中盒》("My Box in a Box")。YouTube上回应的视频相当于博客上评论的文字,这是为自己的新视频吸引人的好办法,新视频的制作者可以把拥有大量观众的旧视频当作自己的附件。YouTube还有一个很兴旺的文字评论栏目。流行的视频产生数以千计的文字评论,能吸引的回应视频则寥寥可数。

2007年1月,福克斯公司的《反恐24小时》(24)推出了新的一季《第六天》(Day Six)。考夫曼的团队想作一段视频《我爱杰克·鲍尔》。她的歌词就是这样写的。2007年2月,奥巴马宣告参加总统竞选。这一宣告给雷勒斯一个更好的创意,他想搞一个胜过"鲍尔"的视频,他相信这更令人兴奋。于是,他聘请安珀·李·埃廷格(Amber Lee Ettinger)出演奥巴马女孩。2007年6月,《我爱奥巴马》这段视频上了YouTube。第一个月,这段视频就吸引了230万观众(Sklar,2007);到2009年1月,它已经吸引了1 300万观众。"奥巴马女孩"就成了大众偶像。以"奥巴马女孩"为由头表现巴拉克·奥巴马的视频接踵而至,一连串表现其他候选人的视频也陆续登场,包括希拉里·克林顿和约翰·麦凯恩的视频。2007年9月,本·雷勒斯和安珀·李·埃廷格到福德姆大学来听我的"传播与媒介研究导论"课程时,全班120名学生没有一个人不曾看过他们的节目或听说过他们了(Levinson,2007)。

2012年,"奥巴马女孩"回到视频,有一段模仿她的视频《你是我想要的人》,取自电影《油脂浪子》(Grease),那是在《欢乐合唱团》(Glee)基础上的飞跃。"奥巴马女孩"告诉奥巴马,他要努力才能争取到她那一票(Hayes, 2012)。2012年2月,上传YouTube一个星期之内,《油脂浪子》那段视频的观赏人次就达75 000(Polipop, 2012)。

"奥巴马女孩"对2008年的总统大选是否产生了影响?谁愿意承认自己投票选一位总统候选人是因为一段搞笑的视频呢?但有一点是清楚的:奥巴马很受30岁以下的选民欢迎——在初选和大选中都受欢迎。正是这个年龄段的选民2004年没有选约翰·克里(John Kerry),正是他们2007年最喜欢在电脑上看《奥巴马女孩》。这个视频播放的时间正是总统竞选初期的关键时刻,许多人刚开始了解巴拉克·奥巴马是何许人。那段视频至少显示,奥巴马是冷静、有趣、有吸引力的人。

琳达·韦特海默(Linda Wertheimer)在全国公共广播网(2008年6月24日)的报道里说,30岁以下的选民在参加全国初选和干部会议里的人数比4年前多了两三倍。这些选民中的58%自认为是民主党人。在佐治亚州,他们的投票使奥巴马胜出,奥巴马与克林顿的得票率为3∶1;在宾夕法尼亚州,他们的投票又使奥巴马以2∶1的得票率战胜希拉里·克林顿,而初选时奥巴马在宾夕法尼亚州却输给了她。

11月大选的趋势是,自1972年以来,至少50%的18—29岁的年轻人首次参与投票,其中的66%选奥巴马,"比2004年投票给约翰·克里的选民多12%,比2000年投票给阿尔·戈的选民多180%"(Grimmes, 2008, Dahl, 2008)。我们自始至终在本书尤其在第十章里看到,"奥巴马的竞选活动能调动许多新新媒介和社交媒介"(Baired, 2008)。到2012年,民主党人和共和党人都掌握了这样的技巧。

4.2 YouTube 上的总统初选辩论

在2008年这一届总统初选的2007年,YouTube 上首次出现了初选辩论,YouTube 用户向 YouTube 提交视频,提出问题,请候选人回答。在 CNN 的主持下,候选人坐在一起回答视频播客提出的一些问题;问题是经过挑选的,所以这场辩论少了一丝完全是直接民主的色彩,然而这却是完全由新新媒介参与政治的一个例子。由于问题直接来自美国公民,相比由新闻评论员代表我们提问而言,这是耐人寻味的进步。无疑,有些问题是在有人辅导的情况下提出的,有些甚至是由候选人的代理人准备的。然而,即使有这些难以避免的弊端,这样的 YouTube 辩论标志着向辩论的民主化迈出了重大的一步。

2007年7月23日,CNN—YouTube 主持了民主党候选人的初选辩论;2008年11月28日,CNN—YouTube 又主持了共和党候选人的初选辩论。两场辩论刚刚结束,我立即发出了一些博文,现抄录如下:

> 首次 YouTube/CNN 主持的总统候选人初选辩论刚刚结束——这一场是民主党人的辩论。事前我就说要拭目以待,我说这是一场多么重要的革命。看完以后我想说,的确是一场革命。实际上,和1960年总统候选人的首次电视辩论一样,这是辩论和民主实践中伟大的跃进。
>
> 在民主党和共和党的辩论里,我都从未见过如此风格清新、幽默、坦诚和犀利的问题。视频播客里那些提问人切中要害,远远胜过主持辩论的

专家。

候选人应付自如,做出了坦诚而重要的回答。

有人问巴拉克·奥巴马,如果掌权,他是否是非洲裔美国人合法的代表,他俏皮地说,"你去问纽约的的士司机吧!"(遗憾的是,和高加索裔人相比而言,非洲裔美国人在纽约打的更加困难。我是白人,终身在纽约市生活,黑人打的的困难也许有所缓减,但依然存在。)

有人问希拉里·克林顿有关2000年布什当选的问题,她回答说,实际上布什并不是选举产生的总统。

谈到医疗保健问题时,约翰·爱德华兹激动地呼吁,让所有的美国人都享受医疗保健,他超过了限定的时间,主持人安德森·库珀(Anderson Cooper)试图打断他。

有人用视频播客问乔·拜登(Joe Biden)关于枪支管制的问题,他自称有一件自动武器,并称之为"宝贝"。拜登的回答是:如果那是你的宝贝,你就需要请人帮助……

只此一个样本,足以使人以管窥豹。

连主持人安德森·库珀的状态也很好,不过,他似乎不太公平,打断选情差的候选人的次数比较多,打断强势候选人的次数比较少。最后一位提问人请每一位候选人说一说偏向左翼的候选人,哪一点喜欢或不喜欢。库新尼奇(Dennis Kucinich)俏皮地说,没有人站在他的左侧(真的)。主持人库珀接着说,我们试图找一位你左侧的人,但没有找到这样的人……

民主的新风无与伦比,使辩论充满活力,给人民更清楚的选择。辩论之前人们的担心是,CNN在挑选问题时可能会施加过多的控制——我也有这样的担心,认为CNN不应该挑选问题,但我看不见还有比这些问题更好的问题。

我期盼这场高质量试验的共和党版本,时间定在9月份,我希望这种辩论成为标准的规范。

7月27日,我添加了一篇链接到一个新blog地址的帖子:共和党人鄙视YouTube和渐进的改良。

最后这行字是2007年7月27日补充的。到2007年9月,只有约翰·麦凯恩和罗恩·保罗两位候选人同意参加由CNN—YouTube主持的共和党候选人的初选辩论,因此,CNN不得不取消预定的辩论。后来,共和党人终于豁然顿悟,同意在YouTube上辩论,这场辩论定于2007年11月28日举行。辩论一结束,我立即在我的博客里发出以下帖子:

我发现,今晚共和党人的YouTube/CNN辩论不那么清新宜人、令人兴奋,赶不上几个月前民主党候选人的那场辩论。可能YouTube的花朵业已凋谢吧,更大的可能性是,他们收到的问题不如民主党人得到的问题那么幽默、刺激。

除此之外,这是一场不错、有力的辩论,展现了对候选人最有利的趋势。麦凯恩尤其辩才突出,言词有力,胜过他过去支持战争和谴责酷刑时的表现。麦凯恩咄咄逼人,米特·罗姆尼(Mitt Romney)疲于招架。罗姆尼常常退守到他那典型的让专家进行判断、应付了事的立场。但罗恩·保罗在回答麦凯恩的问题时,表现出色,他的解释富有说服力,他分辨孤立主义者和非干预主义者的区别(他自己是非干预主义者)。罗恩·保罗还说了实话,在解释伊拉克南部的暴力为何减少时,他说,减少的原因是英国人撤离了南部。

罗姆尼击败鲁迪·朱利安尼(Rudy Giuliani)的攻击,很出色。朱利安尼指责他雇佣非法移民,他回答说,他是签合同让一家公司修葺房子,并没有直接雇佣非法移民。

然而,我必须指出,虽然我钦佩罗姆尼回敬朱利安尼的辩才,但我认为,大多数共和党人和许多民主党人在非法移民(illegal aliens)的问题上小题大做(aliens这个词并不是那么重要,但每当我听见别人用它时,我禁不住要联想到外星人)。美国最强大的力量之一始终是向外国文化的人们开放。

在这个问题上,辩才最出色大概是迈克·赫卡比(Mike Huckabee),他坚守为非法移民孩子提供教育经费的立场,不退缩。

除了在雇佣非法移民的问题上与罗姆尼互有攻防外,朱利安尼在博弈中处于上风。弗雷德·汤普森(Fred Thompson)今晚比平常更有活力。

于是,我们就看到这样的局面:赫卡比很有风度,民意调查在上升,可能会在艾奥瓦州翻盘。即使他差那么一点,他做朱利安尼的副手也很不错。我要说,无论从现在起说什么、做什么,麦凯恩和汤普森都为时已晚。罗姆尼是朱利安尼的主要竞争对手。

罗恩·保罗还是遥遥领先,占位最佳。在共和党人的候选人中,他是唯一继续在战争问题上讲真话的人。我们很快就会发现,这一优势会在初选中转换成多少选票。

赫卡比在艾奥瓦州胜出,麦凯恩赢得共和党的提名不会太晚。虽然Digg每天都把支持罗恩·保罗的文章"挖出来"(Dugg up)置于首页,虽然看完辩论后的听众在热线中常常断言他会获胜,然而实际上他在初选中得票不多。我们在第八章关于"Digg"的部分里将探讨为何会出现这样的情况——为何在新新媒介里的表现超常,而初选的得票却不多。

与其形成强烈反差的是,奥巴马在新新媒介里的表现很好,并最终当选总统。部分原因是,奥巴马在比较陈旧的电视媒介上形象也很好。

4.3 电视上好看 + YouTube = 网络上好看

2008年6月,保罗·萨佛(Paul Saffo)撰文称,巴拉克·奥巴马在"网络上好看"(cybergenic)。2008年8月,马克·雷伯维奇(Mark Leibovich)在《纽约时报》上借用了这一观点。这种描摹的逻辑是:就像说富兰克林·罗斯福总统是驾驭无线电广播的大师一样(关于罗斯福、希特勒和斯大林等人政治上使用广播的详情,见Levinson,1997)、肯尼迪(JFK)总统天生就适合上电视(与尼克松相反)一样,奥巴马是完美的网络用户,他与对手约翰·麦凯恩相比尤其适合网络。如今我们不妨说,他是理想的互联网总统。

然而,历史的比拟并不完全合适。罗斯福及其谋士理解并掌握了广播的力量,而肯尼迪仅仅是在电视上更上镜、更好看而已。另一方面,肯尼迪及其谋士在辩论后才知道,他在电视上表现出色。大多数听广播的人认为,尼克松占上风;相比而言,大多数看电视的人喜欢肯尼迪(见McLuhan,1964,p. 261)。电视直播的新闻发布会成为肯尼迪政府的标志。事实上,就历届总统在记者会上的表现而言,肯尼迪仍然是热情洋溢、风度翩翩的高水准。不过,史家可能会断言,奥巴马可能接近于罗纳德·里根。

但更重要的是,说奥巴马在"网络上好看",并使之与"电视上好看"(telergenic)相对,那就忽视了一个关键的作用:候选人在电视上好看、好听对其在网络上好看起到了关键的作用。

实际上,旧媒介和新新媒介有一种互相协同、互相催化的作用;在聚焦新新媒介的革命冲击时,我们很容易忽略两者是相互促进的。在上一章"Blogging"里我们已经看到这个道理。旧印刷媒介的调查性报道给新新媒介的报道和评论提供了大量的"燃料",例子有《赫芬顿邮报》和《每日科斯博报》(见第六章"Blogging")。另一方面,成功的电视剧如《迷失》又利用富有活力的互联网来传播。至于使候选人"网络上好看"的政治播客,大多数都来源于传统的有线电视,无论它们是上传到YouTube的还是直接从MSNBC等新闻网截取下来的片断。

这就是说,候选人必须在"电视上好看"才能在"网络上好看"。无论我在电视上显得多有魅力——这要感谢专业的打光,我都不可能比得上乔治·克鲁尼(George Clooney)那样的帅哥。与此相似,奥巴马在 YouTube 上胜过麦凯恩,那是因为他在电视上比麦凯恩的外形更迷人、讲得更动听。无论 YouTube 有多么大的魔力,它都不可能在电视上把猪耳朵变成新新媒介上的丝钱袋。

新媒介与旧媒介的关系、新新媒介与真实世界的关系将是本书的重点。其要旨是,新新媒介里的成功是不够的,换言之,除非获得旧媒介的帮助和推动,除非成功反映在离线的真实世界里,在新新媒介里的成功实在说不上成功。

4.4 YouTube 上永不磨灭的印记和民主政治

在专业生产范围的另一端,我们看见的 YouTube 视频不是从电视脱口秀、新闻节目里截取的,甚至不是由非网络生产者比如本·雷勒斯(Ben Relles)①制作的。我们看见的是手机和轻便的 DV 抓拍的……这是人人都可能制作的视频。

虽然这些匆忙抓拍的视频制作人选择匿名或完全不为人知,视频的主体却是我们在传统的电视上看到的政界人士和名流。

2006 年 8 月 15 日,弗吉尼亚州的共和党参议院乔治·艾伦(George Allen)不知为什么因一桩公共事件向一位拷问者喊话,并称其为"马咔咔"(Macaca,意为猕猴)。这一绰号在有些地方有种族主义的色彩。艾伦否认说过这样的话,说记不清用过这个词。但清楚记录在案的 YouTube 跳出来伺候他了。一段艾伦说"马咔咔"的视频上了网,全世界都看见了。那一年,爱伦谋求连任参议员遭到失败,还丧失了 2008 年争取共和党总统候选人题名的地位。事件刚过,《滚石》(The Rolling Stones)就刊发一篇文章《YouTube 的首次选举:乔治·艾伦与"马咔咔"》("The First YouTube Election: George Allen and 'Macaca'"),诚哉斯言。文章的副标题是"21 世纪的嘴里长出数字时代的臭脚"(Dickinson,2006)。

在《宋飞正传》(Seinfeld)里出演克莱默(Kramer)的喜剧演员迈克尔·理查兹(Michael Richards)也发现,手机拍摄的视频及其在网络上的传播绝不是可以

---

① 本·雷勒斯(1975—),是 Youtube 现任的规划策略总监,负责帮助视频内容创作者建立他们的观众群及发展他们的 Youtube 策略。雷勒斯自己制作的视频内容已被观看过超过 15 亿人次,著名的"奥巴马女孩"即出自他手。

一笑置之的小事。2006年11月16日,在好莱坞的"笑工厂"(the Laugh Factory)回应一位提问者的骚扰时,他称其为"黑鬼"(nigger)——而且重复了6次(TMZ staff,2006)。事后他道了歉,但在公众的眼里,他就不仅是一般的笑星了,他将永远打上这次事件的烙印。

《新闻周刊》(*Newsweek*)的乔纳森·奥尔特(Jonathan Alter)评论基斯·奥尔伯曼(Keith Olbermann)2008年6月9日在MSNBC主持的"倒计时"节目(*Coutdown*),他抓住了YouTube革命的一个重要层面:对任何政界人士以及任何公共领域的人而言,YouTube革命意味着什么后果。奥尔特说,在2000年,一位政界人士谈话的录像带播放以后,会存放在某一家电视网的库房里(2004年的情况也是如此)。然而如今,从2008年起,任何政界人士说的任何话几分钟以后就可能上了YouTube,网络和政客都无法掌握、鞭长莫及了。

奥尔特指的是约翰·麦凯恩的一段话。麦凯恩说,他从未说过媒介对政治和选举的影响。其实,此前几天他的话就是对他自己的驳斥。他说,媒体对希拉里·克林顿争取民主党总统候选人提名的努力不公平:"媒体常常忽略,她谈到千百万美国人的关切和梦想时很激动"(2008),这段视频在YouTube上广泛流传。

一位政界人士的话不仅几分钟以后就会传到YouTube上,而且那一视频会多年留在YouTube上——实际上永远存在那里了。YouTube视频里的话不仅无法否认,而且无法抹掉。YouTube上的灯不仅闪亮,不停止闪亮,而且永远闪亮。他们的视频和其他任何视频都可以从YouTube上删除,但那些灯不会自动熄灭。电视广播节目可以用TiVo或DVR录像机制作,超越一时的存在,而YouTube的固有属性是处在长寿区。

难以抹掉的性质产生的政治后果不但影响到生活里的事件,比如乔治·艾伦不当言论,而且影响到YouTube上的电视截屏。2008年共和党副总统候选人萨拉·佩林(Sarah Palin)接受"CBS晚新闻"的主持人凯蒂·库里克(Katie Couric)的访谈时,库里克问她读什么报纸,佩林语塞,连一种报纸都说不出来。这次访谈在2008年9月30日的"CBS晚间新闻"中第一次播出,很快就上了YouTube。到2008年11月底,看过那段视频的用户已逼近200万人次了(到2012年1月已超过250万人)。

难以知晓这样的视频对2008年的总统竞选究竟产生了多大的冲击,但肯定无助于共和党人。在2011—2012年的总体初选中,五六位共和党人一波接一波冲击,一个又一个垮台,米歇尔·巴克曼(Michele Bachmann)、里克·佩里(Rick Perry)、赫尔曼·凯恩(Herman Cain)、纽特·金里奇(Newt Gingrich)、里克·桑托罗姆（Rick Santorum），推波助澜的显然是 YouTube 那些令人尴尬的、有损形象的言论。2011 年 11 月，里克·佩里一时语塞，在电视辩论中说不出他想要废掉的三个联邦内阁部门；到 2012 年年初，这段视频的点击率仍然很高，他的几个视频累计的点击人次已达到 50 万。

任何视听设备记录的任何东西都可能在 YouTube 上传遍世界，长期保存。这里所谓任何东西不仅包括政界人士和名流现在说的任何东西，而且包括任何人说的话、唱的歌或用其他方式传播的任何东西——凡是 19 世纪 80 年代电影和 1877 年摄影术发明以来用电影或摄影记录的东西都永不磨灭了。如今（2012 年 1 月），YouTube 网上记录在案的有美国总统本杰明·哈里森（Benjamin Harrison，1888—1892）、格罗弗·克利夫兰（Grover Cleveland，1892—1896）、威廉·麦金莱（William McKinley，1896—1901）的录音（关于 YouTube 永存性，见本章 4.13 节"《我的吉他温柔地哭泣》穿越千秋万代"）。

4.5 YouTube 篡夺电视的功能，成为公共事件的信使

根据一切记述包括我个人的记述（如 Sullivan，2008；Suellontrop, 2008；Levinson,"Superb Speeches by Bill Clinton and John Kerry", 2008），2008 年 8 月 27 日在丹佛市举行的民主党全国代表大会上，2004 年民主党总统候选人约翰·克里的讲话是 2008 年最精彩的讲话之一，而且可能还是他生平最精彩的讲话。令人难解的是，三大全新闻的电视网（MSNBC、CNN 和 FOX 新闻）都没有全文播放这一讲话。相反，它们都让自己的评论员照常出镜。正如安德鲁·沙利文（Andrew Sullivan）所言，"那三大电视网认为，他们的评论员比克里的讲演更有趣。他们误判了"。

也许，我们可以解释为什么三大电视网剪掉了克里的讲话。它们需要最大限度地吸引观众，从广告商那里争取最大限度的收入；在这种需求的驱使下，编排节目的主管觉得，克里并不是那种令观众受到"电击"的讲演者，如果转播他的讲话，那就可能把观众赶向其他"闪亮"的频道。也许，这三大电视网还觉得，自己的主持人克里斯·马修斯（Chris Matthews）、沃尔夫·布利策（Wolf Blitzer）和布里特·休谟（Brit Hume）不像克里那样使观众厌烦吧。

有线卫星公共事务网（C-SPAN）、公共电视台（PBS）不受广告商约束，它们从头至尾直播了克里的讲话。我和妻子在电视屏幕上为 C-SPAN 开了一个小窗口，我们看 MSNBC 的节目，注意到 C-SPAN 直播了克里的讲话后，我们就转向克里，直至他讲话结束。

于是非商业电视台就成了约翰·克里招之即来的信使,从而拯救了电视。此外,不到一个小时,这篇讲话就上了 YouTube,而且几个小时之内就吸引了数以千计的观众。由此可见,在短期、中期和长期运行的媒介中,电视日益沦为立即播放但短期运行的媒介,相反,YouTube 却成了永久记录的媒介。

在报道公共事务中,YouTube 与电视的关系补足了博客与报纸的关系,有助于精确标定新新媒介在我们文化里的位置。博客提供评论的速度大大超过报纸专栏新闻的速度;YouTube 记录并保存了电视上的视听材料,否则电视播出的事件刹那间就荡然无存了。以克里 2008 年这篇讲话为例,即使电视转播,也要给它掐头去尾,而且电视有可能根本就不转播。当然,电视可以重播,但电视节目的重播不可能一天 24 小时进行,世界上大多数地方都做不到,而 YouTube 的视频则是 24 小时都可以看到的。固然,电视上的任何节目都可以用硬盘数字录像机和微型录像机来截取,但那样的记录是私密的,公众不可能获取。由此可见,在新新媒介的信使中,博客的速度更快,YouTube 则更可靠,故新新媒介的信使功能都胜过旧媒介。在目前和近期内,报纸会继续存在,因为读报不需要电池;电视也会继续存在,因为它仍然是能在第一时间内最轻松获取信息的媒介。然而,新新媒介是更好的信使,它们可能会继续挤压甚至取代报纸和电视。这是因为无论新旧,过去的媒介比如报纸、博客、电视、视频都可以在智能手机和平板电脑上显示。如此,从旧媒介到新媒介(如从电视到 YouTube)的迁移就容易多了。

4.6 YouTube 不仅使用户能随时看,而且对制作者免费

2008 年总统大选投票前一个星期,几大主要电视网都直播了巴拉克·奥巴马一篇 30 分钟的讲话,为此他支付了 500 万美元(Sinderbrand & Wells, 2008)。大约 2 300 万人收看了他的电视讲话(Gold, 2008),可见这笔钱值得花。

但在 YouTube 上传视频却是免费的。乔·特里皮(Joe Trippi)说得好:奥巴马"可以每周六在 YouTube 上向数百万人发表 30 分钟的讲话。电视网绝对不可能每周给总统那么多时间,但新闻界仍然不得不报道他在 YouTube 上发表的讲话"(Fouhy, 2008)。在网络电视上,总统候选人肯定不可能每周六免费向全国发表 30 分钟的讲话。特里皮说得很精辟:总统也不可能获得这样的礼遇。今非昔比,广播媒介更加严格地保护自己出租时间所获得的收益,20 世纪 30 年代和 40 年代那样的风光不复存在;从 1933 年到 1944 年,罗斯福总统能够在广播黄金时段向美国公众发表"炉边谈话"(Dunlop, 1951)。

特里皮著有《一场不会制作成电视节目的革命》(*The Revolution Will Not Be Televised: Democracy, the Internet, and the Overthrow of Everything*)(2004),他最早引人注意是因为他 2004 年负责为民主党总统候选人霍华德·迪恩(Howard Dean)造势。该书记述并评估了迪恩的竞选活动。迪恩被称为"互联网候选人",特里皮则是互联网的策划人,但那时的新新媒介不如今天发达:博客很兴盛,而 Facebook 才刚刚创建,YouTube 和 Twitter 都是过了一两年才问世。

4.7 奥巴马是新新媒介时代的罗斯福及其新政的再现

2008 年 11 月 24 日的《时代》杂志著名的封面故事把奥巴马描绘为新罗斯福。这位当选总统戴眼镜,着灰色套装,头戴礼帽,坐在汽车里,嘴里的雪茄向上翘,显得很乐观,照片的配文是"新新政"(The New New Deal)。

当然,这个比方指的是,罗斯福和奥巴马都是在金融危机和灾难的阵痛中就职的,同时又指奥巴马规划的公共工程(用 21 世纪的话说叫"基础设施"),以帮助美国人民就业,并为更加有效的商业奠定基础,这些举措都像是罗斯福在 20 世纪 30 年代大萧条里推行的新政。

那篇封面故事是在 2008 年 11 月 13 日提前发布的。第二天,奥巴马的团队宣告,当选总统 2008 年 11 月 15 日的广播讲话将在 YouTube 上播放。这说明,奥巴马这位新罗斯福不仅表现在经济政策上,他还用新新媒介与美国人民交流。

罗斯福的"炉边谈话"利用了他那个时代的新媒介即广播,他直接与美国人民交流,以前的总统没有此举。罗斯福及其谋士了解新媒介无线电广播的优势:任何人包括总统都可以利用这一媒介讲话。广播使他听上去像是在直接对美国人讲话;在起居室里、卧室里,凡是有收音机的地方,他们都觉得总统在直接和他们交谈。

"炉边谈话"影响重大、史无前例、深入人心。我的父母成长于大萧条时期,他们常常告诉我,罗斯福就像父亲,这有道理。经济危机和接踵而至的战争使人像无助的孩子。如果不是这样,他那雄浑的声音怎么会深入你家人最隐秘的心扉里呢?第二次世界大战爆发时,我的父母将近 20 岁,罗斯福的声音尤其使他们感到安慰。他们觉得,只要罗斯福在与他们和所有的美国人交谈,那就会国泰民安。(关于广播和罗斯福,又见我 1997 年的《软利器》[*The Soft Edge*]。)

20 世纪 50 年代,电视成了主要的政治传播媒介,电台的广播成了摇滚乐的载体,美国人不再以听"炉边谈话"那样的心态去听广播。1960 年,在电视上看肯尼迪—尼克松辩论的人会认为肯尼迪将胜出，相反，在广播上听这场辩论的人却觉得尼克松将胜出，如前文所示（本章 4.3 节"电视上好看 + YouTube = 网络上好看"）。而事实对尼克松会很遗憾：1960 年，87% 的美国家庭都有了电视（Roark et al.，2007）。到 2008 年总统竞选及其余波中，YouTube 取代了电视，成了主要的政治视听媒介。不过，正如"网络上好看"那一节所示，这并不表明，电视在政治事务中已经不重要。相反，YouTube 上的许多视频来自电视。

然而，奥巴马在 YouTube 上的演讲并没有获得罗斯福在 20 世纪 30 年代和 40 年代的"炉边谈话"那样的成功——至少在他 2012 年争取连任的前景并不是那么十拿九稳。罗斯福是第一位而且是最后一位连任四期的总统（美国宪法第 22 条修正案对总统任期做了限制）。相比而言，在 2012 年年初，奥巴马还在第一任期时，民调上受欢迎的程度如同过山车。罗斯福和奥巴马受欢迎的程度当然不止媒介的原因，比如，如今的参议院要 60% 的多数才能立法，这比 20 世纪 30 年代要困难。而且，YouTube 未必使 21 世纪的观众觉得很舒适，不像广播之于 20 世纪 30 年代的听众那样舒适。罗斯福的声音在家里回荡，使人觉得他像慈父一样亲切；而奥巴马上 YouTube 更适合当代的世界，美国人想要与总统接触，至少想要在自己挑选的时间而不是在总统挑选的时间里听见、看见他讲话。YouTube 在流动的社会里向移动中的人播放视频；在这个社会里，总统和国会的一切言行都受制于高度的怀疑。如果说新新媒介促成了"占领华尔街"运动和直接民主的复兴，随之而来的另一面是对一切政党当选官员反弹的不满意情绪。实际上，YouTube 让全世界目睹了"占领华尔街"运动，而且，它释放出实时观看正在发生的事情的需求，实时播放的新新媒介比如美国流视频网站（UStream，2007）也应运而生；在表现新闻的锋芒上，UStream 比 YouTube 还略胜一筹（又见第十章）。

4.8　YouTube 的业余明星和视频制作人

凡是有摄像机和拍相手机的人，都可以给 YouTube 上传视频，所有视频截图里的人既可以是无名之辈，也可以是大名鼎鼎的人。业余和默默无闻的视频制作人可以把摄像机指向任何人，包括他自己、朋友、公众或名人，拍摄起来几乎一样方便。

《科尼 2012》（Kony 2012）是一段 30 分钟的纪实片，拍摄对象是乌干达的叛军首领科尼，2012 年 3 月上传到 YouTube，成为点击率增长最快的一段视频，第一周就达到 7 500 人次。此前，制片人杰森·卢塞尔（Jason Russell）有一点专业经验,但并不为众人所知。他向史蒂芬·斯蒂尔伯格(Steven Spielberg)售出一部舞蹈片,为"科尼2012"筹措经费(Greene,2012)。这部纪实片具有 YouTube 成功视频的一些标准元素,包括卢塞尔5岁的儿子、用行动号召使得科尼臭名昭著(批评见 Vamburkar,2012;捍卫见我的"In Defense",2012)。

2012年4月,贾斯汀·比伯的《宝贝》(Baby)在 YouTube 上创历史新高,点击人次达7.25亿,"科尼2012"的点击人次逾8 500万。《查理又咬了我的手指》排名第六(曾排名第一),点击人次逾4.4亿(关于 YouTube 的历史,见 MacManus,2012)。《宝贝》和《查理》的共同点是,它们的明星都是在 YouTube 发现的,比伯是他的经理人2008年发现的,查理和他哥哥是其父母发掘的,2007年父母把他们的视频上传到 YouTube。在 YouTube 之外,比伯成了音乐世界的流行偶像。试比较 YouTube 和电视网明星对公众的吸引力:2012年橄榄球"超级碗"的电视直播吸引了史上最多的公众,计有1.113亿人,而两个纯业余的新手(小查理兄弟)吸引的人数却相当于"超级碗"观众人数的4倍,尚不出名的比伯视频吸引了"超级碗"观众人数的6倍。(但"超级碗"创造了每秒钟最多推文的记录:10 245推文,此乃新旧媒介协同的范例,详见 Horn,2012。)当然,"超级碗"时长只有几个小时,而 YouTube 视频的观众人数是几年的积累。因而两者观众人数的比较并非完全等值。YouTube 和电视都处在观众人数众多的范围,你在 YouTube 上玩却不必是超级明星。2009年4月,默默无闻的歌手苏姗大妈(Susan Boyle)上英国达人秀一举成名,一个月之内,她在 YouTube 的视频点击就超过一亿次。这个例子再次证明,和电视相比,和 YouTube 与电视的共生关系相比,YouTube 的吸引力更大。苏姗大妈的盛名是在电视和 YouTube 的协力推动下完成的。

与此同时,克里斯·科洛科尔(Chris Crocker)2007年上传视频《还布兰妮自由》(*Leave Britney Alone*)时,完全默默无闻。到2012年1月,这段令人捧腹的视频已获得了4 200万的点击率;它表现对象布兰妮·斯皮尔斯(Britney Spears)已成为大明星。《奥巴马女孩》(制片人是默默无闻的本·雷勒斯,表现对象是巴拉克·奥巴马)是一举成名的又一个例子。

《食物大战》(*Food Fight*)这个例子说明,全然默默无闻的身份不会对红透 YouTube 构成任何障碍,跟查理兄弟俩那段视频一举成名类似,只不过前者的艺术性略强。这一视频从美国人的视角看第二次世界大战以后由于食物短缺而引起的国家冲突。撰稿、制作和动画由史蒂芬·纳德尔曼(Stefan Nadelman)独立完成。此前,他完全是无名之辈。实际上,上 YouTube 之前,人们对这一作品一无所知,其中没有明星,没有配声,只有动画。2008年2月上传到 YouTube,到

2009年2月,点击的观众人次已经超过360万,到2012年2月,其点击次数已超过700万。

无论这一视频多么完美,既然其制作者默默无闻,它为什么能吸引数以百万计的观众呢?我初看《食物大战》是有人介绍的。我的同事和朋友、兰斯·斯特雷特(Lance Strate)教授是我在Myspace上的"朋友"。他在我的Myspace上贴上了他对这一视频的评论。这种偶尔为之、非专业人士的宣传的点点滴滴都可能和数以百万计美元的宣传造势媲美。实际上,今天大多数的公共关系和公关公司就大笔花钱,以刺激这种口耳相传的营销,这就是用社交媒介造势。

这种手法叫做病毒式营销(viral marketing)。在新新媒介的时代里,这是难以逆料、大获全胜的造势引擎。《查理又咬了我的手指》和《食物大战》是YouTube上原滋原味的病毒视频原型。

4.9 病毒视频

病毒式营销、病毒视频——一切与通俗文化相关的产品或活动都以这样的机制运行:有人喜欢互联网或其他地方的一首歌、一段视频或其他什么东西,他想法让人人分享自己的快乐。当数以百万计的人让另一些数以百万计的人了解这段视频时,它可能会大受欢迎,可能会与旧媒介的广告宣传所推广的视频一样大行其道,甚至会略胜一筹。

这样的传播一向称为"口传"。但"病毒"式传播不止于此,数字的"口传"能在刹那间通达任何人、任何地方和数以百万计的人。相反,旧式的口传只能通达你身旁的人,在固定电话的岁月里只能通达电话另一端的那个人(如今的手机通讯尤其发短信在一定程度上是"病毒"传播)。

为何叫"病毒"?在我们生存的生物界里,病毒在宿主细胞上搭便车或使之感染;细胞每次分裂都带走病毒。病毒式视频的运行大致相同,凡是看这一视频的人,其脑子都受感染,病毒都要在他的脑子里搭便车。这些人能用上新新媒介时,就会交谈、了解、链接甚至编辑视频,于是,病毒的传播就可能成为流行病。换句话说,无论是在生物界或通俗文化里,病毒或病毒式视频都推销自己。

理查德·道金斯(Richard Dawkins)率先把病毒的比方用于研究人的思想。1991年,他在《思想病毒》("Viruses of the Mind")一文里介绍了文化基因,并称之为"模因"(meme)。人成了思想的宿主,无论高兴与否、自觉与否都是"模因"的宿主。人们说的语词、作家写的作品和文章、记者写新闻、blogging写的帖子都把这些思想即"模因"传给别人,就像病毒把基因素材从一个细胞传给一个细胞一样,就像DNA通过有机体的繁殖使自己永存一样。他在此批评萨缪尔·勃特勒(Samuel Butler)1878年的名言:鸡是蛋生产更多蛋的方式。道金斯描绘的图式是:生物有机体是DNA用来生产更多DNA的机器。1976年,他在取得突破性成就的著作《自私的基因》(*The Selfish Gene*)里,首次提出这个DNA视角。到他1991年提出"模因"(即感染式思想)等于生物病毒的方程式时,时间大约过去15年了。现在我们可以说,DNA、"模因"和病毒视频都劫持宿主运行;生物病毒对宿主有害,却能改善宿主的DNA,结果的好坏端赖具体的"模因"或病毒视频。

道金斯1991年撰写的《思想病毒》发表之前,在网络成为生活的重要事实之前很久,病毒的比拟在电脑时代已经普遍使用开来,用于指称破坏性的计算机程序——"计算机病毒"。在这篇1991的文章里,道金斯高调认可并发挥了这一计算机病毒的比方。病毒附着在计算机程序或代码上,本义是让其合乎人的心意,却可能干扰正常的工作,删除文档,甚至可能会使电脑停机。显然,计算机病毒的类比和生物病毒有大量相似之处,而且比病毒式营销里的病毒比方更富有感染力。因为两种病毒都会使宿主瓦解崩溃——人和动物可能生病甚至死亡,计算机就不能正常运行而变得一无是处了。

然而这个类比迁移至通俗文化时,"病毒"未必意味着不好。毕竟,一段病毒视频给人教益,又幽默风趣。"食物大战"即为一例,并未造成伤害,除非它落到"战争贩子"的手里。即使这样,感染电脑病毒的宿主也能获得一些教益。顺便可以指出,"病毒"一词用作形容词的扩大趋势就具有病毒的感染力,但绝不是负面意义上的感染,因为这个词的确有助于我们理解:在21世纪,为何YouTube、新新媒介和通俗文化越来越普遍地使用它。

尽管如此,YouTube上的滥用正与日俱增。有人把殴打与虐待人和动物的视频上传,以满足制作者的怪癖心理和观赏者的反常"乐趣"。

4.10 病毒视频的弊端

一切开放系统都有难以避免的不足之处,它们向"坏蛋"开放,这就是一切新新媒介民主的好处换来的弊端。以Wikipedia那一章为例,败事有余的写手和编辑可能会损害其中的语词即网上文章。不过,这样的损害容易发现、删除或矫正。

YouTube打人或"痛殴"人的视频也容易删除。但由于被打的是真人,其损害就大大超过单纯信息造成的伤害。即使被删除,它造成的损害或其他伤害也难以抹掉了。

这种四处流传的视频有利的一面是,留下永久的犯罪记录,使犯罪人容易被绳之以法。但 YouTube 和类似的视频库必然会带出一个问题:只要握有适当(即非常吸引人)的病毒视频,任何人都可以成为明星,由此而创造的通俗文化是否太容易引诱心态失衡或伦理空白的人呢?

总体上看,每当新技术赋予人强大的力量时,都会冒出这个问题。但新设备本身造成了嗜好并实施破坏的倾向,罕有其例。我记得,在 20 世纪 50 年代我读书时,那些被老师称为"恶棍"的家伙经常打同学。有人把婴儿从屋子这一端扔到另一端(O'Brien,2008)、把宠物狗扔下悬崖(Wortham,2008),拍成视频欣赏。然而,如果没有 YouTube,难道这些家伙就不会干类似的坏事吗?

本书第九章"新新媒介的阴暗面"将更详细地研究用 YouTube 等新新媒介表现诸如打人事件的种种弊端。曼约(Farhad Manjoo)在沙龙网(Salon)上发表的一篇文章(2008)里说:"有人认为互联网使青少年对打人的劣行麻木不仁,Myspace 导致青少年的暴行,这样的看法极端令人生疑……虽然有人高调报道这样的新闻,但没有证据显示,那就是事实;没有证据说明,在 Myspace 时代,欺凌、斗殴或少年帮的现象恶化了。而且,如此大势报道的事件难道不会震慑、反而会刺激青少年的暴力吗?"

曼约的最后一点意见暗示,凡是有一点头脑的孩子都明白,拍摄自己打人的视频,就会提供自己被指控的刑事证据,并将成为抹不掉的羞耻。这一点是否能遏制一切渴望借此出名的歹徒,我们不清楚。但我们可以假设,无论是否有 YouTube,这些施暴者早晚会干出一些可悲的事情;何况 YouTube 对公共利益的贡献还大大超过了其可能的危害。在以下的几节里,我们将继续考虑 YouTube 的裨益,但我们不会忽视其弊病,我们将时刻警惕,寻求减少或革除弊端的办法,同时卫护并增加其裨益。

4.11 通俗文化里的 YouTube 革命

马歇尔·麦克卢汉灵感的源头之一是哈罗德·伊尼斯(1951)。按照他的论述,一切媒介都具有时间约束力(time-bind)或空间约束力(space-bind)——或者使跨越空间的传播容易(如罗马驿道上传递的文书),或者使跨越时间的传播容易(如刻在石头上的象形文字),或者使跨越事件和空间的传播都容易(如印刷机印制的书籍)。麦克卢汉指出(1962,1964),19 世纪和 20 世纪的新技术继续促进了这样的"延伸",或穿越空间,或穿越时间,或穿越时空。电报和电话是具有空间约束力的延伸,照片是具有时间约束力的延伸。

到了我们的21世纪,一切新新媒介都具有时间约束力(time-binding)和空间约束力(space-binding),这是因为在互联网上,一切信息都具有穿越空间的速度和穿越时间的可检索性。在超越时空两方面,YouTube尤其卓尔不凡。

几年前,我看了马丁·斯科西斯(Martin Scorsese)(2005)介绍鲍勃·迪伦(Bob Dylan)之伟大的纪录片《迷途之家》(*No Direction Home*)。片子里有一段迪伦与琼·贝兹(Joan Baez)携手唱《上帝与我们同在》(With God on Our Side)的镜头,那是1963年他们在纽波特民俗文化节高歌的一幕。

看过这部片子后,我在YouTube上搜索贝兹和"上帝与我们同在",发现了他们1966年在瑞典斯德哥尔摩演唱的完整版。我将其嵌入我自己的YouTube视频,挂在我的"无穷回溯"网页上,又将其推荐给竞选总统的那些候选人。我特别推荐"如果上帝在我们身旁,他将阻止下一场战争"。

YouTube上有很多这种带音乐的视频,它们把每一台电脑和越来越多的手机变成了24小时待命的电视,使你很容易获取超越时空的窗口。倘若伊尼斯和麦克卢汉在世,正如他们所言,这些视频已成为容易接入的跨越时空的窗口了。

4.12 洛伊·欧比森的吉他

我个人以及许多批评家和粉丝(比如Gill,2007)都一致认为,"巡游的威尔伯里人"(The Traveling Wilburys)是有史以来最优秀的超级摇滚乐队。1988—1990年,鲍勃·迪伦、乔治·哈里森(Harrison,George)、杰弗·林恩(Jeff Lynne)、汤姆·佩蒂(Tom Petty)和洛伊·欧比森(Roy Orbison)是这个乐队的成员,他们在其名义下录唱片。它们最著名的歌有《小心轻放》(Handle with Care)和《网线的尽头》(End of the Line)。

洛伊·欧比森1988年12月去世,终年52岁。乐队录制《网线的尽头》时,把他的吉他放在一把摇晃的椅子上,1分44秒时,椅子开始摇晃,那是欧宾森领衔演奏的时候。在视频的结尾,你又看到摇晃的吉他。

在Wikipedia的"巡游的威尔伯里人"词条里,你可以读到以上全部信息。

任何时候,你都可以到YouTube上去看那段视频,及其向欧比森致意的令人感动的一幕,想看就看,任何地方,在家里和办公室里都行;只要有可以接入YouTube的移动手机比如iPhone,你就可以在任何地方登上YouTube去看那一段视频。

换句话说,YouTube使死亡的某些意义荡然无存,至少就通俗文化而论是如此。在 YouTube 上，视听通俗文化网线的末端是永生不死的。

2012 年 2 月 11 日，我听说惠特尼·休斯敦（Whitney Houston）去世，旋即上 YouTube 去看《保镖》（Bodyguard, 1992）专辑里的《我永远爱你》（I Will Always Love You）。在过去的几年里，数以百万计的人回头看了这一视频。2012 年 2 月 29 日，我听说大卫·琼斯（Davy Jones）去世时，也去看了《群猴》（The Monkees）乐队的视频《白日梦信仰人》（Daydream Believer）（又见我 Levinson, 2012, "Why The Monkees Are Important"）。

4.13 《当我的吉他温柔地哭泣》穿越千秋万代

洛伊·欧比森的吉他并不是 YouTube 上唯一不朽的吉他。超级摇滚乐队"巡游的威尔伯里人"的另一位乐手乔治·哈里森（George Harrison, 1943—2001）也去世了，他留下的吉他也继续在 YouTube 上弹奏。在一定程度上，这清楚说明了 YouTube 的另一个典型特征：YouTube 可以展现同一真实生活事件的略微不同的场景或者同一首歌、同一部作品的许多不同的版本。

同一事件略微不同的视频可能是许多人的作品，因为手握照相手机和其他便携式摄影机的目击者选择了不同的镜头，同一首歌的许多不同的版本可能是过去几十年里由不同的专业乐队录制的。

在 YouTube 上，乔治·哈里森演唱的《当我的吉他温柔地哭泣》至少有十来个版本，首先是他 1971 年在孟加拉国音乐会的表演，里面还有埃里克·克拉普顿（Eric Clapton）弹吉他的镜头；接着是埃里克·克拉普顿和保罗·麦卡特尼（Paul McCartney）于 2002 年为他举行的纪念音乐会上演唱的版本，继后是 2004 年汤姆·佩蒂和杰弗·林恩的演奏（我最喜欢这个版本），录音师普林斯（Prince）也热情洋溢地拿起吉他演奏，这是为了庆祝哈里森身后进入摇滚名人堂而举行的"哈里森作品"演唱会。

在这些视频里，我们目睹哈里森 20 年间前进的足迹，克拉普顿 30 年里的进步，他们演唱的《当我的吉他温柔地哭泣》在他们身后继续流行。

我们看见有人在演唱会上偷拍的模糊不清的视频，我们看见最高端电视网播放的视频。我们看见一所藏书室，聆听其中一个历经沧桑的专辑，我们可以随时增减其内容，如果我们曾给它录像，我们还可以加上我们自己制作的视频。

总之，我们看见了 YouTube 和新新媒介的实质。

在 YouTube 上，乔治·哈里森的作品《万物终将消逝》（All Things Must Pass）也有十个版本，包括哈里森去世后保罗·麦卡特尼演唱的那个版本。这是我最爱的版本,是保罗·麦卡特尼在乔治·哈里森纪念音乐会上的表演,那是 2002 年 11 月 29 日纪念哈里森去世一周年在伦敦皇家阿尔伯特宫举行的音乐会。2008 年 11 月,我在 YouTube 上寻找,发现它已经被删掉,原因是侵权。关于侵权,我们将在本章"YouTube 的阿喀琉斯脚踵"那一节里考察。实际上,2012 年年初,我检查 YouTube 上我喜欢的 100 首歌里,发现 7 首歌已经被删掉,原因是侵权,包括滚石(Rolling Stones)、大卫·鲍伊(David Bowie)、兰霍恩·斯利姆(Langhorne Slim)的视频。关于侵权,我们将在本章"YouTube 的阿喀琉斯脚踵"那一节里考察。

《万物终将消逝》里一句突出的歌词是"日光准时降临,使人感觉真好"。好事不能永存,坏事也不能永存。

万物终要消逝。但我们禁不住想给哈里森感情丰富的抒情曲加上一句:例外是制作成视频并上传到 YouTube 的表演,YouTube 可能因此而永存。虽然按照目前的形态,YouTube 可能会消逝,或者转换为另一种东西,或者被纳入另一种东西,但我们没有理由认为,目前 YouTube 上的视频会消逝;如果 YouTube 之后兴起的媒介不纳入披头士乐队和"巡游的威尔伯里人"乐队演奏的视频,那是没有理由的;如果不收录迈克尔·杰克逊或任何当代艺术大师的视频,也是难以想象的。即使在 YouTube 上删除了,那也是可以恢复的。那样的删除不可能抹掉已下载到用户计算机、平板电脑和智能手机中的视频。不过,2009 年,Amazon 把乔治·奥威尔(George Orwell)的小说《一九八四》从 Kindle 的书单中删除了,下一章将讨论这个问题。

4.14 YouTube 再现音乐电视

1979 年,英国的新潮乐队"巴格斯"(The Buggles)的推出《录像带杀死广播歌星》(Video Killed The Radio Star),人人都能听到这首歌,"巴格斯"乐队预示 20 世纪 80 年代 MTV 录像带的成功。1981 年 MTV 到来时,这个作品是制作成 MTV 的第一支歌。事情是这样的:

首先,电视机在 20 世纪 50 年代大发展时,许多观察家就认为,这意味着收音机的末日。1955 年有一期《纽约客》(The New Yorker)的封面是佩里·巴罗(Perry Barlow)的漫画,配文是"又一台收音机扔进阁楼了";一台破烂的收音机形容枯槁,躺在尘封的旮旯里,旁边是一台老掉牙的维克多牌留声机,收音机仿佛是一件远古遗存的文物。与此相似,在卡尔·罗斯(Carl Rose)1951 年为《纽约客》作的一幅漫画里,一位小姑娘在阁楼里指着一台收音机问妈妈:"妈妈,那是什么?"彼时,电视业已吸收了广播电台富有创意、极其成功的网络节目比如肥皂剧、系列剧和新闻。

然而,广播非但没有消亡,反而大有兴旺之势,并成为最赢利的媒介,它会花钱,也会挣钱。电台播放摇滚乐,唱片由唱片公司提供,免费,有时甚至还送钱给电台。美国政府很快就出手镇压,说唱片公司付钱播唱片是"贿赂"(payola)。广播利用了有声媒介的性能:人们可以一边听一边做其他的事情,比如开车、起床、穿衣等。摇滚乐和广播容许同时完成多种任务的特性推进了20世纪50年代和60年代的40张顶尖唱片排行榜,使调频广播在20世纪60年代和70年代得到大发展(详见 Levinson, 1997)。

MTV 在 20 世纪 80 年代初登场,在一定程度上,MTV 把广播享受的聚光灯转移到电视屏幕上。但 MTV 很难"杀死"广播或广播明星。到 20 世纪 90 年代中期,CD 光盘以及更重要的 MP3 扭转局面,使通俗文化的注意力和重点又回归有声媒介。

2005 年,YouTube 把虚拟之门向音乐视频开放。从几十年积累的节目中撷取的音乐视频在 YouTube 上唾手可得,反而在通俗文化里为视频打开了别外洞天。视频没有扼杀广播明星。到 20 世纪 80 年代,YouTube 使音乐视频成了主要的音乐播放器,地位超过了 80 年代的 MTV。这个例子说明,一种新新媒介(YouTube)对还有几分新颖的旧媒介(MTV 或有线电视)起到了替代的作用。

4.15 YouTube 将使 iTunes 退出市场吗?

我们已经看到,新新媒介(博客、YouTube)不仅与旧媒介(报纸、电视)竞争,而且与网络上的新媒介竞争;网络上的新媒介的运作方式是:收费提供信息,严格编辑控制,采用旧的大众媒介的其他程序。

在 YouTube 免费竞争的压力之下,收费的 iTunes 又能维持多久呢?到 2012 年 1 月,其收费标准是每支歌 69 美分、99 美分或 1.29 美分(Mintz, 2009)。iTunes、Amazon 以及《纽约时报》和《华尔街日报》的网络版收费,这是"新"媒介与"新新"媒介反差的典型例子。

旧媒介存在于离线世界里。新媒介存在于网上,但维持旧媒介的经营方式。新媒介维持旧经营方式的程度各有不同。iTunes 收费(但对播客不收费),并严格控制其网页上出现的东西。《赫芬顿邮报》可以被认为是介于新媒介和新新媒介居中的位置,它是免费的,但实施严格的把关和编辑控制。新新媒介在网上与新媒介共存,但它们粉碎了旧媒介要收费并由编辑控制的一切约束。

然而，与 YouTube 相比，iTunes 播放器并非没有优势，其主要的优势在于它提供更多的歌曲，而且其歌曲容易被排序和分类。iTunes 播放器出售的音乐的品质胜过 YouTube 上的大多数视频的音乐，但 YouTube 上高品质的视频也越来越普遍，两者在音质上的差异有可能消失。再者，用 iPhone 手机也容易接入 YouTube 并获取其视频，比在 ipod 上播放 MP3 音乐更有竞争力；颇有一丝讽刺意味，因为 iPhone 和 ipod 都是苹果公司制造的。实际上，"听优视网"（Listento）之类的网址"掠夺"了 YouTube 上的音乐，将其转换为 MP3，使人能在电脑、ipod 和 iPhone 上欣赏。这就意味着，无论新新媒介这块饼如何脆裂，苹果公司都赢了。但媒介演化太快，不会不推动同一公司内部不同部门产品的竞争。

2008 年 10 月，iTune 的开发商曾忧心忡忡地说，如果艺术家和唱片生产商提高歌曲的版税，他们就不得不关门大吉（Ahmed, 2008）。华盛顿特区的版税局认为，iTunes 开发商反对提高版税的主张有道理，支持其立场；于是，每次下载音乐的版税就维持在 6 美分，而不是提高到 16 美分了（Frith, 2008）。

到头来，无论音乐版税提高与否，苹果公司都会赢。即使 iTune 停止生产，苹果公司的 iPhone 和 ipod 也会卖得很好，这两种产品使接入 YouTube 越来越容易了。与此同时，iTune 的生产继续增长，2010 年，披头士的作品最终上了互联网就是证明。

4.16　YouTube 批驳刘易斯·芒福德，并把视频转换为文本

1970 年，在《权力的五边形》(The Pentagon of Power) 里，刘易斯·芒福德①把看电视比喻为"大众精神病"（p. 294）。这是许多电视批评家的典型态度。芒福德反感电视，他认为，电视不给人提供过去和未来的感觉，看电视连续剧或新闻节目的人没有办法回头看或向前跳，不如看书报时那样容易前后跳着看。

早在 1976 年，录像机技术就使电视观众对过去的节目有了一定的控制。硬盘数字录像机 DVR 和 TiVo 把这一控制力从过去延伸到未来，使人可以提前几个星期规划要录制的节目。

---

① 刘易斯·芒福德（Lewis Mumford, 1895—1990），美国社会哲学家、大学教授、建筑师、城市规划师、评论家，主要靠自学成为百科全书式的奇才，著作数十部，代表作有：《技艺与文明》、《城市文化》、《历史名城》、《乌托邦的故事》、《黄金时刻》、《褐色的几十年：美国艺术研究》、《人必须行动》、《人类的境遇》、《城市的发展》、《生存的价值》、《生命的操守》、《艺术与技术》、《以心智健全的名义》、《公路与城市》、《机器的神话之一：技术与人类发展》、《机器的神话之二：权力的五边形》、《都市的前景》、《解译和预言》，获美国自由勋章、美国文学奖章、美国艺术奖章、英帝国勋章。

YouTube使观众的控制力向前跨出了一大步，使人可以在任何时候、任何地点看YouTube，只要有iPhone或其他便携式移动媒介和互联网接入设备就可以观看。YouTube与移动媒介结合以后，视听形象终于可以由观者来控制了，就像读者可以控制书本的页码一样。关于媒介移动性的历史和当前的冲击力，请参考我的著作《手机：挡不住的呼唤》（Levinson, 2004），关于智能手机和其他移动通信媒介对互联网的冲击力，详见本书第七章"'Foursquare'定位与硬件"。芒福德的夸张首先就不对。YouTube已经断然抛弃芒福德的错误判断，将其扔进昔日思想史的阁楼里了。

　　实际上，YouTube使网上的视频既容易获取，又容易"阅读"，对观者而言，网上的视频就像网上的文本和手里的书籍一样。文本的读者可以停顿、返回、向前、重复读某一段；同理，YouTube视频的观者也可以用同样的方式去"阅读"屏幕上移动的形象。从新新媒介使用者的观点来看问题，网上的文本和视频的确没有多大的差异，唯一的差异是：文本读者要识字。我们可以作这样的类比：手中的文本、书籍或报纸与光盘的关系就像网上文本或书籍与YouTube视频和其他网上视频的关系。一切新新媒介的目标是使其全球范围的内容都容易被人获取，就像手握的书籍一样；用亚里士多德的话说，这就是新新媒介所谓的"终极事业"。

4.17　蒂姆·拉瑟特（1950—2008）

　　YouTube还使刚刚过去的事情难以忘却，人人都可以回头看。NBC"与媒体见面"的主持人和华盛顿新闻部的主任蒂姆·拉瑟特（Tim Russert）2008年6月13日意外去世。美国三大全新闻有线电视网（MSNBC、CNN和福克斯新闻网）全天和周末的大部分时间都报道了他去世的消息。YouTube则扮演了另一种角色，在他去世后的24小时里，YouTube上关于他的视频就增加了500种。汤姆·布罗考的电视新闻报道拉瑟特的YouTube视频点击四年后超过了70万。

　　YouTube在这次悼念中的贡献很能说明新媒介（有线电视）和新新媒介（YouTube）的另一个重大差异。虽然世界上很多地方都可以收看到CNN（MSNBC和福克斯在国际上的覆盖范围远不如CNN），但在拉瑟特去世后的几天里，CNN转向报道其他新闻。相反，在YouTube上，有关拉瑟特的视频片段立即扩散到世界各地，在未来的岁月里，这些视频仍然是瞬间就可以看到的。或者正如上文怀念奥比森和哈里森时所言，原则上，纪念他们的音乐视频将永生不死,除非这些视频侵犯了版权。

4.18 YouTube 的阿喀琉斯脚踵:版权

许多博主都有过不愉快的经验。你写了一个很好的帖子,介绍一支歌或一场音乐会,却遇到麻烦。实际上,我在 2008 年 6 月就写过这样一个帖子,评论保罗·麦卡特尼对乔治·哈里森《万物终将消逝》那首歌的演绎,那是麦卡特尼 2002 年在皇家阿尔伯特宫哈里森的纪念会上的演唱。我用一段视频充实帖子的内容,视频是从 YouTube 上撷取的。这个帖子看起来听上去都很棒。我把我写的帖子链接到 Digg、Facebook、Reddit 和其他一切妥当的地方。我得到恭维我的评论。但几个月后,一位读者失望地来信说,你那段视频"找不到"了。

我上我的博客和 YouTube 去查,果然,YouTube 已经删除了我的视频,因为它违背 YouTube 的"服务条件",质言之,某人或某公司通知 YouTube,那段视频侵犯版权了。旧媒介版权之手虽然乏力,但并非没有力量,它釜底抽薪,使你用新新媒介创作 blogging 的乐趣荡然无存。再打个比方,你被 YouTube 的阿喀琉斯脚踵踢了一脚,它要执行版权法。

YouTube 有一个瑕疵,它不能保证,今天可以观赏的视频明天是否还在,连五分钟以后是否还在它都不能保证。这就意味着,它不能保证其他的网络接入以及嵌入的视频会继续保存。

另一方面,在达成稳定性和持久性方面,互联网已经走了很长一段路,胜过许多纸媒。这就是我们通过"永久链接"而获得的"可靠定位"(Levinson,"The Book on the Book",1999;"Cellphone",2004;"The Secret Riches",2007)。但"永久链接"的文本和视频也是可以拿掉的。首先,上传者自己可以拿掉他制作的视频,此外,YouTube 在执行版权上是不堪一击的,这都是向旧媒介方向重要的倒退。YouTube 和新新媒介的伟大财富是人人可以成为生产者,人人可以永远看见生产的成果。现在却发现,它是有局限的,每一位生产者都可能删掉他上传的视频。

有些软件不仅使人能链接或嵌入视频,而且使人很容易下载视频。结果,使用者可以把下载的视频放在自己的网页上,而不必借助 YouTube 或类似的视频储存和传播网站,比如照片共享网站 Blip.tv、视频共享网站 Metacafe 和微米奥(Vimeo)视频网站。

但这可能是侵权。虽然这样的侵权可能永远也不会被发现,但它可能使我们永远处在媒介交战的第一线,旧媒介和新媒介是交战的一方,新新媒介是交战的另一方,我们就处在知识产权交战的夹缝中了。

"copyright"(版权)的直解是"right to copy"(复制的权利),起源于欧洲王室的"特许",那是在16世纪中叶印刷机发明之后。君主授权印刷商复制一些书籍,借以将书面信息的产量控制在自己的王国里。但到1710年,英格兰议会制定了《安妮法》(*Statute of Anne*),使作者拥有版权,并让政府代表作者保护版权(见 Kaplan, 1966; Lavinson, 1997)。

今天的版权就植根于这一法律。它从三个方面保护作者的权益。版权拥有者决定谁能:(1)复制作品,(2)从复制中挣钱,(3)将部分作品用于新的创作,即不同于原创者作品的著作。

版权使用的细节相当复杂,也经历了一些变化。在20世纪初,作者不得不自己去争取版权。到20世纪末,版权被认为属于作者,它寓于作品的署名中。版权在政府登记,这使版权的实施较为容易,但作者不必登记也有权拥有版权。100年前,美国的版权期限是28年,可以续期一次。如今,作者终生拥有版权,去世后继续享受75年的版权。《伯尔尼公约》略有不同。美国和163个签约国保护版权的期限是作者终生再加50年,但签字国有权提出更长的保护期。法庭支持"合理使用",允许作品的小部分用于教学或类似的用途,不必获得版权人的同意。但版权衍生出来的权益可以转让、买卖。

某人从 YouTube 下载别人的视频,并将其嵌入自己的网址时,他心里可能完全没有想到有关版权的规定。互联网上数以百万计嵌入的帖子如雨后春笋,上传者根本不注意 YouTube 上有关遵守版权的公式化文字。这等于高声宣示已然的事实:到了新新媒介时代,传统旧媒介的版权模式必然要被打破。

《防止网络侵权法案》(*Stop Online Piracy Act/ SOPA*)引起争议。美国众议院于2011年10月通过这一方案,次年1月被搁置。法案激起网上的抗议,Wikipedia 和 Reddit 还为此关闭了一天(见我的文章《Wikipedia 有错吗》[Is Wikipedia Wrong?],2012)。这显示,版权面对的前景并非一帆风顺。法案的拥护者想要防止网上窃取知识产权的行为,矛头指向 YouTube 上的电影和音乐。法案强硬的条款不仅要上传者为盗版的内容负责,而且要互联网上的系统比如 YouTube 负责,因为它们把那些内容提供给网民使用。

好莱坞制片厂高调拥护这一法案。新新媒介的主要推手 YouTube、Twitter 和 Wikipedia 实事求是地指出,管制网站上侵权的内容会瘫痪它们的运作。《第一修正案》的支持者,包括我,也认为:"防止网络侵权法案"违反《第一修正案》。国会通过的《第一修正案》规定"国会不得制定任何法律……剥夺人民的言论自由或出版自由。"(1997年最高法院就裁定《联邦传播风化法》[Communications

Decency Act]违宪)

但版权是否就完全被粉碎了呢? 如果可能的话,版权的部分内容是否值得保护并应用于 YouTube 或新新媒介呢? 基本的"复制的权利"似乎已经丧失了,那可能是最佳的结果。但版权人分享作品产生的收益,版权人决定另一人或公司可用其作品挣钱,这似乎是必须要坚持的合理权利。再者,与作品被嵌入互联网相比,作品的收益是比较容易追踪的,版权用于商业经营的这个方面并非不能追踪,也并非难以执行。

剽窃也应该防止和惩罚。最严重的剽窃形式不仅把别人的成果冒充为自己的作品,而且用别人的成果来挣钱。在这里,互联网并非剽窃者最好的朋友。因为人人均能上网,人人均能从网上获取一切,这就意味着,总有熟悉原作的人会遇见剽窃者的版本,并能向作者或版权人报告剽窃的情况,剽窃被发现仅仅是一个时间早晚的问题。

底线是:作品副本的传播,在新新媒介的范围内,无论音像制品的 MP3 或 YouTube 视频都是难以防止的,大概也不应该防止,除非当事人用其赚了钱,或者他那个副本是剽窃的(掩盖原创者作品的事实);如果是为了挣钱或者是有意剽窃,那就要尽量阻止。

实际上,美国唱片业协会(RIAA)防止 MP3 的传播,但从长远来看,分享而不是赢利的 MP3 是难以防止的。RIAA 因坚持版权而使部分热爱音乐的公众感情上疏离(见 Marder, 2003; Levinson, 2007, "RIAA's Monstrous Legacy")。同理,美联社试图在免费的 blogosphere(博客世界)里收取引文使用费的尝试也不会成功(见 Liza, 2008)。至于版权的未来,其演化结果必然会是接近某种"知识共享的领地"(Creative Commons);在这里,原创者明确宣告,他们把某些权利让渡给了世人,比如复制的权利而不是商业经营的权利——如果版权真能永世长存的话(见 creativecommons.org)。

这是对待知识产权的后谷登堡、后马可尼、后大众媒介、后旧媒介的路径,"网络中立"(net neutrality)和"开放源码"(open source)系统与这一路径是一致的。"网络中立"者主张:互联网的数字构架、操作系统和小配件等资源都容许任何个人电脑系统使用,非专卖的、非商业的系统都可以使用这些网络资源;除了微软、苹果等系统,凡是不受版权和专利保护的资源,任何个人电脑系统都应该能使用。"开放源码"让人人看见网页运行的源码。于是,观者可以掌握和使用这一源码去制作新的网页。"网络中立"和"开放源码"这两种路径尚未普遍实现和执行,但它们使业余的、非专业的网页制作者和程序员成为生产者,也就是使人人都能制作自己的网页,就像新新媒介赋予一切读者、听众和观众创作的能力一样。或者我们可以说，这两种路径与新新媒介结构的关系就像 YouTube 和其他一切新新媒介与其内容的关系，就像新新媒介与其内容的生产和接受的关系。

4.19 YouTube 上的评论起矫正的作用：以弗利特伍兹组合为例

和一切新新媒介一样，YouTube 公开邀请人人将视频上传，这本身就意味着，伴随的信息连题名都可能出错，有意或偶然的错误。如果初始的视频制作者允许别人评论，那么，人人都可以上传自己的评语。这样的评论提供了纠错的机制，就像针对博客的评论可以为博客纠错一样。

我们来考虑弗利特伍兹组合。20 世纪 50 年代，这个加利福尼亚的三人组合有两张荣登排行榜首的唱片：《轻轻地来到我身边》(Come Softly to Me)和《忧郁先生》(Mr. Blue)，这一组合嗓音圆润，和声曼妙，其组成略有异常：一男两女：加利·特罗克塞尔(Gary Troxel)、格雷琴·克里斯托弗(Gretchen Christopher)和芭芭拉·埃利斯(Barbara Ellis)。

YouTube 上有一段极好的视频，表现该组合 1959 年在"美国音乐台"(American Bandstand)演唱的《轻轻地来到我身边》。我记得小时候看过他们的演出，由迪克·克拉克(Dick Clark)主持。他们一直是我喜爱的组合之一。

YouTube 上还有五六段弗利特伍兹组合的视频，包括 2007 年 8 月公共电视台上的特别节目和 2007 年 11 月在拉斯维加斯的演出。仔细一看，这两段视频里的乐手不完全是原来的组合。在公共电视台的那次演出中，加利·特罗克塞尔以他圆润的声音领唱，但两位女歌手换了人。在拉斯维加斯的演出里，格雷琴·克里斯托弗是原组合里唯一出场的歌手。

但看这些视频的人如何知道其中的差异呢？从题名或介绍词是看不出差异的，因为其中的信息仅限于组合、歌曲和场地的名字。所幸的是，精明的观者留下的评论澄清了细微的差别。

当然，全部或任何一条评论都不能保证，有错误信息的视频会得到准确的纠正。但依靠数以百万计的观众的聪明才智，这些评论的确能纠正视频里的错误。这个例子说明，新新媒介具有自我纠正的特点，Wikipedia 的自我纠正尤其突出，下一章将考察这个特点。

2008 年，YouTube 增加了"注释"(annotation)一栏，上传视频的人任何时候都可以再插入文本(注释)。这种注释还有助于澄清视频中的人是谁，内容是什么。

4.20 教皇的频道

2009年1月有这样一条新闻:"教皇本笃十六世在'视频共享'YouTube上开通了自己的频道。"(BBC,2009)美联社稍后的一篇文稿(Winfield,2009)写道:"与巴拉克·奥巴马总统和伊丽莎白女王一样,教皇也开通YouTube频道了。奥巴马总统就职当天就在白宫开通了官方的YouTube频道,而伊丽莎白女王在2007年12月就开通了其皇家的YouTube频道了。"

据温菲尔德(Winfield)报道,梵蒂冈接受我们所谓的新新媒介,绝不是没有条件的,也绝不是没有争议的。一方面,"在他每年一度的'世界交流日'讲话中,教皇本笃十六世赞美Facebook和YouTube这样的社交网站,说它们是'给人类的礼物',能缔造友谊和理解"。另一方面,教皇"又警告说,网络交流又可能与真实的社会互动隔绝,使数字沟加剧,使人进一步边缘化"。

2012年,教皇本笃十六世重申并阐述了这样的辩证分析——这一次谈的是Twitter。他说:"用简要的几句话,篇幅不必超过《圣经》一首赞美诗,就可以表达深刻的思想,只要参与会话的人不忽略心灵的修养。"

我们在本章第10节"病毒视频的弊端"里已经看到,在Myspace和Facebook那两章里也看到,而且在本书第十章"新新媒介的阴暗面"里将要进一步看到,社交媒介肯定有危险;从网络骚扰、网络欺凌到被恐怖分子利用的危险都是存在的。然而,担心社交媒介取代真实生活里的互动也好,担心它们使人隔绝不进行面对面的接触也好,都不是新鲜事;人们不仅对新媒介和新新媒介有这样的担心,而且早在20世纪初电影问世时就有这样的担心(McKeever,1910)。况且,这样的担心还是对"书虫"表示担心的基础;所谓"书虫"就是花过多的时间读书的人,他们在"真实"的"血肉"世界里花的时间反而不够(关于虚拟互动与真实互动的关系,详见Levinson,2003)。没有证据说明社交媒介取代真实生活的有害影响。在"阿拉伯之春"和2011年的"占领华尔街"运动中,人民用Twitter和其他新新媒介结成大大小小的群体,这就有力地驳斥了社交媒介妨碍真实生活里的会见与互动的论点,社交媒介干扰意义深厚的关怀的说法也站不住脚了。"阿拉伯之春"和"占领华尔街"运动还否认了"数字鸿沟"(digital divide)正在兴起的观点;"数字鸿沟"说认为,低收入的社会经济群体被锁在社会进程之外。毕竟,YouTube、Facebook、Twitter、Wikipedia和一切新新媒介都是免费的,任何电脑或智能手机都可以链接这些网站,老牌、廉价的手机上也可以上网。

实际上，罗马天主教会对同时代新媒介的接受总是忧喜参半的，至少早在15世纪50年代印刷术在欧洲兴起的时候就持矛盾的态度。虽然文字被认为是"笔头的传道"，一些早期教父还是认为，印刷词是手稿书的降格，因为写字的手是由灵魂驱动的（详见 Eisenstein, 1979）。1519年新教革命依靠印制的《圣经》，这就证实了教会对印刷术的担心是不无讽刺意味的（见 Levinson, 1997）。但耶稣会的反宗教改革运动很快就认识到印刷术的教育和宣传价值。在20世纪后半叶，教会在承认电视的力量时再次表现得动作缓慢，但1962—1965年的梵蒂冈第二次公会议（Vatican II Council）纠正了这一倾向。像耶稣会认可印刷术一样，梵蒂冈第二次公会议赞同单向的电子大众媒介。教皇本笃十六世的YouTube频道显示，虽然教会有一些不必要的顾虑，但为了在21世纪有效地传播教义，正确的做法是利用当代的新新媒介。如果利用YouTube，那就能随时随地在世界的任何地方上网看视频讯息，想看时就能看。

4.21　YouTube是国际信息解放者

在美国，国家领袖和普通民众都可以使用YouTube，他们既是YouTube的消费者，又是其生产者；同样，YouTube是国际范围内可兹利用的资源，使用YouTube的不限于英国女王和教皇了。

24岁的尤利娅·戈罗波科娃（Yulia Golobokova）生在苏联，目前是俄罗斯国籍。在我2008年12月的研究生课程"媒介研究方法"最后一次上课的时候，她做了十分钟的报告，谈媒介和传播研究的心得。她讲的是YouTube。她谈到许多重要的问题，多半是我课堂上和本章讲的一些问题，其中给我印象最深的是，她说自己在莫斯科生活时，YouTube使她获知了世界上正在发生的事情，使她获知了真相。YouTube不像国内的电视，它不受政府控制。

YouTube之美在于，它不受任何政府控制，美国政府或俄罗斯政府都不能控制它。我过去就知道这个事实，但我们容易视其为理所当然。而当一位来自俄罗斯的学生上课时站起来谈YouTube时，我更加深切地感到它和一切新新媒介的价值，这就不再是一个理论问题了。

我第一次见到尤利娅是2008年9月，第一次上课前几天，她走进我的办公室，做了自我介绍，说很高兴会见我，我的相貌和声音都和她期待的一样。

"怎么会呢?"我问她，心想她怎么会了解我的音容笑貌呢？可能是有什么先入之见吧。

第四章　YouTube

她回答说:"我在莫斯科看见过你的视频,好多次。"在新新媒介领域,纽约和莫斯科的电脑屏幕没有区别,从技术上说,看 YouTube 时,它们是一样的。

当然,政府可以尝试禁止 YouTube,比如巴基斯坦在 2008 年 8 月至少就禁了两个小时,因为其中有"反伊斯兰的内容"(Malkin,2008)。显然,这次禁止使人看到 YouTube 服务的世界问题,说明其系统远并非不脆弱的;实际上,它与各种各样的系统和服务器链接,所以就存在潜在的虚弱或脆弱的链接。一切新新媒介都有这样的弱点。获悉巴基斯坦国外"错误的互联网协议"造成了那种内容时,巴基斯坦就解除了禁令。

所幸的是,独裁者政府控制媒介的企图都不太成功,比如,纳粹德国对付反纳粹的"白玫瑰"复印机(Dumbach & Newborn,1986)和苏联对付"地下出版"的录像带(samizdat video)(Levinso,1992)都不太成功。至于巴基斯坦,佩尔韦兹·穆沙拉夫(Pervez Musharraf)总统 2008 年 8 月辞职以后,民主就得到恢复了。读者叮以参见上一章中独裁政府与革命媒介在 20 世纪和 21 世纪冲突的时间表。

在我们这个 YouTube 和新新媒介的时代,无论是对政府当局或媒介权威的抵抗一直都不是件轻松的事。在下一章里,我们将要检视,Wikipedia 如何推翻了专家的暴政,至少就我们期待百科全书的信息和智慧而言,Wikipedia 是成功了。

第五章

Wikipedia

第五章　Wikipedia

我们来自这样一个传统：知识必须得到专家的保证、授权和批准，然后才能送到我们的手里。无论这样的专家是教士、教授或报纸编辑，结果是一样的：知识必须要由专业人士来恩赐，必须是他们觉得可以接受的知识。当然，任何人、每个人都可能看见、听见或发现各种各样的知识、信息、事实和谬误。但我们的传统都深深地扎根于古代世界，这是西方、东方与一切东西方之间的文化共同的传统。这个传统要求，知识必须要得到专家的许可或批准，然后才能被认为是值得学习和进一步传播的。

我们应该先了解这一传统的逻辑，然后才能嘲笑其谬误。须知，杜撰和扩散谬误与创建和传播真理一样容易。倘若没有守门人仔细调控传达给我们的信息，我们就有可能被谬误的洪水淹没。

另一方面，我们把真理与谬误、谎言与编造的故事区别开来，在枝蔓丛生的现象中辨认真理，难道这不是理性吗？1644年，约翰·弥尔顿在《论出版自由》的讲演中主张，我们要允许真理和谬误在思想的市场上去决定胜负。他确信，人们会辨认真理，除非审查制度使有些思想不能进入这个战场，因而使结果受到扭曲。托马斯·杰斐逊完全同意弥尔顿的主张，所以他和来自弗吉尼亚的思想相近的建国之父们都坚持联邦宪法的《第一修正案》："国会不得制定下列法律……剥夺人民的言论自由或出版自由。"（关于理性的理论，又见 Percival, 2012）

Wikipedia 之前，决定百科全书内容的专家编审委员会肯定不是政府审查员，也没有在任何意义上违背《第一修正案》。然而，他们还是体现并实施了某种审查或把关，以免让普通人决定事实的真假或复杂问题的相对重要性。

Wikipedia 的创始人是吉米·威尔斯（Jimmy Wales）和拉里·桑格（Larry Sanger）。威尔斯在 Wikipedia 的管理中继续发挥主要的作用。截止到2009年2月，Wikipedia 上用英语撰写的文章已经超过了275万篇。于是，Wikipedia 就颠覆了哲人—国王专家的统治。没有一篇文章是由受委任命的专家撰写的。决定文章取舍和寿命的是体现在其中的知识，而不是靠官方的专家身份。

5.1 泡菜与伯里克利

几乎任何人都可以在 Wikipedia 上撰写词条（我说"几乎"任何人，因为有人被禁止；详见本章第五节"一切 Wikipedia 用户都平等，但有些人比其他人更能享受平等"）。在这里，年龄、学历、住地、性别都没有关系，或者被认为是没有区别的。起初，帮助撰写词条的意图与故意搞破坏的意图都不会受到区别对待。所以，Wikipedia 的词条里充满恶作剧，有人故意塞进一些错误。但读者/编辑（他们在 Wikipedia 上身份相同）很快就会纠正这些恶搞。实际上，Wikipedia 上进行着一场永不停息的战争，努力使词条真实者为一方，出于各种原因图谋破坏这一过程的人为另一方，两军对垒。

我喜欢一个例子，因为它微不足道，却又给人教益。几年前，关于伯里克利（Pericles）的词条上了首页（由读者/编辑组成的小组选择上首页的词条）。该词条的第一行提供了两种拼写：Pericles 和 Perikles。我一登录首页就发现，一位匿名的捣蛋鬼把伯里克利的名字改写成"pickles"（泡菜），于是我把 pickles 改回 Perikles（那时，我还没有 Wikipedia 的账号，所以我也是匿名的用户，只有一个 IP 地址）。另一位捣蛋鬼（至少其 IP 地址不同于第一位捣蛋鬼的人）很快又把 Perikles 改成 pickles。这一场 Perikles 和 pickles 的拉锯战至少进行了几个小时，卷入的人不在少数。

当然，还有远比这种拉锯战严重得多的战斗每日每时都在 Wikipedia 上发生：对公众人物和名流的人格诋毁、对政治候选人的诽谤（18 世纪流行的词是 calumny）以及其他误导人的信息。2008 年，Wikipedia 上的文章误传巴拉克·奥巴马是穆斯林，这是那一年 Wikipedia 最常见的错误之一。无论如何，小摩擦也好，重大的较量也好，动态关系是一样的：一边是光明大军、免疫系统、精干的警察——无论用什么吸引你的隐喻，另一边是黑暗的大军、感染 Wikipedia 的传染病菌、真理的掠夺者。

但 Wikipedia 上的战场之复杂远远不止于此。

5.2 包容主义者 vs. 排他主义者：Wikipedia 上英雄的厮杀

如果英雄与歹徒之争是这个世界遭遇的唯一的斗争，生活就简单多了。然而事实上，在捍卫真理的阵营里，战斗至少意见纷争也常常爆发。

在 Wikipedia 上，在尽力使 Wikipedia 变得完美无缺的队伍中，常常会爆发一种战斗，两种读者/编辑持不同的意见。双方都竭力根除恶搞，一发现就立即铲除。但他们争论的主要不是恶搞，而是围绕这样一个问题：应该允许什么真实的信息上 Wikipedia。他们的战斗不是围绕真理，而是围绕收录的信息是否切题，是否有价值。

两派都自豪地标榜自己的牌号。一派叫"排他主义者"或"删除主义者"，主张限制词条，另一派叫"包容主义者"，主张维持并拓展词条。什么都不收录是一个极端（当然排他主义者也不想要这个极端）；无论多么微不足道，任何人撰写的有关任何东西的任何真实情况都应该收录，这是另一个极端（包容主义者也并非真想要这一极端）；两极之间其实有很大的余地。"删除主义者"强调的重点是将其认为不够格的文章整个删除，而"排他主义者"更注意删除文章里不切题、不主要的部分，因为其余部分是可以接受的。"合并派"是删除派里的分支，想要把两篇以上的文章合并成一篇，因为一些文章分量不够，站不住脚，不够格。

如果这几派听上去几乎就像宗教派别或政治派别，那你的感觉是对的。他们的争论不一定是政治题材或宗教题材，却可能是任何题材。使他们变得像政治派别或宗教派别的不是争论的题材，而是编辑方针精细和具体到什么程度。

专家驱动的百科全书《不列颠百科全书》2012 年不再印制纸媒版（最后编辑的一版是 2010 年）是排他主义的；由于纸少字多的限制，这种百科全书别无选择。毕竟，谁愿意花钱购买 1 000 卷或 10 000 的百科全书呢？《不列颠百科全书》不仅限制词条的数量，而且删除或删节编辑认为重要性已不如前的词条。我在科幻小说《拯救苏格拉底》的前言里指出，20 世纪 50 年代中期以前的《不列颠百科全书》更有价值，因为 20 世纪 50 年代中期以后的版本删节了古代史的词条，以便腾出一些空间，以纳入科学知识如 DNA 增长的新情况。《不列颠百科全书》的纸媒版消亡了，数字版继续发行，但数字版也执行同样的严格挑选的编辑方针（见 Pepitone, 2012）。

包容主义者指出，网上百科全书不会在严酷的纸张"主子"的重压下挣扎。

Wikipedia 上最频繁争论的问题是可能入选的题材的"知名度"——不论古今，所述人物的分量是否够资格收录？读者/编辑的诸多指导方针之一是，"知名度不是继承的"。比如你发现，伟大哲学家勒内·笛卡尔[①]的女儿弗朗辛·笛卡尔（Francine Descartes）就没有收录。相反詹姆斯·穆勒（James Mill）的儿子

[①] 笛卡尔（Rene Descartes, 1586—1650），法国数学家和哲学家，将哲学从经院哲学中解放出来的第一人，黑格尔称他为近代哲学之父。代表作为《方法谈》(1637) 和《哲学原理》(1644)。

约翰·斯图亚特·穆勒①就是分量很重的词条,因为他也是重要的哲学家(虽然老子不如儿子著名)。重要的是,即使他爹只是马夫,儿子约翰·斯图亚特·穆勒也应该有一个词条。

顺便指出,你或任何读者都可以在任何时候为弗朗辛·笛卡尔写一个词条,并将其贴在 Wikipedia 上。不过,它可能立即就被人删除了(关于删除的程序,详见本章 5.5 节"一切 Wikipedia 用户都平等,但有些人比其他人更能享受平等")。

围绕弗朗辛·笛卡尔和约翰·斯图亚特·穆勒"知名度不是继承的"原理不存在任何争议,操作起来也不难。但在其他许多情况下,争论却是很激烈的。

以巴拉克·奥巴马的印度尼西亚继父罗洛·苏托洛(Soetoro, Lolo)为例,他与奥巴马的关系短暂,奥巴马的母亲安·邓纳姆(Ann Dunham)与奥巴马的生父老奥巴马离婚后嫁给了苏托洛。后来的参议员和总统巴拉克·奥巴马从六岁到十岁在印度尼西亚生活了四年。他离开母亲和继父回到夏威夷与祖父母同住,直到中学毕业。

罗洛·苏托洛够资格进 Wikipedia 吗?无论承继关系是上溯还是下行,"知名度不是继承的"的原理表示,他不合格。但在 2008 年美国的总统竞选中,这个问题引起了争议;争论的原因与传统的排他主义者/包容主义者的分歧没有关系。支持奥巴马的选民认为,主张收录苏托洛的读者/编辑想要使人注意奥巴马成长时的穆斯林背景,有人会把奥巴马描绘为不适合的非美候选人。于是,一些自认为包容主义者的人就反对那一词条,删除、合并或转移(比如放在奥巴马的母亲安·邓纳姆的词条下就顺理成章了)。

起初,罗洛·苏托洛的词条被删掉了,转移到了更一般的"巴拉克·奥巴马家庭"的词条下,成为其一部分。(所以从技术上说,文章没有被删除,只是合并到"家庭"里了。)但 2008 年,苏托洛那个词条被人恢复,至少扛住了另一个试图删除且合并它的人。(围绕苏托洛词条的斗争,详见 Wellman, 2008。在这些讨论中,我的妻子蒂娜·沃齐克是"合并派",她偏离平常的"包容主义"视角,她参与编辑了 Wikipedia 的"Tvoz"词条。)

排他主义者和包容主义者争论的非政治问题的一个例子是围绕"虚构犹太人"的"分类"。Wikipedia 上的一个范畴是把多样文章放在一起的链接。链接出现在文章的末尾,或者集中在展示文章或主题名称的编辑网页上。并非一切

---

① 斯图尔特·穆勒(John Stuart Mill, 1806—1873),又译密尔,英国哲学家、历史学家和经济学家,功利主义的主要代表。代表作有《逻辑体系》、《政治经济学原理》、《论自由》、《功利主义》等。

分类都有争议。比如,"虚构侦探"就被排他主义者接受,这个类别就出现在福尔摩斯(Sherlock Holmes)、"大侦探"波罗(Hercule Poirot)、萨姆·斯佩得(Sam Spade)、迈克·哈默(Mike Hammer)等大侦探的网页上。但"虚构犹太人"的类别则是另一种情况。它出现的网页有莎士比亚笔下的夏洛克、詹姆斯·乔伊斯(James Joyce)笔下的利奥波德·布卢姆(Leopold Bloom)、电视剧《法律与秩序》(Law and Order)里的约翰·蒙奇(John Munch),以及我的小说里小有名气的菲尔·达马托博士(Dr. Phil D'Amato)。2008 年 3 月,这个类别被删除了,同时被删除的还有"宗教虚构人物",其下的小范畴有"虚构犹太人"。然而,一个题名"虚构犹太人名录"的词条却被保留下来了。Wikipedia 里的"名录"(list)不如"类别"(category)那样富有活力,名录里的人物不出现在相关人物文章的末尾。

"虚构人物"被删除的情况可以用作教学的素材,我们用它来介绍包容主义者和排他主义者的辩论。以排他主义者的立场来看,这一类别里显然没有多少人物是必须收录的,夏洛克、布卢姆等人物都不会收录。但站在包容主义者一边看,这个类别提供了另一种获取信息的方式,另一种链接和学习的方法。与纸短字多的印刷媒介相比,Wikipedia 的储量和带宽是无限的,既然如此,容纳"虚构人物"这个类别有什么害处呢? 也许,排他主义者担心的是伦理老框框的偏见的。

5.3 编辑的中立与利益的冲突

我写了一些以侦探菲尔·达马托博士为主要人物的长篇小说和短篇小说(如"The Silk Code",1999),我有一种专业的兴趣,想知道他长期在 Wikipedia 上出现的类别。它被删除以后,我发现它曾经被放进"虚构犹太人"的范畴。我没有参加网上论其长短的讨论。在 Wikipedia 上,理想的编辑/作者是在被编辑的文章或网页里没有既得利益的人。也就是说,编辑个人与网上的文字没有个人的或专业的利害关系。Wikipedia 关于利益冲突的指针有助于我们了解,弗里德里希·恩格斯(Friedrich Engels)不会是为卡尔·马克思(Karl Marx)写词条的最佳人选。

但 Wikipedia 上日常的情况并不会那么一清二楚。支持奥巴马的某人应不应该避免编辑有关奥巴马及其工作的网页呢? 一旦发现编者认识奥巴马,别人应不应该叫他住手呢? 这些网页的网管应不应该警告他呢? 我觉得那太极端,如果你也觉得那太极端,如果争论的问题是围绕萨拉·佩林的网页,你会有同样的感觉吗?

继续谈政治领域,沿着可能的利益冲突的阶梯往上看,民主党的领导成员能参与编辑奥巴马的网页吗?大卫·阿克塞尔(David Axelrod)(白宫高级顾问)、霍华德·迪恩(前民主党全国委员会主席)能参与吗?米歇尔·奥巴马(Michelle Obama)又如何呢?她应不应该编辑奥巴马总统的网页呢?

如果最后这三个人编辑奥巴马 Wikipedia 的网页,实际上就是自找麻烦,会引起冲突。但如果他们被禁止,那是否公平呢?

2012年,纽特·金里奇在总统初选时的通讯主管乔·桑提斯(Joe de Santis)用实名编辑了金里奇 Wikipedia 词条 2011 年至 2012 年的相关内容。有人提醒他注意利益冲突规定,他不再参与编辑,而是仅限于在"评论"页上发表一些意见,编辑们在这里进行公开讨论:这样的意见对 Wikipedia 或国民有害吗?

最后,执行 Wikipedia 中立原则的唯一客观办法最好仅限于评估页上的语词,而不是写这些文字的人。文学批评家 I·A·理查兹①1929 年就告诫我们,作者的意图常常是不可捉摸的,而且与文本的影响并没有直接的关系。他写道,在文本分析和批评中,应该考虑的一切只能是文本本身。

再者,由于在 Wikipedia 申请匿名账户很容易,审视编者身份、评估其中立性的问题就更加复杂了。

5.4　身份问题

用户(读者、作者和论者)身份的真实性是一个问题,在新媒介和新新媒介的世界里,这个问题无处不在,因为登记一个假身份就像在谷歌邮件服务器(Gmail)和雅虎邮件服务器(Yahoo!)里申请邮箱一样容易,你可以用你挑选的任何名字,又把它用作 Facebook、Twitter 等地方验证身份的名字,无处不行。

在 Wikipedia 上,这个问题尤其尖锐,这是因为 Wikipedia 的运行起初靠的是读者/编者的意见一致(所谓"起初"是指问题未送交网管看之前,关于这一点,见本章第五节"一切 Wikipedia 用户都平等,但有些人比其他人更能享受平等")。为了拉拢人支持自己的立场,有人在寻求共识的讨论中还专门为此而开

---

① 理查兹(A. Richards,1893—1979),英国文学评论家和诗人,新批评代表人物,代表作有《意义的意义》、《实用批评》、《内心的对话》、《科学与诗》等。

一些账户。Wikipedia人把这样的账户称为"马甲"(sock puppets)。

实际上,在Wikipedia上开户比在Facebook和大多数网络系统上开户更容易,它不要求申请人用电子邮件验证Gmail账户或其他的账户。事实上,没有户头也可以在Wikipedia上编辑文章,此时,编者用IP地址确认自己的身份。Wikipedia致力于鼓励参与,使参与最大化。正如一切参与性和民主性的事务一样,参与者越多,运行的过程就越好。

但开户容易的后果是,设置"马甲"也容易。设置"马甲"的聪明人难以查出来。假冒的账户容易在不同的电脑上设置;只要用不同的IP地址,这些假户头就可以蛰伏几个月,也可以在Wikipedia上参与和"马甲"真实动机无关的讨论。当这个聪明人突然跳出来行动,为自己亲近的人写东西,敦促保留或删除某些词条时,谁也没有理由认为,他在那篇讨论的文章里有什么既得利益。用得最聪明和有效时,新新媒介里的"马甲"就相当于一个休眠的细胞。目光锐利的人可能会怀疑有什么东西不对劲,"马甲"的写作风格怪异时尤其令人怀疑,但仅仅基于风格的相似性就怀疑人家,那是难以得到证实的。

有一个词很有趣,是用逆生词方式从sock puppet派生出来的,这就是meat puppet("肉偶"),其账户是真的,人也是真的,他们参与讨论的目的是支持朋友或同事的工程。然而,把"肉偶"和"马甲"画等号有可能产生这样一个问题:任何一位大活人的动机都可能是不清楚的。如果我支持一位朋友删除或保留某一词条的立场,除了我本人清楚之外,谁真的知道,我是否真正支持朋友的立场呢?如果我这位朋友不存在,我是否会发表同样的意见呢?我是否仅仅是受朋友之托来参加讨论,其实我对这场讨论根本就不在乎呢?或者我参加讨论的真实情况是两者皆而有之:既相信这个问题,又受到朋友的鼓动呢?

"马甲"对"肉偶"的问题以及辨认和防止它们的问题说明,网上生活绝不可能幸免于真实生活的复杂和纠缠。两种生活都免不了遭遇到恶搞者和捣蛋鬼,网上对付这些人可能会更加困难。聊以慰藉的是,网上的破坏性东西本身并不带来真实世界里肉体上的伤害;也就是说,只要我们不依其行事,让错误的信息指引我们真实世界里的行为,那是不会造成伤害的。这就是我们应对网络生活的态度,对Facebook上遭遇网络欺凌也好,对Wikipedia上的知识恶搞也好,我们都应该持这样的态度。

我们还可以补充一条信息说明真实世界里的担心是有原因的。美国政府外包的"软件有可能造成众多的虚假的社交媒介个人网页,以便在富有争议的问题上操纵和影响公共舆论"(Storm,2011)。"马甲"问题不再仅限于

Wikipedia 了。

5.5 一切 Wikipedia 用户都平等,但有些人比其他人更能享受平等

Wikipedia 是互联网上最彻底的、自始至终由用户驱动的系统。它使消费者成为生产者,至少在这个首要的、革命性的特点上,它是新新媒介里的精华。诚然,所有的读者都可能成为 Wikipedia 的编辑,但初步的检测报告显示,Wikipedia 90% 的编辑工作是由 15% 的最活跃的编者完成的(转引自 Heil & Piskorski 所编文集里的 Piskorski & Gorbatai 所做的工作报告)。这是一切民主程序固有的不足:能参与(如投票选举)只能算一定程度上实际的参与。一般地说,编辑们通过讨论和达成一致来决定:这篇文章或文章的一部分是否够资格上 Wikipedia。但编辑们意见不一致时会出现什么情况呢?一位编辑恶搞或设置"马甲"来支持自己的立场,那又怎么办呢?当一个词条极富有争议,不断上演删除和恢复的拉锯战时,每几分钟就来回折腾一次,那又会是什么样的局面呢?

此刻就需要 Wikipedia 的网管登场了。这些网管是通过公开讨论、众多编辑意见一致的程序提名当选的(一位编辑可以提名一人包括自己)。一位特别超级的网管名曰"官僚"也是 Wikipedia 网民一致推选的。他的职责是判定,提拔一位普通编辑担任网管的意见是否已经达成一致,如果大家同意,他就宣布晋级的决定。一些网管还担任"核查员"的工作,他们有权检查用户的 IP 地址(见本章第 6 节"Wikipedia 页上的透明度")。

网管的两大权力之一是拦截犯错误编辑的户头。恶搞是一种错误,违背"三次恢复"的规定也是错误。按照这一规定,24 小时内在一张网页上所做的删除和恢复不能超过三次。实际上,网管有权在不到三次反复时就拦截一个户头,但也不重申和遵守的是三次删除和恢复。

账户的拦截可能是一小时、一天、一周、一个月或无限期。被拦截者可以申述,其他网管可以推翻拦截的决定,也可以减轻处罚(拦截的时间)。拦截的目的是减少或避免"编辑战争",不让两位编辑否决彼此的工作。网管还尽力不启动类似的内耗,不反复拦截和解除拦截一些编辑的工作,用 Wikipedia 的话说,那就是要防止"车轮战"。

网管的第二种权力是"保护"网页或词条,防止读者/编辑作进一步的编辑。正如拦截账户一样,保护的时间也有长有短,任何网管都可解除保护,打开网页

以恢复编辑。由此可见,围绕推翻彼此工作的"车轮战"是一个陷阱,也应该避免。

Wikipedia 每天的头版含有一篇"特写"(一篇长文的提要),由一位指定的网管挑选,总是"只读"文件,除了网管外,谁也不能编辑。在这个总是受保护的网页上,Wikipedia 很接近《纽约时报》头版的结构。用这种直截了当的做法,Wikipedia 赢得了可靠性,却伤害了民主程序。读者/编辑甚至网管所能做的无非就是对"今天的特写"提出建议。读者/编辑所能做的无非就是指出其中的错误,让网管自己去改。

然而,其他网页的保护可能是特别棘手的问题。比如某一天,政治观点对立的两邦编辑(读者/作者)忙着"纠正"和"再纠正"一位政治候选人的主页,这不是明火执仗的恶搞者,捣蛋鬼的恶搞可以反反复复纠正。"三次恢复"的规定也有重要的例外,明显的错误和恶搞纠正以后,就不能恢复。但在政治驱动的编辑战中,一张网页一个小时内就可能受到数以千计的意见,风险就比很普通"伯里克利/泡菜"式恶搞大得多。看到这样的争斗时,网管可能假定保护这一网页,给交战双方一点时间去冷静下来。但在此之前,除了这位网管外,其他任何人都不能再去编辑。这就剥夺了纠正重要错误的机制。无论出于偶然的原因或其他的原因,万一这位网管在这个受保护的网页上的解释并不是大家一致认为的最好的解释,而是最适合他的政治观点的解释,那怎么办呢? 实际上,2008 年 10 月 30 日,巴拉克·奥巴马、约翰·麦凯恩、乔·拜登和萨拉·佩林的网页就受到短暂的保护,因为大选投票前的五天里,编辑战和种族攻击轮番升级。2012 年 2 月,里克·桑托罗姆的网页受保护的时间将近三天,那是有关避孕的编辑战。起初的规定是三天时间的"全面"保护,在编辑们的反对下后来改为"半保护"(详见 Levinson, 2012, "Rick Santorum"词条)。

实际上,对政界人士也好,对任何专题也好,Wikipedia"全面"保护其网页是很不常见的,但 Wikipedia 的头版总是处在保护之中,头版受保护是特殊的例外。但网页可能受到"半保护",匿名者或新用户被阻,不能参与编辑;所谓新用户的注册是不出四天的人,参与编辑不到十次的人。半保护或阻拦的做法常见得多。自 2007 年以来,奥巴马的网页断断续续受到半保护。(关于奥巴马 Wikipedia 网页被恶搞的介绍,见 Vargas, 2007。)启用半保护措施通常是为了阻止恶搞,恶搞比政治谣言常见得多。但即使半保护也让自己捆住了手脚,那只灵活的手本来是要让用户匿名并开新账号以纠正错误的。当然,没有因半保护措施而受阻的编辑能纠错,但总体上参与纠错的人却减少了。不过,Wikipedia 还有一种防恶搞的内嵌机制。

5.6 Wikipedia 网页上的透明度

　　Wikipedia 有一个重要的特征,每一个网页或词条的编辑工作的全部历史都可以调阅,所以,即使最"勤快"的恶搞者也处于不利的地位。换句话说,任何读者/编辑都可以在屏幕上调阅改变、增添、删除的全部历史,一切变化,无论大小,都可以再现。恶搞者可能会伪装一篇重要的肮脏东西,将其与许多明显的恶搞捆绑;于是,浏览历史的读者,如果不细心,就可能忽略某一点修改。不过,每一点修改都记录在案。Wikipedia 还显示每一网页在每一次修改前后的样子。

　　Wikipedia 透明的历史使之与大多数博客截然不同。其他博客顶多显示,网页曾有修改。Google 的 Blogspot(我的"无穷回溯"博客即为一例)根本就不显示网页是否曾被修改。与此相似,Facebook 上的时间轴显示用户留在其上的一切记录,但用户很容易掩盖自己的行为,不让公众看见,还可以完全予以删除。Wikipedia 上的网页允许很多人编辑,而博客只能由博主个人修改,Facebook 只能由户主修改。Wikipedia 编辑历史的超级透明度自有其道理。

　　但 Wikipedia 这种超常的透明度只见于网页,而不见于读者/编辑。如上所示,没有账户的人也可以参与编辑,其身份只由其 IP 认定。IP 只限于电脑接入互联网的地址。如果你带笔记本到朋友家去无线上网,你用的就是朋友的 IP(智能手机和平板电脑之类的移动媒介有自己的 IP)。可见,IP 不是能辨认读者/编辑的万无一失的办法。

　　在 Wikipedia 上免费开户以后,你的身份就凭账户认定,而不是由 IP 认定。但这使个人可以随意注册多个账户,成为"马甲"有机可乘的基础(虽然个人注册一个以上的户头可能是用于非破坏性的目的)。只有特别任命的网管即"核查员"才能查看任何户头的 IP。核查有助于根除"马甲"。不过,顽固的"马甲"操纵者可以为"马甲"设置不同的 IP,比如在图书馆、苹果店和学校里用不同的 IP 上网;实际上,在任何无线上网的热点比如星巴克咖啡店、帕尼罗面包店或旅店大堂,"马甲"都可以上网。

5.7 Wikipedia vs. 不列颠百科全书

　　于是我们看见,Wikipedia 有很多潜在的犯错误机制,也有潜在的防卫机制;恶搞者与编辑、编辑与编辑、编辑与网管有时甚至网管与网管之间争斗不息,其实,这一切都是为了确保 Wikipedia 的文章提供精确而切题的信息。那么,

Wikipedia运行得如何呢？相比相关性和切题性，错误是比较容易认定的。如果读者撰写、随时变动的网页像杰出的专家驱动的不列颠百科全书一样容易免于错误，那就向我们透露了非常重要的讯息：与传统的、受信赖的参考文献相比，新新媒介的民主抗体是否非常有效。

正确的答案是，Wikipedia似乎站稳了脚跟，足以与《不列颠百科全书》抗衡，这是了不起的成就。不过，"评判团"尚未登场。

实际上两种领头的科学杂志之一的《自然》（另一种是《科学》）报道了2005年的一个研究成果，专家组检查Wikipedia和《不列颠百科全书》各42篇文章（Giles，2005）。专家们发现，Wikipedia平均每篇文章有四处欠准确，《不列颠百科全书》平均每篇文章有三处欠准确，换言之，两者的差异并不大。这一结果广为传播开来（美联社，2005），却激怒了《不列颠百科全书》，遭到它的抗议。其指责是，《科学》的调查人员把事实搞错了，他们提出的是意见，而不是专家判断（Orlowski，2006）。《不列颠百科全书》要求《科学》收回报告。《科学》以长篇的答复解释其研究方法和发现，其结论是，"我们不准备收回那篇文章"。三年以后，《科学》再次表态坚守那篇报告的发现（Giles，2008）。

这些专家的决斗给人最明显的教益也许是：专家的意见未必就像他们自己坚守的那样可靠，要么《科学》错了，要么《不列颠百科全书》对《科学》的批评错了，要么双方都错了。由此可见，专家的意见本身提供了有一个有力的证据，支持了Wikipedia编辑百科全书的民主途径；否则，正如《科学》杂志暗示，那就是专家、寡头式指令编纂的百科全书。关于一位公认的专家试图在Wikipedia上编辑的心血，又见Messer-Kruse的文章（2012）。这个例子也说明专家编辑和民主编辑两种文化的冲突。

5.8 在报道蒂姆·拉瑟特死讯时的新旧媒介之争

Wikipedia不仅与《不列颠百科全书》这样的旧媒介竞争，而且与报纸、广播、电视等旧媒介的新闻报道展开竞争。2008年6月13日下午2:20，"与媒体见面"的主持人蒂姆·拉瑟特猝死。NBC等传统的新闻媒体都等到亲属得到通知以后才向公众报道这一突发新闻，这是可以理解的。下午3:30，汤姆·布罗考（Tom Brokaw）中断NBC、CNBC和MSNBC这三大电视网的下午节目播发了拉瑟特去世的消息。ABC、CBS、CNN和福克斯新闻都等待布罗考公告以后才播发了自己的新闻和报道。

Wikipedia和电视网对拉瑟特死讯报道的差异突出说明，新新媒介与旧媒介和新媒介的运行方式分道扬镳,已经走得很远了。在NBC和一切广播网和有线电视网的经营中,一位主管即一位担任守门人的编辑电话通知播音间,什么时候播出那一条新闻。这是固定的程序,我们在广播网和有线电视网上看见的任何新闻和一切新闻,在电台上听见的、报上看见的任何新闻和一切新闻都要经过这样的程序。相比之下,没有任何Wikipedia的雇员做这样的决定,这不是Wikipedia工作的方式(Wikipedia基金会和Wikipedia的律师不会做任何发表信息的决定)。和Wikipedia毫无关系的另一家公司的雇员更新了拉瑟特在Wikipedia上的网页,另一个人也可能做这样的事情,你和我都可能。我们也可能在Wikipedia上发布有关拉瑟特的一条完全错误的新闻,或者是有关任何人的报道。

这并不是因为Wikipedia没有为其在线的Wikipedia制定标准。它有标准。但用这些标准的人是你或我或任何阅读那篇文章的人。Wikipedia的主要标准之一是,事实要得到其他媒体的确认以后才能上Wikipedia。因为3:01分时没有其他媒体的确认,所以Wikipedia报告拉瑟特死讯的新闻在30分钟以后被人删掉了(亦据《纽约时报》讯,有人用另一家互联网广播公司的电脑删除了那次更新)。当然,不久之后,这次更新又被恢复了。

但Wikipedia的新读者/编者是否知道有关这篇文章或其他文章的指针呢?Wikipedia上张贴着有关标准的详细描写、解释和小结。你有许多方式了解这些规定(比如你可以看见"分类:Wikipedia行为指针")。当公民有容易获取法律的可靠途径时,民主制度才能运行。同理,在民主制度下,法律和指针常常处在辩论之中,也越来越精细了。

5.9 Wikipedia误报泰德·肯尼迪和罗伯特·伯德的死讯

2009年总统就职典礼那一天,Wikipedia误报泰德·肯尼迪(Ted Kennedy)和罗伯特·伯德(Robert Byrd)去世的消息,影响极坏,促使吉米·威尔斯敦促建立新的编审办法,"受信赖的编辑"需要他来审批,方能成为Wikipedia编写人物生平的匿名编辑(见Pershing, 2009; Kells; 2009)。实际上,泰德·肯尼迪只是心肌梗死,医生不让他参加典礼后的午餐会而已。罗伯特·伯德高龄91岁,他担心太累,所以自己决定不参加午餐会。肯尼迪康复了,而伯德本来就没有病。但在起初的混乱中,Wikipedia发布了两人去世的消息(泰德·肯尼迪8个月后去世,罗伯特·伯德第二年去世)。

偶然的意外也好,故意的恶搞也好,诸如此类错误的帖子使人怀疑

Wikipedia 的可靠性。这两则新闻不到五分钟就被删掉了——正好说明许多读者/编者形成的纠正错误的力量；然而，许多读者还是看到了这两篇错误的报道。设置编审这一层工作当然有助于解决这个问题，但那会损害 Wikipedia 的根本方针：任何人可以在其网页上撰写、编辑和发表。截止到 2009 年 2 月，Wikipedia 对解决这个问题的几种建议展开了讨论。Wikipedia 的德国区已经建立了这样的审查方针，无论什么题材的文章都要审查（详见 Wales，2009）。Wales 和 Wikipedia 网管拦截有关大卫·罗德（David Rohde）被绑架的消息，最终有助于他成功脱离险境（见 Perez-Pena，2009）。

5.10 是百科全书还是报纸？

Wikipedia 立即公告蒂姆·拉瑟特去世的消息，又错报肯尼迪和伯德的死讯，凸显出另一个富有争议的问题：Wikipedia 是百科全书还是报纸？毕竟，尽快发布新闻是报纸的功能。但 Wikipedia 和报纸毕竟是不同的媒介。

总体上说，报纸应该报道真实而重要的事件，而且应该迅速。百科全书无疑赞同前两条标准，其中的一切都必须真实而重要，但百科全书不追求速度，它需要发表的信息具有持久的适用性。持久的定义本身意味着，百科全书不能与迅速共栖，除非编纂者想要完成信仰上的飞跃，并预测和设想，昨天的一件事十年后对广大的读者还意义隽永。

有时，这样的预测很容易、有把握：无论谁当选美国总统，我们都相信选举结果将会具有比较持久的历史意义。但著名的新闻节目主持人比如拉瑟特的猝死又怎么样呢？

在 2008 年 6 月拉瑟特去世后的日子里，不仅 Wikipedia 上已有的网页更新了几百次，而且 Wikipedia 还增设了网页，报道名人对蒂姆·拉瑟特去世的缅怀和其他信息。Wikipedia 编入这些词条后，它发挥的是百科全书的作用还是报纸的作用？

当然，报纸不仅报道刚刚发生的事情和突发新闻，而且报道后续新闻并进行回顾性报道。阅读 Wikipedia 上持久文章的人和看报纸新闻稿的一样多——我们假定，报纸的新闻稿是做过研究的。此时，Wikipedia 上的文章和报纸的后续报道的区别就不太明显了。具有讽刺意味的是，Wikipedia 的指针是，文章必须要注明文献，虽然它没有坚持给信息源进行明确的排序（一些信息源比其他信息源更受欢迎），但旧媒介里的报纸比博客帖子更受人重视，世界著名的报纸如《纽约时报》比中学报纸更受人尊敬（详见 Wikipedia，2012，"辨认可靠的信息源")。这个例子又说明新旧媒介互相依存、爱恨交织的关系。我们在第二章"Facebook"里已经看到这样的关系,我们邂逅了 Facebook 上的一个小组,其宗旨是协助拯救报纸这种旧媒介。

Wikipedia 是百科全书、报纸还是两者皆而有之?说到底,决定其性质的最重要的原理是:在人们如何看待和使用 Wikipedia 这个问题上,Wikipedia 的编辑和网管实在没有多少发言权。真正重要的是人们如何实际使用它。倘若读者将其当作报纸,是《纽约时报》最新的版本,那么,Wikipedia 公司的员工有什么办法阻止呢?

我们再次看到,新新媒介的基本原理是:新新媒介不仅使消费者成为生产者,而且消费者(未必是相同的消费者,而是泛指的消费者)总是决定新新媒介被使用的方式。这就赋予使用者一层新的意思:使用者不仅是消费或使用媒介的人,而且在使用一种媒介的过程中,他们决定该媒介会成为什么媒介。美国哲学家约翰·杜威(1925)会赞同我们这个意见。他认为,真理最好是在使用和经验的过程中去感知到的和达成的,真理不是预先存在的思想和分析。

5.11 Wikipedia 使图书馆不再是必需的吗?

即使 Wikipedia 尚未成为一种报纸,但它有可能成为报纸,如此,这部词条原则上无限量的网络百科全书与书籍和图书馆比较,其命运又如何呢?

小布什第一届政府(2001—2005)的国务卿科林·鲍威尔(Colin Powell)欣赏 Wikipedia,较一般人略早。2008 年 12 月 24 日,在法里德·扎卡里亚(Fareed Zakaria)主持的 CNN《全球定位系统》(GPS)访谈节目中,他告诉主持人,2001 年到国务院时,他劝告下属"扔掉办公室里的书。只要你有几个搜索引擎和 Wikipedia,你就不再需要这些书。于是,我要求每个人上 Wikipedia 去跟踪各国的变化"。

2003 年伊拉克战争前夕,鲍威尔在联大的讲演中称,萨达姆·侯赛因(Saddam Hussein)拥有大规模杀伤性武器,后来证明却没有。无论历史如何评价他的讲话,他对 Wikipedia 的重要性及其对旧媒介的优势,还是很敏锐的,算是先知先觉吧。书架上的书有一个严重的不足,有错完全不能纠正,内容根本无从更新。同理,语词和纸张联姻的一切印刷媒介也难以改变;在这个方面,印刷媒介与镌刻在金字塔上的象形文字没有什么区别(详见 Levinson, 1997)。

在这个僵化的范围内,报纸尽力做得最好;报纸每天出,而且,在 20 世纪中叶电子媒介胜出的前夜,报纸甚至不仅每天出,而且还作后续报道,更新报道内容,进行勘误。但上个月的报纸和去年的书不同,旧报纸很可能是被用来填充包装箱,而不是提供缺失的信息了。

再说图书馆里的藏书,连网上图书或只读形式的数字图书都承载着参考文献的重负。然而,就像印在百科全书里的事实一样,这类书籍和图书馆里的信息很可能已经过时;早在2001年,科林·鲍威尔就如是说。

这是偏重Wikipedia的观点,认为它胜过图书馆里的藏书。然而,鲍威尔说我们"不再需要"图书时,无论他说话的对象是国务院的下属还是公众,他都走得太远了。即使在2012年,这样的言论也太过分了。

与2009年的图书相比,Wikipedia有两个缺点。首先,它无疑缺乏书籍里的一些信息,无论国际政治、地理和任何主题的信息,它都有一些缺失。这是我所谓的"毛毛虫批评"(caterpillar criticism)的典型例子(Levinson,1988),评估一种媒介在特定时刻所不具备的功能时,将其视为永远缺乏的功能,而不是将其视为一个变化过程,就像我们只看到毛毛虫不会飞的问题一样。我们没有理由认为,在未来的岁月里,书架上图书里的知识在Wikipedia里找不到。实际上,科林·鲍威尔关于不再需要图书的意见今天看来还是不正确,尽管如此,由于Wikipedia的不断完善,到2012年,这一说法正确性肯定超过2001年了。而且我们预期,其正确性将逐渐增加,每年、每日、每时都会与时俱进。

然而,与书籍相比,Wikipedia还有另一个缺点,这个不足还将延续很长的时间,目前尚不见解决的迹象。我们在"YouTube"那一章里已经看到,网上可以检索到的任何东西,任何依靠统一资源定位器(URL)链接的东西都缺少书籍所具有的"可靠定位"。如果你正在读我的这些文字,任何一页比如第33、36页上的文字,由于书页是装订在一起的,那些语词就固定在同样的页码上,明天、明年甚至一百年或更多年以后,还在那里,只要妥善安全保存这本书就不会变。只要将其放在书架上,一般就足以保证其安全,语词就会在那里,等你下次去看,在同一页上,同一本书里,同一个地方。

然而,互联网上的任何东西连你完全掌控的网站都不可靠,你可以任何时候假定关闭网站。连下载存入你Kindle阅读器的电子书也不可靠,比如,2009年,由于担心版权纠纷,Amazon就决定在其美国网站上删除乔治·奥威尔的《一九八四》,具有讽刺意味的是,这本书写的就是对信息控制的担心,它担心未来噩梦般的社会完全控制信息,这样的社会和Amazon拿掉这部书的决定是吻合的(详见Levinson,2009)。

超乎期待的唯一例外是,书有时被蛀虫吃掉几页,或遭遇其他难以预料的损毁。即使书架上的藏书也可能遭遇损毁（关于书架的历史与影响，见 Petroski, 1999）。藏书可能被撕毁、弄脏，虽然有可靠的定位，绝对安然无恙的保证是不具备的。但印刷词与纸张的联姻是持久的，这使之比 Kindle 阅读器之类任何电子媒介更加可靠。这就意味着，读者更有把握看到白纸黑字的印刷词，而不是网上的语词和图像。读者更有把握期待、记忆、标记或引用印刷在纸上的语词。

无疑，Wikipedia 也许是互联网上定位最可靠的信息。其读者/编者众多，他们精心工作，以确保众多文章的一切链接包括不同的路径、人名拼写和文章题名能自动调整。已如上述，Wikipedia 完整保存每一页、每一次修改的历史，所有的变化均能调阅。尽管如此，其系统仍然不够完美。比如，完全删除的文章大概只有网管才能调阅，一般的公众则无法看到。如果有人想要删除什么，Wikipedia 上的任何东西都是容易删掉的，如此，网上任何牢靠的记录都不如旧书的内容牢靠。实际上，Wikipedia 认识到，与书籍和其他旧媒介的信息源相比，网上资料来源固有的不足是容易消失。所以，它在文章末尾不仅注明文献的网页日期，而且注明引入 Wikipedia 的日期。有鉴于此，我在本书的文献里注明，网络链接截止到 2012 年 2 月。

底线是，书架上的纸媒书更可靠，你需要的是在原地的可靠性更大，互联网上最可靠的网站 Wikipedia 也不能和纸媒书比。2012 年 1 月 18 日，Wikipedia 就关闭一天，抗议"防止网络侵权法案"，彼时，美国国会正在审议这个法案。原因是，该法案违背《第一修正案》（见 Levinson, 2012）。对珍视和渴望互联网更可靠定位的人而言，Wikipedia 自愿关闭这一课还是令人不安。任何机构的决定都不可能使你书架上的书"黑"一天，Wikipedia 上的共同决策、传统公司的命令也办不到。我们在"Facebook"那一章结尾时看到，虽然用户被赋予了前所未有的力量，关于新新媒介的最重大的决定不在用户手中。各种决定，生还是死的也好，开关一天的也好，都握在媒介自己的手里（当然政府的决定也是潜在的）在这方面，新新媒介和最古老的媒介并无不同。

由此可见，在眼前，Wikipedia 和其他新新媒介并没有对旧式的书籍和图书馆构成完全的威胁。不过，离线媒介在我们的生活中的参考作用在逐渐下降。在娱乐领域，在线电影租赁公司（Netflix）采用网上供应的方式，而不是用邮寄服务的租赁形式。固然，历史上有图书被禁、被焚毁的事件，但图书一旦印行流通，完全被消灭就不可能了，所以政府、商界或宗教指令不能使图书禁绝。相反，网上的任何东西包括 Wikipedia 却是另一番景象。我们在本章最后一节里将看到另一个原因。

5.12 英国 vs. Wikipedia

百科全书是最不可能被禁止的图书。其名字本身就带有难以消解的味道，尤其在英国。《不列颠百科全书》是19世纪70年代在苏格兰出版的。另一方面，百科全书曾经给一些政权带来政治上的麻烦。不过，在2008年12月，Wikipedia 在联合王国遭遇的并不是政治问题（Kirk, 2008）。

问题是 Wikipedia 上一个专辑的封面，那是蝎子乐队（The Scorpions）1976年发行的《处女杀手》。这一封面引起了英国"互联网观察基金会"（Internet Watch Foundation）的关切。由于封面上的裸体女郎（敏感部位已作了裂纹处理使之模糊），基金会将其放进了黑名单。虽然基金会不是英国政府的附属机构，英国政府期待互联网供应商认真地对待这一黑名单，维护英国政府提出的风化标准。结果：95%的英国互联网用户连续三天不能使用 Wikipedia，三天以后才解禁（Raphael, 2008; Collins, 2008）。情况就是这样：由于一张封面，英国的互联网用户就不能使用 Wikipedia 的一切网页。虽然禁令的意图是封杀那一页封面，但"作为英国互联网内容看门狗的互联网观察基金会上星期五的禁令意味着这样的结果：有人看不到 Wikipedia 的任何网页，有人不能在这一由众多用户生成的百科全书里编辑网页"（Arthur, 2008）。

和2008年2月巴基斯坦禁用了几个小时的 YouTube 一样，英国封堵 Wikipedia 一张有问题的网页充分说明，虽然新新媒介赋予我们强大的力量，它们并不在我们的掌握之中。虽然它们目前可能不在联邦通讯委员会的管辖范围内，但在世界许多地方，它们受到控制和禁止。对 Wikipedia 来说，这样的控制和禁止特别容易造成伤害，这是因为不能登录 Wikipedia 的读者就不能参与编辑，不能撰写，也不能一道工作以达成编务的一致意见，而这种达成一致意见的程序正是它的生命线。据柯林斯报告，这次禁令"使数以百万计的英国人不能在 Wikipedia 上参与编辑工作"（Collins, 2008）。新新媒介的一切成分是相互联系的，Wikipedia 的一切网页是相互联系的，这就意味着，禁止其中一页就会使整部百科全书离线；英国执行这一禁令，所有的英国人就不能上 Wikipedia。这一禁令的后果是：为了不让公众接触其中一本书，就把书店和图书馆的大门锁上了。实际上，巴基斯坦禁止 YouTube 时，不仅本国人民受到影响，而且全世界的人上 YouTube 都受到了影响。不仅一家书店被封，全世界的书店都贴上封条了。

也许终有一天，数字式"外科技术"能删除那有问题的某一页，切除审查员断定的肿瘤，以便不让公众接触，而不是关闭极其重要的整个新新媒介器官吧。

但根本问题依然存在：新新媒介目前的构架和管道使其很容易被集中制的权威禁止。数字化工程使新新媒介成为人类历史上最民主化的媒介，同时又使政府和其他权威拥有更大的权力来禁止新新媒介，其权力胜过教会 400 年前禁止伽利略著作的权力。这真是对新新媒介极大的讽刺。

  从抗拒审查的视角看，地球村的问题是，大街上出售信息的商贩被禁时，全世界都可能被查禁了。倘若《防止网络侵权法案》（SOPA）通过了，倘若政府关闭互联网网站的潜在可能性获得立法上的成功，全世界互联的神经系统就处在危险之中。下一章讲 blogging（博客）；和一切新新媒介活动相比，博客成了新闻自由辩论的核心舞台。

第六章

Blogging

第六章 Blogging

博客人(blogger)常常又被称为"公民记者",以强调一个事实:博客人不必是专业记者,却可以撰写并发布新闻。不过,"公民"仍不足以说明,博客人以及一切新新媒介给予我们解放的范围是多么宽广。事实上,博客人不必是美国公民或其他国家公民,不必是成年人,不必拥有读写能力以外的特质,谁都可以写。

比如,虽然我是传播与媒介研究教授,但我没有政治事务的专业素养。我仅仅是一位公民。然而,即使我不是公民……

2008年5月7日凌晨一点多,印第安纳州民主党总统候选人初选99%的选票终于出来了。希拉里·克林顿仅以2%的优势胜出。几个小时前,巴拉克·奥巴马在北卡罗来纳州则高票胜出。我写了一篇博文说,巴拉克·奥巴马将是民主党的总统候选人。

我把这篇博文放到我的"无穷回溯"博客上,这是我的电视访谈和政治评论博客。不仅如此,我还把这篇博客贴到我的 Myspace 上。然后,我又将其与 Facebook、Digg 链接。我在 Amazon 的博客以"馈送"的方式自动登录。这个帖子的链接还自动出现在 Twitter 上。

各种统计计数器(Statcounter)显示,我的博客贴出后不到一个小时,数以十计的人就读过这个帖子了。

几年前,这种重大政治动态在深夜发生以后的短时间内,只有一个人能了解我的看法,那就是我的妻子。我们可能会谈论印第安纳州初选的结果,我也可能写下自己的想法,送给一些网上杂志,但我的文字不会自动贴上去。守门人即所谓编辑可能要等到第二天才开始工作,要得到他们的同意后,我的文章才能够贴出来。

从语言滥觞之初,从两个人首次谈话时起,言语的生产和消费都同样容易。我们轻松自如地从听人说转向自己说话。但言语缺乏永久性,所以我们就发明文字,以维护我们可能遗忘的东西。书面词的生产与消费也差不多一样容易,写得好比较难,阅读则比较容易,但有文化素养意味着既会读又会写,古今如此。只要书面词语停留在个人层面,是个人生产的而不是大众生产的,写作只能像阅读一样传播范围受限。

印刷机使这一切为之一变。它推开了许多门扉。它使千百万人能读到《圣经》、哥伦布航海的报道和科学论文。但它使消费者和生产者的平等关系终结,极大地改变了一对一的比率,在一对一的关系里,每一位读者都是作者。印刷术问世以后,只有一部分人的贡献进入书本、报纸和杂志。

如今的博客使这一切遽变和逆转。虽然读博客的人还是比写博客的人多,但任何读者都能够成为写手,都能评论他人的博客,或只需稍稍用力就可以开自己的博客。2011 年,互联网上的博文数量超过了 1.65 亿篇人在写博客。

虽然说话比写作容易,但数字写作的网上出版还是比较容易,比网上的音频出版或视频出版所需要的生产过程却是要少得多。实际上,文字博客的"出版"不需要任何生产过程,只需要书写和粘贴。自 1977 年起,Web-Logging(网络日志)更名为 blogging(McCullagh & Broache, 2007);西瑟尔·哈尔珀特(Heather Anne Halpert)在《纽约时报》撰文评一有人称之为"在线日志"(on-line intellectual diary),但其根子萌生于数字时代的"计算机会议"和留言板(message boards),至少可追溯到 15 年前(Levinson, 1997)。于是,blogging(博客)就成了新新媒介革命里第一个大显身手的玩家。

6.1 电子书写简史

作为人类表达的方式,书写总是有胜过说话的优势。与出口即逝的说话不同,书写不仅持久,而且发送者对文字有更大的掌控力。愤怒、高兴或悲痛的说话人难以掩饰自己的情感。但诉诸文字以后,这些情感就不可能露面了,除非作者选择使那些情感袒露无遗。世界上 45 岁以下的人用手机短信的人比用手机通话的人多,其道理就在这里(Nielsen 移动通讯报告, Finin, 2008)。

但印刷机大大推进了书面词的传播以后,媒介革命里书写进步的步法却是缓慢的。19 世纪 30 年代的电报使书面词能即时送达世界各地,到达任何有电报线或电缆的地方。但这一工作需要报务员、还需要送报员,这就不利于电子通讯的即时性,并且使电报比写信重要得多。给心上人写信是一回事,让报务员发出那些词语则是另一回事。

然而,电报使新闻的发布发生革命性变化,记者能立即向报馆发回报道。朱利斯·冯·路透(Julius von Reuter)男爵创办路透社,用信鸽发新闻。用信鸽跨越英吉利海峡发新闻比用铁路和海船快。路透男爵的通讯社不久就依赖电报了。2008 年,该社的后继公司被汤姆森公司(Thomson Company)用 158 亿美元收购了(Associated Press, 2008)。

博客使新闻和舆论的传播超越了电报的阶段。它允许"报道者"即每个人可以把自己采写的报道立即用博客发布,向全世界发布,而不是在报纸上刊载。因为博客由博主自己编辑,所以它可以是博主自己喜欢的任何内容,这就与报刊不同了。

这种传播的个性化或"去专业化"是新新媒介最典型的特征之一。20 世纪 80 年代,传真开始被采用,几乎与此同时,电子邮件来临。于是,"写作人"终于可以宣称,自己享受到了写作的隐私,并能完全控制所写的内容。但传真主要是一对一的传播,很像电报。与报纸、广播、电视等大众传播媒介相比,连群发的电子邮件也不到沧海一粟。博客集电子邮件和大众媒介之精华,将电子邮件的个人控制和大众媒介的纵横扫描集于一身。

6.2 永存的博客,无所不写

博客人能控制他写的博文,这就意味着,他可以写任何题材,而不仅是新闻。2008 年 5 月 29 日晚,我一年前写的一页博文的点击(观看)已达20 000次。那篇博文评论电视连续剧《迷失》(*Lost*)上一季的最后一集(第三季最后一集"Through the Lookig Glass")。博文随时的动态变化突出说明了博客的两个重要特点,也说明了新新媒介共同的特点。第一个特点是,任何人可以在博客里写任何东西,比如写我这位教授、作家,而不是专业的电视批评家。第二个特点是,一帖博文的冲击力包括其巅峰的冲击力是难以预测的。我评论《迷失》的帖子 2007 年写出不久就受到数以千计的访问,但那 年的访问量赶不上一年后(2008)一天点击率的一半。

永久性是新新媒介最革命性的特征之一,是一切新新媒介的突出特征,不仅博客如此,我们在第四章谈到的 YouTube 也是如此。旧电子媒介比如广播电视的首要特征之一是稍纵即逝。像面对面的说话一样,广播电视上的口语出口即逝。这样的瞬间消逝使刘易斯·芒福德(1970, p. 294)批评电视评论家身处"群发精神病状态","人"囿于"当下的时间牢笼中,与过去和未来的关系都被切断了"。显然,他没有意识到,在 1970 年,专业的录像机和便携式摄录机已经赋予电视一定的持久性(欲知我对芒福德批评的详情,见 Levinson, 1977)。不过,他并不是太错,他那时的电子媒介发布的信息远不如印刷媒介的信息持久。第一波的新数字媒介即 20 世纪 90 年代中期的互联网出现以后,传播已具有比较持久的特性。但等到 21 世纪初博客兴起以后,永久链接(permalink)才得以普及,互联网上的项目才获得了我所谓的书架上图书一样的"可靠定位"(详见

Levinson，1978；Levinson，"Cellphone，"2004；Levinson，"The Secret Riches，"2007）。

迄今为止,博客页面仍然缺乏书籍那样完全可靠的定位。毕竟,博客人可以移动一个帖子甚至全部帖子。不过,一旦接上互联网,博文瞬间即可送达任何人、任何地方,并随之而获得更长的网络持久性(有双关意义),博客对更多人的持久性也超过了书籍。换句话说,如果一个文本在网上供千百万人用十年,难道它不是比书架上的一千册书用一百年更持久吗？实际上,从长远观点来看问题,很可能是出现这样的局面：轻松的永久链接,众多人的容易访问,这使博文中的内容比书籍更加持久。

如此,博客站点不仅瞬间可达,人人都能访问,而且能永久保存。事实上,无论照片、视频或文本,一旦上网,原则上就不可能完全删除。这是因为,正如我们在第二章"Facebook"里所见,人人都能复制它,或将其贴上自己的博客或网页。一旦照片、视频或文本下载到你的手机里,互联网上的任何系统都不可能再将其删除(除非这文本是在 Amazon 的 Kindle 阅读器上)新新媒介的即时性可能会掩盖其永久性,使用者可能会以为,网上的帖子来得容易,去也容易。但实际上,贴上网的任何东西正是它最持久性的特征。

我们还可以说,博客人对自己的博客拥有自主权,免于外来守门人的干预("外来人"是博主之外的任何人),但他又发现自己的局限——不仅他的博客必须贮存在更大的系统(Blogspot、Wordpress 等,见本章 6.14 节关于博客平台的内容)里,而且任何人都有能力复制博客里的任何内容,并将其永久保存或传播开去。

6.3　对评论的控制

博客人的自主权与守门机制的关系很独特：虽然他不受其他守门人的限制,但他自己就是守门人：他要决定是否允许他人评论,如果允许,他又如何节制。

守门把关和控制评论人的跟帖利弊皆有,一目了然。控制评论,而不是让其自动跟帖,这能使博主杜绝破坏性的评论。但这样的节制又会降低博文传播的速度。除非博主 24 小时一刻不停地上网,否则一篇很好的、本来可以激发进一步精彩评论的跟帖可能就不得不久等博主的同意了。

为保护博文免受不尽人意的评论的侵扰而进行控制,却降低博文传播的速度,甚至窒息颇有价值的会话,这值得吗？这取决于博主与读者把什么评论视为不尽人意的批评。当然，我们看到，为什么与博主政治立场、电视剧分析截然不同的评论也不应该被拒之门外。实际上，博主通常可以将其视之为进一步阐述自己意见的跳板。一个跟帖可能会问："难道你不认为，给候选人募款在损害我们的民主吗？"作为回应，博主可以回答并解释，无论谁为候选人的讯息付款，人们总是能区分真假的。

但这只是博主的观点。实际上，一位博客人视为破坏性的帖子可能会被另一位博客人视为能激发有价值的、多元化的讨论的帖子。可能还有另一种情况：博主不想要任何评论，宁可选择单向的传送，而不是互动的交流。

博主还可以配置一个验证码（CAPTCHA），它要求评论者回答一个计算机生成的问题（比如复制一串模糊的数字和字母），以区别评论和自动生成的垃圾信息。当然，如果有人恶意攻击一篇博文，粘贴令人恶心的或破坏性的评论，CAPTCHA 是抵挡不住的。

总体上说，如果博客人想要鼓励评论，他需记住一条原理：只有那些你相信会挫伤你本人或其他人跟帖的评论，你才予以删除。没有吸引到他人评论的博客就像是不会飞的鸟儿：尽管它可能会作出重要贡献，也可能会使写作者获得满足，但它缺乏新新媒介重要的社交特点之一，那就是与受众的互动。不过，请参考第九章"新新媒介的阴暗面"9.2 节"网络流言与网络欺凌"。《纽黑文独立报》（*New Haven Independent*）决定取消读者网络评论，因为评论"滑向了肮脏的边缘，脱轨了"（Kennedy，2012）。

6.4 评别人的博客

写博客容易，跟帖评别人的博客或参与网上论坛更容易。评论者只需将评论录入已经存在的博文。

实际上，跟帖评别人的博客是宣传你自己博客的很有效的方式。如果你评的问题正是你的博客所写的问题，而且你的帖子又署真名而不是笔名（见下文的讨论），读者就很容易找到你写的博客。你还可以在评论中加上你博客的链接，借以鼓动别人去寻找你的博客。不过也有人觉得，这是为他人作嫁衣，所以他们反对这样做（或追加一句话"请勿用我的博客为你的博客宣传"，或删除别人的评论）。详见本章 6.24 节"新新媒介与旧形式的张力进一步加剧"。

我的博客欢迎带链接的评论。只要评论和链接与话题相关，而不是垃圾换黄金，我就欢迎。这是因为，无论评论者是何动机，只要不是垃圾的评论都可以推动夸美纽斯①几百年前就提倡的"大教学论"(The Great Didactic, 1649/1896)。

《娱乐周刊》(*Entertainment Weekly*)和《今日美国》(*USA Today*)之类的新媒介每周吸引到数以百计的博客评论。与此相比,新新媒介的博客人(比如我)吸引到的评论却参差不齐,零评论的有,数以百计评论的也有。在新新媒介的世界里,评论显然是最常见、最持久的书面话语。Facebook 和 YouTube 网页上的评论数以千计,成为这种评论文化的一部分。2006 年,我和杰克·汤普森(Jack Thompson)辩论电子游戏的暴力问题,这场辩论 2007 年放上 YouTube 后,到 2012 年已吸引到 3 700 评论。

在最佳情况下,评论不仅反映了人们的心声,而且传达了博客的真实性以及对它的矫正,这正是典型的民主的、非专家推动的信息,是新新媒介的标志之一。在 Wikipedia 上,这一民主路径达到了很高的艺术水平(见第五章)。在最坏的情况下,评论也可能成为吸引注意力的诱饵,可能会玷污或颠覆网上会话(详见第九章)。在这两极之间,评论像无所不在的希腊合唱队。

纳桑尼尔·霍桑②在《七堵三角墙的房子》中塑造的人物克里佛德(Clifford)说:"凭借电力,物质世界变成了一根伟大的神经,在无声无息的时间里振动,传播到千里之遥……这是事实吗——抑或是我的梦幻?"(*The House of the Seven Gables*, 1851/1962, p. 239)彼时,克里佛德说的已然成为现实。不过,那时的情况还赶不上麦克卢汉在 1962 年的《谷登堡星汉》(*The Gutenberg Galaxy*)里描绘的"地球村"。当然就更赶不上今天的情况了。如今,霍桑和麦克卢汉的想象在数以亿计的博文里完全实现了;在任何一刻,一亿六千万篇博文上都挂着数以亿计的评论,好不热闹。

6.5 用博客作纠正的评语

我大多数的"无穷回溯"博客是政治评论或电视评论。写电视博客时,我尽量在电视剧结束后的几分钟内完成帖子,所以我的评论最大限度地吸引了读者。

但如此紧迫的时间表并非总是能确保评论的完美准确。我注意写清楚男女演员的名字,他们是否担任过要角,但有时网上找不到这样的信息,该剧的网址

---

① 夸美纽斯(Johann Amos Comenius, 1592—1670),捷克教育家、宗教领袖,提倡普及教育和"泛智论",著有《大教学论》。

② 纳桑尼尔·霍桑(Nathaniel Hawthorn, 1804—1864),美国小说家,开创美国象征小说的传统,代表作有《红字》等。

上找不到,"互联网电影数据库"(IMDB)里也找不到。

2007年12月10日,我写博客评美国在线电影(AMC)播映的《广告狂人》(*Mad Men*)第一季的第12集。那一集很好,我在博客里写道:"我喜欢的性/爱场景是哈里·克雷恩和秘书偷情的镜头,哈里像艾萨克·阿西莫夫,由里奇·索默尔(Rich Sommer)扮演。"我认为,哈里很像20世纪50年代和60年代的科幻小说家阿西莫夫(我还制作了播客《里奇·索默尔访谈录》,你可以看见索默尔和阿西莫夫在访谈录并排的相片,2007)。

再来说说网友对我的纠正。我在博文里张冠李戴,把女演员搞错了。写这篇博文时,我在IMDB和相关的网站里搜寻与哈里·索默尔演过对手戏的演员,但找不到与哈里在沙发上调情的人,只好仔细看《广告狂人》里演过秘书的女演员的照片,结果把人看错了。

最早知道弄错人是我看跟帖的评论时发现的。帖子发出约30分钟后,我看到的评论是:"保罗,我每周看你的评论。多谢美言,有助于我把意思表达清楚。非常感谢!一点重要的矫正:剧中饰演女秘书希尔迪的演员是朱莉·麦克尼文(Julie McNiven),她演得棒极了!"

评论者正是里奇·索默尔!

自此,我们通电子邮件。到那个月底,我在播客《光照射光透射》(*Light On Light Through*)里作了《里奇·索默尔访谈录》。

在博客里评论演员使人感觉很爽,而他反过来评论你的博客并与你通信,那也很酷。这种经历对我不止一次。这是一个典型的例子,说明新新媒介使人人平等。名人和名气不大的人很容易联系。此外,里奇·索默尔纠正我张冠李戴的错误,这凸显博客评语的重要作用:评语可以纠错。

原则上,世人不仅在读你的博客,而且就等在那里,做你的安全网,纠正你可能的错误。当然,并非一切评语都有用,有些可能怀有敌意。若要更新鲜,除非你的评论是电视直播,而且评论的对象是你的电话号码。

里奇·索默尔的矫正有益于我(他的评论还在网页上),我读到他的帖子就立即纠正了张冠李戴的错误,而且认识到名流评论更广泛的意义。

6.6 《火线》明星斯特林格·贝尔在Myspace上给我来信

人人都是粉丝,总有崇拜的偶像,一个人一般不止崇拜一位演员、歌星、音乐人或作家。我在博客里写了里奇·索默尔,然后收到他的信,这样的经历令人激动。我评论了一位演员以后,多次收到演员本人或家人的评语;索默尔的帖子并不是最异乎寻常、出人意料的评语。除了索默尔，我还收到莱恩·卡里欧(Len Cariou)妻子的回信(她的帖子还在我的博客主页上)和亚伦·哈特(Aaron Hart)父亲的回信(电子邮件)。我还在博文里说，很欣赏卡里欧在《兄弟帮》(Brotherhood)两季里的表演(剧中人在第二季里死去)；哈特2008年夏天在《广告狂人》的第二季里出演唐·德雷珀(Don Draper)的小兄弟。我很幸运，我评论《广告狂人》的博文两次得到演员或演员家属的回应，我喜欢《广告狂人》和《兄弟帮》。但这两种连续剧都没有达到《火线》(The Wire)那种非凡的品质，从2002年到2008年，《火线》在家庭影院(HBO)放映了五个季节。

在《火线》的顶尖演员中，斯特林格·贝尔(Stringer Bell)在他出演的三个季度(可见他在剧组里的地位不凡)中独占鳌头，他是警方缉毒队的第二把手。他上夜大，学经济，家藏亚当·斯密① 1776年版的《国富论》(The Wealth of Nations)，必要时可开杀戒，同时又担心通胀，绝非贫民窟里戒毒警中的等闲之辈。

2006年6月，我唯一的博文是偶尔在Myspace上发的《双重押韵》(Twice Upon a Rhyme)，再次以我1972年的专辑名命名，是一篇关于《火线》的评论文章。由于当时对博客知之甚少，我只提供了一个链接，把这篇博文的大意贴在"家庭影院"的《火线》社区论坛上。

几个月以后，10月底一天凌晨，我浏览Myspace上一组"朋友"的请求。时间太晚，我太困，根本就没有去想《火线》。虽然伊德瑞斯·艾尔巴(Idris Elba)的名字似乎有点熟，可以接受他的请求，但我没有看他的网页，匆匆浏览其他朋友的请求，很快就把他忘到九霄云外了。

大约一个星期以后，我接到他的电子邮件。他告诉我，他读了我评论他在《火线》里表演的帖子，谢谢我的支持，又说他注意到我搞音乐有一阵子了，想知道我对他的音乐怎么看。接着他又说，他要买我的新书《拯救苏格拉底》，那像是他喜欢读的小说。

我喜欢他的音乐，尤其他嘻哈版的《约翰尼就是这样的》(Jonhny Was)，所以我在2006年11月4日的《光照射光透射》播客里播放了一段这个曲子。几天以后，我在Myspace上又收到伊德瑞斯的信，感谢我用整篇播客评他的音乐，欣赏我以学术的眼光评论他的表演和音乐，使他的表演吸引人。他说明，他的音乐出自表演的场景，但他的音乐是他自己写的。这封信还挂在我的《光照射光透

---

① 亚当·斯密(Adam Smith，1723—1790)，英国经济学家，古典政治经济学派的代表，主张自由放任，反对重商主义和国家干预。代表作有《道德情操论》、《国富论》。

射》播客上。

我们都栖息在新新媒介的王国里。凡是看电视又用电脑的人,或用平板电脑、智能手机的人,都容易与电视剧里的明星建立联系。

6.7 博文发表后的修改

博主对博文的绝对权威不仅表现在对评语的控制上,而且表现在对博文本身的控制上,不仅表现在发帖之前,而且表现在发帖之后,只要博文还在那里,他就可以一直修改下去。

从原型意义上看,文字是不可更改的媒介。用墨水、其他化学物或染料书写时,你就在莎草纸、羊皮纸或中国纸上赋予文字生命,只要这些书写材料还在,文字就一直活着。文字当然可以划掉或抹去,但抹去的痕迹依稀可见。连擦掉纸上的铅笔字都看得出擦拭的痕迹。

印刷机使文字不可更改的性质得到强化。在罗马天主教会的压迫下,伽利略①放弃了自己的日心说观点,但表达他原创观点的几千册书并不会因为他放弃观点而改变。教会的胜利得不偿失,科学革命照样继续(详见 Levinson,1997)。

那是 17 世纪前几十年间发生的事情。到 19 世纪末,即印刷文化的维多利亚时代末,印刷文字不可移异的性质仍然有效。奥斯卡·王尔德②论著书立说的话很有名:"书籍绝不会完结,只不过是被人们抛弃而已。"(也许这句引语出自法国诗人保罗·瓦莱里③,那是他 1933 年论艺术创作和诗歌写作时说的话)无论这句话是针对书籍、诗歌或绘画说的,这里所谓的抛弃是真实的,就像离家出走抛弃亲人一样。一旦出版发行,书籍或报刊文章都不可能再由作者修改,除非他出新版,但这未必可能;除非是报纸编辑愿意做点说明,进行勘误。然而,"文字处理"来临以后,即 20 世纪末网上出版到来以后,文字难以更改的性质发生巨变(见 Levinson,1997)。在 21 世纪性新新媒介的时代,博客人可能正遭遇

---

① 伽利略(Galileo,1564—1642),意大利数学家、天文学家、物理学家,现代科学思想的奠基人之一。1632 年发表的《关于两种世界体系的对话》大力宣传哥白尼的地动说,次年被罗马教廷宗教裁判所审判并软禁八年。1983 年,罗马教廷正式宣布 300 年前的审判是错误的。

② 王尔德(Oscar Wilde,1854—1900),爱尔兰作家、诗人、戏剧家。19 世纪末英国唯美主义的代表,提倡"为艺术而艺术",著《认真的重要》《少奶奶的扇子》《道林·格雷的肖像》,晚年长诗《里丁监狱支歌》揭露了其中的非人道待遇。

③ 保罗·瓦莱里(1871—1945),法国诗人、杂文家、评论家,著有《年轻的命运女神》《幻美集》《杂文集》等。

相反的问题：博客是容易修改的，也就是说，博客绝不会真正结束；只要博主控制的网址还在，要抛弃他的博客几乎是不可能的。

新情况是这样发生的：在 20 世纪最后的 20 年里，开天辟地第一次，文字处理使作者能修改写下的文字，而且修改以后，原来的文字可以不露痕迹。电子邮件可以修改后再发出去，作者本人灵机一动时还可以再打磨手稿里的思想。

但电子邮件和交给编辑的手稿绝不是一对一的交流。手稿一旦印行，其不变性质还是和 20 世纪 80 年代一个样，和 17 世纪初语词与伽利略的书籍结缘并难以改变还是一样的。

博客使情况为之一变：发表容易，修改原来的文字也容易。最有益无害的结果是，拼写错误容易纠正，脱漏的语词也容易补上；这样的修改没有弊端，没有危害。博文发布以后，博主很容易对博文做重大的文字修改和意义修改，其结果又如何呢？

如果一两个人和少数人见过原来的博文，这样的修改不会产生问题。但如果许多人见过原文，而且许多人用各种媒介作了评论呢？

一方面，如果你修改一个许多人评论过的文本，肯定会造成混乱。如果博主 A 根据访客 B 的评论悄悄地修改了博文，那么访客 C 又应该如何理解这篇博文呢？所以，博主 A 消除混乱的办法之一是发一个补充帖，标明准确的日期，解释根据访客 B 的评论已做了修改。然而，如果博主疏忽了，或决定不做解释，那又会怎样呢？

另一方面，读过博文的人越多，作者悄悄修改却假装未改就越难。所以，初始版文本的读者能保护原文，使之不被偷偷修改骗人；访客是博主的安全网，他们可以指出错误以便让博主自己修改。如上一章里所见，Wikipedia 解决这个问题的效率很高，它提供每一次编辑的情况，而且很容易查看。

社交小组有一个功能：保障博客的真相，至少是保障其准确性。这是相互制衡的机制，对一切新新媒介及其用户都有好处。

6.8 长期的博客效应与相互联系

博文发出维持了几个月甚至几年以后，就获得了另一种自我推销的功能。博主跟踪他网上的博文，调整那个原始帖的链接，以利用链接通向新的评论。

试举一例。2007 年 8 月，我写了一篇简短的博文，对想学写作的人提出四点忠告。这个帖子吸引了许多读者（博主可以每天甚至更频繁地跟踪读者的人数，见本章 6.13 节"测算你博客的访客数"）。几个月以后，我开始上传播客《询问莱文森》,每集三五分钟,讲写作经验。2007 年 8 月那张原始帖发出几个月以后,一位读者来电子邮件说,他没有搜寻到我那篇博文《我的四条金科玉律:学习写作的最佳途径》(My Four Rules: The Best You Can Do to Make It as a Writer),却发现了我的播客《询问莱文森》,他的问题就这样解决了。

于是,改进我那篇《四条金科玉律》博文的第一个念头涌上心头:我把那篇博文链接到我的播客《询问莱文森》上,因为读我博文的人可能对我的播客也会感兴趣。当然,我写那个原始帖子时,将它与其他帖子链接的念头也可能会产生的。但任何博文无穷完善的可能性使我能几个月以后回头去加上新的链接。

故事还在继续:2007 年 12 月,我制作了一集《光照射光透射》播客,请斯坦利·施密特(Stanley Schmidt)博士接受我的访谈,他是顶尖的科幻小说杂志《类比》(*Analog Magazine of Science Fiction and Fact*)的编辑。这集播客吸引了很多听众包括该杂志的在线听众,并成为该网站讨论的话题。我当然很高兴看看这些在线讨论,2008 年 10 月,我注意到有人说,访谈最好的部分之一是我给初学写作者的忠告,那些忠告对他们在《类比》上发文章有所帮助(顺便补充:2007 年的《四条金科玉律》博文的 URL 可见本书"参考文献",如果你想出书的话)。

你能看到这样的链接走向哪里:你不再只看到自己的博客,而是把整个互联网当作推销自己博客的联盟,你就进入了另一个境界,你的文字不再退化,而是与时俱进,因为你吸引四面八方越来越多的读者。关键是,虽然博客是独自一人的操作过程,但其推广过程自然是社交过程,互联网容易链接的特征有助于你的博客大获成功。

当然,如果你对吸引很多读者不感兴趣,甚至没有兴趣去吸引任何人,你总是可以维持博客的私密色彩,只允许满足你标准的读者进入。这使你的博客失去了新新媒介的许多社交好处,但博客最显著的原理是:博主完全掌握着自己的在线博文(拥有博客平台的组织除外)。

一般地说,博客是个继续不断的创造成果。然而有的时候,写博客可以成为团队的活动。

6.9 博客团队

Wikipedia 上的词条或文章是人人参与编辑的,凡是想要自己的帖子对其他博客人开放的博主,Wikipedia 都是一种选择。这样的小组集体编写方式也能说明,读者成为其所读文本的作者。

传统上,写作一直是个人的事情,通常也是个人的活动,与谈话构成鲜明的对比。一般地说,谈话需要两个或两个以上的人(可以说,自言自语并非真正的谈话,因为人际交流没有发生,除非有人偷听到;但如果是那样,你就不再只对自己说话了)。可见,博客团队的出现进一步侵蚀了写作与说话的差异,这一差异的消融始于文字处理的到来。文字处理使写话几乎和说话一样容易,有时使写话更有效,因为靠数字技术修改的文字几乎不留下原文的痕迹,相比而言,听者能记住别人说话的错误。

但团队写作至少有一个不利因素:与讲话不同每个人的声音是可以分辨的(即使不知道是谁的声音);而书面词没有任何与作者保持固有联系的纽带。Wikipedia 解决这个问题的办法是:提供每一篇文章的"历史",每一次的编辑都有清楚的标示。通常,团队撰写的博文不那么精致,常常只不过罗列出曾经参与撰写或编辑该帖的人。

团队写作的主要优点是增加博客的知识总量。比如,2008 年 12 月,我开了题名为"高雅饮食品味"(Educated Tastes)的博客,谈食物、饮料、餐馆、食谱和食品杂货。因为我的饮食知识多半与消费有关,所以我可以选择把烹饪方法排除在外,或者另请高手写烹饪法。因为我的妻子既会写作,又会烧菜,所以我就请她加盟。

无论是写博客、歌曲或剧本,都需要考虑合作的因素。如果贡献良多,不感到受挫,不觉得享受共同的创造受到控制,那就值得一试。

6.10 写博客赚钱

互联网的商业实质是免费。2005 年,大卫·卡尔(David Carr)在《纽约时报》撰文说,"只有傻瓜才花钱买内容"。这句话至今有道理,而且更有道理,因为《纽约时报》之类的报纸把更多的内容放到互联网上了(躲在"收费墙"后)。《纽约时报》上网的目的一是抵消发行量(纸质版)下降的损失和广告的减少(本章稍后讨论)。然而,完全免费的《每日科斯博报》、《赫芬顿邮报》等网站并不等于说,你不能靠博客赚钱。

兹介绍五种靠博客赚钱的方式:

(1) Google AdSense

Google AdSense(谷歌广告圣)是个人通过博客盈利的老祖宗。你签约,分到一个"密码"去创建你的博客,就开始经商了。文本、图像、视频广告都在你的博客里亮相,广告的多少、经营的商品、广告的位置都由你决定。创建这样的博客很容易,远不如撰写博文费力。

这是好消息。不太好的消息是,你不大可能赚多少钱,不仅不可能挣钱养老、谋生,甚至挣钱每月在纽约美餐一顿也不可能。如果每天有 500—1 000 位访客,你每月从 Google AdSence 赚的钱只不过有 10 美元,它根据点击和印象付钱。换句话说,计算报酬的根据是网民点击和观看广告的次数(印象)。和其他许多网上广告服务一样,只有你的广告收益超过最低限度时,Google AdSense 才付款,它的底线是 100 美元。

你会发现,某些类型的广告更有吸引力,它们一般和你所论科目相关,因而能吸引更多的点击,与你的帖子不相关的广告决不能与其相比。如果有与你所论题材有关联的广告,Google AdSense 会自动上你的帖子。遗憾的是,这样的挑选过程只针对帖子所论的题材,可能会忽视你博客的调子或观点。2008 年总统竞选期间,我批评总统候选人约翰·麦凯恩(John McCain)的一篇博文吸引了 Google 支持麦凯恩的广告。如果这样的广告对反对共和党的博主是不可接受的,Google AdSense 就会过滤博主标明的不受欢迎的广告。2012 年共和党人米特·罗姆尼竞选时 Google AdSense 也有类似的表现。如果反对共和党的博主不接受这样的广告,Google AdSense 提供的过滤手段能挡住博主不受欢迎的广告。然而,除非你在设置广告密码时就表明了哪些广告不受欢迎,否则它们还是会被放上你的博客。如果我不是那样忙,我会设置过滤机制,排除与我的政治观点相反的广告,然后才写博客。有偿博客的要求相对高,你得忠于自己的目标。这需要细心呵护,就像培植花草,方能控制杂草的影响,即那些你不想在自己的博客里看见的广告。

你会发现,视频和图像广告比文字广告吸引更多的点击。广告摆放的位置也可能增加你的收入。置于博客顶部的文字广告比工具条上的图像广告和视频广告更吸引人。但置于顶部的广告比工具条上的广告具有更多的商业色彩。所以,博主就有一个选择,哪一点更重要:博客更重要还是赚钱更重要?当然,如果你想要你的博客尽可能商业化,你的选择是显而易见的。

关键问题是,在一切情况下,你都要完全控制自己博客上的各种广告(文字、图像、视频),完全控制广告所放的位置,你要在一定程度上控制广告的类别。你可以在试验中学习,什么样的组合看起来最佳、挣钱最多。

(2) Amazon 广告

Amazon 联营会员(Amazon Associates)是另一种路径。你为 Amazon 的图书等商品打广告,如有人点击广告、购买商品,每一次的点击和购买都给你带来一定的收益。2012 年 1 月,博客人的收益是:前 6 次销售是收益的 4%,7 次以上销售的收益增至 6%,33 次以上销售的收益增至 6.5%,以此类推。我以作家的身份发现,在我的博客里打 Amazon 广告推销我自己的著作很有价值。加盟 Amazon 挣钱的一般指针是,任何人都可以打 Amazon 的图书广告,他不必是作家,只要博主愿意到 Amazon 网上去搜寻什么书与他的帖子相关,他就可以打 Amazon 的广告。

比如,在评论电视剧《迷失》表现时间旅行的那一集时,我不仅在 blogging 上打广告推销我自己的书《拯救苏格拉底》,因为书中有时间旅行的内容,而且还推销时间旅行的经典比如艾萨克·阿西莫夫的《永久的终结》(*The End of Eternity*)和罗伯特·海因莱因(Robert Heinlein)的《通向夏季之门》(*The Door into Summer*)。

Amazon 经营的范围远远超越书籍,所以你可以用 Amazon 联营会员的身份在你的网址上推销很多产品。比如,如果你的博客讲的是食品,你就可以经营 Amazon 的食品、饮料、餐具等广告。

CafePress 定制服务公司的经营与 Amazon 联营会员类似。你设计一个可以放在咖啡杯、T 恤等商品上的标识,在你的博客上推销。有人订购你的标识时,CafePress 公司就为你提供定制服务,而你并不花钱。由 CafePress 定价,你在博客上的报价略高,从中得到佣金。如果你的标识是推荐你自己的博客,你就不仅得到佣金,还宣传了你的博客。

与 Amazon 联营会员不同的是,如果你要为 CafePress 设计吸引人的标识,你就必须具备所需的才干,或者雇人设计。而 Amazon 的情况却大不一样,它为你的博客提供图书的封面和一切相关的产品。

(3) 付费评论广告

接受 Google AdSense 和 Amazon 联营会员的广告时,你的博文一点也不会被修改,广告可以放在博文的顶部、底部、两侧或中间,由你选择。PayPerPost 等按贴付费的评论广告的经营则与之不同,它给你提供了另一种靠博客挣钱的路径。你写评论帖子,它付费,题材由它提供。

PayPerPost 付费的标准在 5—500 美元,甚至更多,你应客户要求写博文。你得到的报酬主要靠你博文受欢迎的程度,依据广告商预期你的博文访客的数量。

这种赚钱方式的最大优势是你手里看得见的博客收入。2006 年,在 PayPerPost 公司领先的高手赚了 10 000 多美元,他们按照客户要求写博文打广告。每年进账数百美元相当容易,比 Google AdSense 容易挣钱。

这种博客赚钱的不利之处是,你可能受诱惑去写原本不想写的博文。这可能会伤害新新媒介和博客原本的好处:你写自己想写的东西,没有守门人赞同或反对你所写的内容。最佳的路线就是：你评论的是你了解并喜欢的产品。但这也有难处：虽然你认为某一产品仅仅是过得去而不是特别好,你愿意放弃 500 美元而不去写一篇强力推荐它的博文吗？

对读者诚实的原则还可能与这种博客赚钱的方式产生冲突。PayPerPost 坚持一个标准的运作程序：它委托的一切付费博文都必须清楚标明是 PayPerPost 购买的。为进一步保险,它对每一位以博客赚钱的人有另一个要求：每写一篇赚钱博文都必须再写一篇不署名的博文,以便让读者知道,赚钱的博文是受雇的博文。另一些"写博客赚钱"的组织有另一种想法,那就是正确地推论,如果读者认为,博文出自博客人的脑子和内心,而不是来自广告商的支票,读者会更加严肃地对待那些博文。实际上,连 PayPerPost 公司也提供一些"不泄露"的机会,限定条件是：它不赞同这种路径,只是愿意在广告商与博主之间担任掮客。

另一个相关的问题可能由博文的"一般题材"（general topic）引发。正面评论你看过且喜欢的电影和你想要看的电影是一回事。但接受 PayPerPost 指派就政治或社会问题写博文,而且你代表所论问题或候选人去写博文,那又怎么样呢？即使你赞成所论的问题,即使你赞成所论的问题,但如果其他方面没有标示时,你接受这样的政治委托就会使读者连你那些不赚钱的博文也怀疑。如果你想要读者 100% 地相信,你博文里的政治分析 100% 是你自己的观点,最保险的办法还是避免写任何 PayPerPost 之类的付费政治评论和社会评论博文（见本章 6.17 节"博主与说客"）。

（4）PayPal 捐款

你可以设计一个 PayPal 捐赠小配件比如一个数码捐赠缸,贴在你的博客上,或其中一个帖子上。PayPal 是网上银行服务系统,接受用户的付款,包括 PayPal 户头的付款和传统的信用卡付款；同时,它又可以向其用户支付款项。PayPal 的用户可以从自己的 PayPal 户头向传统的银行账号转账。

一个 PayPal 捐赠键能为一个博客挣多少钱呢？2007 年,肖恩·法雷尔（Shaun Farrell）为我的小说《丝绸密码》（*The Silk Code*）作了一本播客书,这个例子能给人启示。这种播客书是有声读物,贴上 podiobook.com,免费下载,每周一集（详见本书第八章"地位稍次的新新媒介"）。2007 年,《丝绸密码》在播客书网的下载率进入前 20 名（准确排名未披露）。1 000 人下载了全书或一部分。法雷尔从他博客主页上的 PayPal 捐赠箱得到的报酬是 100 美元。

但播客书不是典型的博客,因为它诉求的对象是可能买播客书的人,所以付给作者的捐赠（这里是朗诵者法雷尔）有道理。相比之下,其他的博客人告诉我,他们每年从捐赠缸得到几美元也算是幸运的了。

(5) 直接卖广告挣钱

第五种写博客赚钱的方式是利用最古老的广告,这种广告比新新媒介早几百年。你可以接受广告,将其放在你的博客里,由广告商直接向你付费。这样赚的钱远远超过用 Google AdSense 赚的钱,你可以根据市场的承受力给自己的博客广告定价,定价的依据是你博客的访客数。但由于不通过 Google AdSense 中间人而直接卖广告,你必须付出的代价是自己去找广告商,或者让广告商找上门。

这种广告的历史回溯到报纸出现的 16 世纪、17 世纪和 18 世纪,那时的广告是"大单张",经历了一个演变过程:起初,印刷商收到欧洲君主的补贴和支持,特别幸运的印刷商被命名为"王室印刷所"。但君主期待印刷商印制有利于王室的故事,最后,有些出版商就觉得这种安排令人不舒服了。

满载新世界商品的船舶给货主找到了另一个打广告的办法。实际上,这个办法为民主提供了经济基础。商人向印刷商付钱,印刷商宣告商人的商品,这就是今天所谓的"广告"。除了印制这些通告之外,印刷商可以排印他们喜欢的任何东西。如此,印刷商就获得了经济上的自由,摆脱了王室钱袋子的束缚和政治的缰绳。这种新的经济关系首先在英格兰运转良好,接着在美国效果亦佳。美国人制定的宪法《第一修正案》就可以确保,即使在民主制度下,政府也不得控制出版业(在 2005 年的《捍卫第一修正案》里,我详细地阐明,我们并未始终坚持该法案,见本章 6.16 节;关于广告的出现及其政治影响,又见 Levinson,"The Soft Edge",1997)。

在广告的共生关系里,商人得到宣传,印刷商得到金钱,双方都是受益者。这一共生关系成了美国媒体的基岩,延续到广播电视时代。与报纸相比,广播电视又迈出一大步,免费为听收音机和看电视的人提供节目内容,消费者只付钱买收视设备收音机和电视机,得到免费的节目。电台和电视台及其网络用免费节目吸引消费者,它们向广告商出售播放时间和受众人数。因此可以说,虽然博文像报纸文章,但它更像传统的广播媒介,因为它免费。新新媒介内容的标志之一是对消费者免费,但这一特点并不始于新新媒介,而是始于广播媒介。具有讽刺意味的是,虽然免费的广播、电视继续兴旺,但在过去的十年间,"青少年听广播的事件减少了一半,他们越来越沉迷于互联网、手机和电子游戏"(但 Lieberman 2011 年指出广播媒介 2009 年至 2011 年的短暂"复兴")。收看网络电视的观众断断续续减少,收费的有线电视和免费的新新媒介吸引了一部分受众(美联社,2008;关于 2011 年至 2012 年电视机拥有量的减少见 Hibberd,2011)。

在一切典型的付费广告中,广告的收费标准是以千人次计算的——多少个

"千人"收看或收听了广告。电视的生死命运依靠尼尔森报告收视率。收视率的基础是有效收视样本的统计数字。与其相比,博客这种免费的新新媒介直接计算访客点击率,而不是样本(见本章6.13节"测算博客的访问量人数")。

博客还提供机会,使广告费的计算精准,印刷媒介和广播媒介不可能精准,因为博客的受众不仅能够看到广告,而且能点击广告并买下商品。博主从销售中分享一定比例的收益。观看并点击广告而不是买商品的可能性被Google AdSense用作支付报酬的标准之一,上文第一种博客赚钱的方式已提到这一标准。

电视、广播和报纸用定额分摊(flat rates)的办法收广告费,依据是观看或收听广告的人数(每千人的收费公式)。相比而言,虽然博客广告也可以按定额分摊的计算方式直接向广告商收费,但博主还可以按照印象数、点击数或实际购买的次数来收费。如果收费方式是定额分摊或印象人数,而不是购买次数或点击数——这些数字是广告商能够记录在案的,那么,计算博客的访客数就成了关键问题(见本章"测算"那一节)。

以上是五种用博客赚钱的方式:Google AdSense、Amazon广告、付费评论广告、PayPal捐赠和直接卖广告挣钱。这五种方式只适用于博主完全掌握的博客。在本章6.20节"为他人写博客"里,我们将考察为他人写作博客获利的方式。但首先让我们再详细看看:用博客赚钱在一定程度上可能与博客的交流理想和民主化理想不那么兼容。

6.11 用博客赚钱与博主的理想不能兼容吗?

在博客世界,并非每个人都对通过博客赚钱感到高兴。《娱乐周刊》的创办者和著名的蜂鸣器博客网(Buzzmachine blog)的创建人杰弗·贾韦斯(Jeff Jarvis)就指出,他认为,付费评论广告的模式有这样的问题:"广告商购买博主的声音,一旦买下其声音,他们就拥有其声音。"(Friedman,2007)

"为了美国的未来"(Campaign for America's Future)运动的资深人士大卫·西罗塔(David Sirota)认为,博客广告有另一种危害。当选总统奥巴马2008年12月7日在"与媒体见面"(Meet the Press)的节目里露面,乔纳森·马丁在政治博客网(Politico.com)对此作了报道。西罗塔批评马丁的博报。他认为,奥巴马正在从他竞选时承诺的税收政策和伊拉克政策上"后退"(马丁语),他的结论是:"我不会链接马丁的报道,因为该博客为这一彻头彻尾的谎言编造的全部理由都是为了让人们链接他的报道,增加浏览量,借以增加广告收入。"(Sirota,

2008)

贾韦斯认为,用博客赚钱就是把广告商要说的话塞进博主的嘴里,又通过其手指敲打成博文。西罗塔认为,增加读者人数的欲望就是为了增加广告收入,导致博主写"彻头彻尾的谎言"。

两种担心可能都有道理。但让我们把媒体对金钱追求放进历史语境中去看。首先,广告为什么并如何成为媒体收入的来源?如果有危害,广告对自由的媒体造成了什么危害呢?

我们在上一节里看到,报纸采用广告首先是将其作为一种手段,使报纸能在经济上和政治上摆脱欧洲君主的控制。就我们所知,从历史来看,报纸和所有的媒体有三种收入来源。

第一种收入来源是政府资助,其后果总是变成政府对媒体的控制。无论苏联的《真理报》(*Pravda*)、英国的 BBC 或几百年前英王亨利八世统治下的媒体。政府的拨款总是使媒体成为政府的喉舌。在极权主义的社会里,这没有多大关系,因为一切都是政府控制的。而在民主社会里,政府对媒体的控制会削弱民主,因为这妨碍媒体批评政府,使之难以向人民报告政府的错误。仅举一例,在福克兰战争中,英国政府就控制并审查 BBC 的战况报道(详见 Levinson,1997)。实际上,民主之所以能在英国兴起和发展,原因之一就是印刷商能摆脱王室的控制。托马斯·杰斐逊(Thomas Jefferson)、詹姆斯·麦迪逊(James Madison)和詹姆斯·门罗(James Monroe)总统理解自由新闻界在民主社会里的重要作用,所以他们坚守我们的《第一修正案》,保证新媒介不受政府指令的控制。

媒介的第二种收入来源是让公众购买或租赁媒介。买报纸、杂志、书籍、DVD、CD 和电影票(一种租赁形式)是许多媒介获得收入的可靠来源。但近年来,这一方式对报纸不灵了。《纽约时报》卖一份就亏一份,《乡村之声》干脆就放弃收费,已经免费发行十年了。报纸之所以这样维持,那是因为它们想要尽可能维持读者的人数,以便吸引广告收入。

此外但或许最重要的是,如果阅读博客收费,那就深深伤害了博客向公众免费的理想,也总体上伤害新新媒介免费的理想,收费对博客的伤害胜过博客广告造成的伤害。《纽约时报》网络版躲到"收费墙"背后,但报纸网络版不是博客,也不是新新媒介,收费旧媒介特征的延续。媒介通关网站(Media Pass)允许容易通过的收费墙,但其客户如"幼儿交友网"(Social Toddlers)和"魔幻媒介网"(Wizzard Media)是推销技术诀窍的商务网,而不是博客。

至此,我们自然就过渡到媒介数百年来的第三种收入来源:广告。在柏拉图式的理想世界里,也许我们不需要广告,既不需要博客,也不需要报纸杂志之类的旧媒介。独立的富人写博客,动机最高尚,按照他们目睹的真相写,不取分文,既不玷污其真相,也不玷污其外观。然而,我们并不是生活在这样的理想王国里,而是生活在我们真实的世界里,博主和一切人都必须吃喝。我喜欢教书,但我绝不会梦想不取报酬,因为我必须要支付按揭、电费。

具体地说,付费评论广告或博客广告对博客本身造成的伤害有什么证据吗?西罗塔那个批评的帖子题名为"政治博客网上的杰森·布莱尔(Jayson Blair)",是根据臭名昭著的《纽约时报》记者杰森·布莱尔的编造和剽窃撰写的(Levinson, "Interview about Jayson Blair", 2003)。无意之间,他的批评清楚说明了一个重要的事实:"记录事实"的《纽约时报》受杰森·布莱尔"彻头彻尾谎言"的折磨。难道那是因为《纽约时报》追求广告收入吗?

更加恰当的解释是,广告与错误报道没有因果关系,造假来自人性的弱点,所有人包括记者都有这样的弱点(不过,广告的弱点也有,据报道,《纽约邮报》老板多萝西·希弗[Dorothy Schiff]就因为广告商的反对而枪毙了一篇报道,见Nissenson, 2007)。也没有证据表明,付费评论博客用谎言欺骗了公众。如果一个帖子清楚标示是为他人所写,而它前后的博文都清楚标示为自己所写,读者把这篇收费博文当作博主本人"声音"的可能性并不大,正如报纸读者不会把广告与社论混淆起来一样。

6.12 用图像、视频和小配件装点你的博客:Photobucket、Instagram、Flickr 和 Pintcrest 等图片分享网站

博客广告的形式有文本、图像和视频。Amazon 书店附带图书的图像,Google AdSense 提供的选择有文本、图像和视频,前已介绍。但博主也可以用图像和视频,以显得更有趣、生动和好看,目的可能是用插图去吸引读者,而不是想用广告去挣钱。

许多博客平台(见本章 6.14 节"不同的博客平台")允许博客人上传图像和视频。博客人还可以用 YouTube 上设置的密码去嵌入视频。

Photobucket 相簿也是免费上传图像的平台。每一个上传的图像都生成一个 HTML 密码,你可以在博客上改变图像的大小和位置,把图像放在左边或右边,也可以把图像放在中间,文字放在四周。图像的密码里也容易植入链接,读者点击图像时,自然就接入链接的网页。Amazon 和 Google 的广告就是这样工作的。

Instagram 相当新（2010 年 10 月问世），起初的宗旨是促进 iPhone 手机和 iPad 平板电脑的照片共享，2012 年 4 月被 Facebook 收购。各种网站（dot.com）在新新媒介理真是欣欣向荣啊。

Flickr 相簿不仅介绍图像，而且实际上是一个照片博客平台，对应 YouTube 的视频平台。Flickr 吸引人观看，而且提供植入博客的服务。Photobucket 和 Instagram 也是照片分享平台。第三章提及的"Twitter 照片"（Twitpic）和 yfrog 照片分享软件也是图像平台，旨在促进 Twitter 的运行，上面储存的图片也可以用于博客。

Pinterest 使人很容易捕捉互联网上的图片和视频图像，并将其置于个人网页上，供其他用户评论。Pinterest 图片也可以从电脑上传到博客里，用 Twitter 发送，链接到 Facebook 页上。Techcrunch 公司将 Pinterest 称为"2011 年最佳新网站"（Constine, 2012；MarketingProfs, 2012），2012 年 2 月，它的 Alexa 排名为第 88 位。边卡·伯斯卡（Bianca Bosker）2011 年在《赫芬顿邮报》撰文称，Pinterest 的成功在于重新以物象（我们喜欢的图像）为焦点，而不是以报告我们正在做的事情（用 Twitter、Facebook、Foursquare）为重点，这是逆新新媒介的潮流而动。如果真是这样，Pinterest 特别值得我们进一步观察。

平台上的微件（Widgets）使任何博文、视频和链接都容易整合进博客或网页。微件与"按钮"不同，"按钮"一般只完成一个链接，微件提供多种链接。比如，Facebook 和 Twitter 提供的"按钮"（buttons）和"标记"（badges）使读者链接网友的专页。Amazon 和微博提供微件，使读者能链接到许多网页上。

不仅 Amazon 之类的公司提供微件，以帮助你的博客读者和网页读者看到这些公司的产品（你从读者的购物中得到一定比例的报酬，见上文"用博客赚钱"）；而且，不出售任何东西的网络和组织也提供微件。Twitter 的微件使你的读者看到 Twitter、某些人或每个人在 Twitter 上人气的排名。在所有这些情况下，微件都是免费的。实际上，它们像网络上的积木块，在你的网页上出现，给你提供一捆其他网站的链接。

微件链接与静态链接不同。区别之一是，微件链接有变化，有"活力"，随着微件的目的而变化。Amazon 为其产品提供微件，其链接不断更新，读者可以看到网页上基于内容的博文。举例来说，如果我写一篇电视剧（*Dexter*）的评论，我的 Amazon 微件就会显示同名的小说以及前几集电视剧的 DVD 光盘。谷歌广告圣的运作原理与此相同。Twitter 的微件时常更新，以显示最新的博文。我还有政治博客网的微件，提供这个微件的组织叫 Widget Box（微件箱子）。这个大箱子提供了第三条路径，其链接展示重要标题，根据语义来决定受读者欢迎的程度,显示这个大箱子里的"政治"小箱子里的帖子(其他小箱子有电视、科学等)。Widget Box 还提供一个微件,以更新你的博文;这很有用。如果你不止有一个博客网址,又想要吸引读者在这些网址间来回切换,你就可以让朋友把你的微件放在它们的博客和网页上,这个微件就很有用。博客地(Blogspot)之类的博客平台也提供许多微件,其中一个很像微博的微件,它罗列并链接你从其他博客上收罗的最新帖子。它们进入你的"博客卷"(blogroll)。

注意,即使你的博客不展示广告,"微件箱子"收录的博客都可以展示 Google AdSense 或任何广告。如果你不仅讨厌用博客赚钱,而且对互联网上任何辅助收入生成的手段过敏,你挑选微件就得特别小心。

6.13 测算博客的访问量:流量、Alexa 排名和 Klout 影响力排名

除非你写博客纯粹是为了好玩,而这正是大多数写手的动机,否则会你就可能会对多少人读你的博客感兴趣,就想知道衡量你的博客受欢迎程度的统计数字。

Statcounter 和 SiteMeter 等监测机构可以提供阅读你博客的浏览人数,包括造访总人数、所读页码、读者来自何方(国家、网址等)、逗留时间、去了何方(点击了什么链接)等数据。这些基本服务免费,但对大群访客的分析是要收费的。

Technorati(著名博客搜索引擎)用另一种方式测量博客人受欢迎的程度:多少其他博客友情链接到你的博客上。此外,这个引擎关注与你的博客链接的一切博客的动向。与 10 位各有 100 个友情链接的博客链接使人印象深刻,与 100 位各有 5 个友情链接的博客链接却算不上受欢迎。在前一种情况下,读到你博客的人数可能会超过第二种情况下的人数。

Alexa 世界网站排名公司用另一种补充性路径,根据基于读者人数、链接和增长速度的公式给博客排名。Google PageRank(谷歌网页排名)的功能类似,但评估的周期比较长。这两种排名系统都对自己的算法保密,以挫败不择手段的博主和网站篡改或"玩弄"其数据,防止他们博取更高的排位。

如此数据"博弈"亦见于其他排名系统发布的排行榜中。我们将在第八章里检视 Reddit 和 Digg。它们确定登上首页的文章、图像和视频,依据是读者提交的"挖掘"帖子和"埋葬"帖子所作的评判。这些系统很容易受博弈的影响,因为有的用户试图使这一排名数字膨胀,为自己喜欢的文章投票。

Klout 影响力排名网站是新新媒介里的新兵(创建于 2009 年 9 月),2011 年

年底有一亿用户。它测算的不是博客的声望和影响力,而是博主的声望和影响力,综合整理博客人在 Twitter、Facebook、Google +、YouTube、Foursquare、LinkedIn、Flickr、Tumblr(见下一节"博客平台")和 Last. fm(音乐网站)上的影响力。测算的依据是 Twitter 上的回帖以及 Facebook、Google +、YouTube、博客网站上的评论等。Klout 影响力得高分的人有小小的"补贴"(perks)(我得到的奖励有免费的地铁三明治和 LeftLane 运动用品商店的折扣)。由于 Klout 跟踪许多不同的系统,所以它不容易受到博弈的影响。

6.14 不同的博客平台

我的"无穷回溯"博客以 Google 的"博客地"(Blogspot)为平台。除了免费的优点之外,Blogspot 还提供各种各样的模块(决定博客的外观——颜色、放置的地方、工具条的位置等),使你能输入并设计自己的模块。这个 Blogspot 平台还对评语进行控制,有新评语时会发布通知,以及 CAPTCHA 验证码之类的操作工具。Blogspot 还允许多面手作家的多种博客,全都免费。

Blogspot 的主要(也许还是最重要的)特色是,博主能获得一个 HTML 密码,这个密码决定博客的外观和感觉,容易插入统计数字、小饰品等,如上文所示。

"文字博客"(Wordpress)网站(2003 年问世)就像 Blogspot,有多种特色,免费。Amazon 等网站还提供免费的博客空间,但不提供 HTML 密码,博主对博客的控制力也小得多。

频谱另一端的博客平台也有许多类似 Blogspot 的特色,但不免费。"活字簿"(Typepad,2003 年问世)的收费标准是每月 8.95 美元(基本收费)和 29.95 美元(商业服务)。与 Blogspot 相比,"活字簿"的主要优点是外观更鲜明(假定你喜欢),这一特色与统计数据和其他特色打包服务。"活字版"(Movable Type,2001 年问世)的非商务服务是免费的(你的网址上没有广告,你不用广告谋利),商务活动的收费是每年数百美元。"组群日记"(LiveJournal)的基本 blogging 账号免费,但增加图像储存功能的"升级版"每月收费 19.95 美元(Typepad、Movable Type 和 LiveJournal 的东家都是"六度网络"[Six Apart])。

近年的免费平台有 Tumblr(2007 年问世)和 Posterous(2008 年问世,2012 年被 Twitter 收购),其特点是更容易整合有互联网 URL 的一切视频、图像等东西。Tumblr 特别向简短的体育博客开放,成为介于 Twitter 与 Blogspot 之间的平台,在智能手机上粘帖子比在 Blogspot 上快。

最后,如果挣钱不是目的,你挑选的博客平台多半是这样决定的:你觉得最吸引人的平台,或者形象上与你的宗旨最相符的平台。对我这样舍不得花钱、有时啰唆的作家来说,免费的 Blogspot 是难以抗拒的诱惑。我喜欢它的总体外观,喜欢它让我能在上面雕琢和控制博客的功能。但如果你喜欢短期的爆发,却又想要帖子停留的时间比 Twitter 的时间长,那就要选择 Tumblr,或者同时选择 Blogspot 和 Tumblr,并且把两个平台联系起来。

6.15 博客人像旧媒体的新闻记者一样有权享受《第一修正案》的保护吗?

写博客既可能是正经的活动,还可能涉及伦理问题,已如前述。而且,在政治和社会影响上,在与旧媒体比如报纸和电视的关系上,写博客都可能是严肃的事情。在这一节和本章的其余各节里,我们将考虑诸如此类的问题,先说博客人是否受《第一修正案》保护,不受政府干涉的问题。

在 20 世纪里,在《第一修正案》和新闻自由的问题上,最高法院一般站在报纸和印刷媒介一边。在《纽约时报》诉沙利文(*New York Times v. Sullivan*)(1964)一案中,最高法院严格限制了对报纸侮蔑和诽谤的控告。在《纽约时报》诉美国政府(*New York Times v. the United Utates*)(1964)一案中,最高法院阻止了尼克松政府不让五角大楼文件发表的企图(详见 Tedford, 1985 对这些案子的介绍,又见 Levinson, *The Flouting of the First Amendment*, 2005)。

广播新闻这一旧媒介的运气却不如报纸好。在红狮广播公司诉联邦通讯委员会(*Red Lion v. Federal Communications Commission*)(1969)一案中,最高法院的裁决是,因为与印刷媒介的数量相比,广播公司的数量自然比较少,所以适合在频道分配上有一席之地的广播电台是有限的,因此,广播电视都必须给对立的政治观点"相等的时间"(即所谓"公平原则")。但另一个案子是一个社会讽刺问题,而不是刚性的新闻报道问题:在联邦通讯委员会诉太平洋基金(*Federal Communications Commission v. Pacifica Foudation*)(1979)一案中,最高法院的裁决是,联邦通讯委员会有权告诉广播电台,不要播喜剧演员乔治·加尔林(George Carlin)常用的"七个脏词",理由是:收听者是凑巧听到那些令人反感的广播,不像买《花花公子》(*Playboy*)和《阁楼》(*Penthouse*),那种行为是消费者自己刻意的决定。

新媒介和报纸之类的旧媒介得到最高法院的认可,在司法部长珍妮特·里诺(Janet Reno)诉美国公民自由联盟(*Reno v. American Civil Liberties Union*)

(1997)一案中,和司法部长里诺试图用《联邦传播风化法》惩治乔·谢伊(Joe Shea),指控他在网络版杂志里用有伤风化的"语言"(批评国会通过这一法案)。最高法院裁决里诺败诉并指出,里诺的控诉有违保护新闻自由的《第一修正案》。最高法院的裁决给予新媒介和报纸之类的旧媒介有力的支持(详见Levinson,1997)。这一裁决实际上认为,网络版杂志更像报纸而不是像广播电视。

那么,新新媒介比如博客又该不该受《第一修正案》的保护呢?

在这里,围绕政府对一个新闻领域进行压制的问题上,一直在进行拉锯战,这个领域即各种保护法也许不在《第一修正案》适用的范围之内。保护法允许记者不被迫向公诉人和法庭透露消息来源,但政府并不涉及出版权力本身。在布兰斯堡诉黑斯(*Branzburg v. Hayes*)(1972)一案中,最高法院的裁决是,《第一修正案》不赋予记者拒绝作证或披露信息来源的权利,但国会和法院可以制定法律给予记者这样的权利。主张制定保护法的人声称,没有这样的保护法,记者就不能从事自己的工作,因为提供情况者不能依靠记者不透露他们身份的保证。我赞同这一观点。《今日美国》和《纽约时报》的记者朱迪丝·米勒(Judith Miller)在瓦莱里·普莱姆(Valerie Plame)的中央情报局特工身份泄密案中,她拒绝透露消息来源,并因此而下狱。我说:"囚禁保护消息来源的记者包括有错误的记者,那是不对的。"(Levinson,quoted in Johson,2005)2005年10月19日,在联邦参议院司法委员会有关记者保护法的听证会上,米勒引述了我的评论。

那时没有联邦保护法令,迄今亦无。联邦检察官帕特里克·费茨杰拉德(Partrick Fitzgerald)控诉米勒,能使法庭判决米勒入狱,其原因就在这里。36个州及哥伦比亚特区制定了保护法,但这些保护法应该保护博客人或写博客的记者吗?

2008年12月6日,朱迪丝·米勒在"福克斯新闻观察"中披露,2008年世界各地被逮捕的记者中,网络记者的人数首次超过了印刷媒体的记者。

2006—2007年,旧金山的乔希·沃尔夫(Josh Wolf)因其视频blogging而获罪入狱。这说明,对某些人而言,"写博客的记者"(journalists who blog)一语自相矛盾。2005年7月,他用录像机抓拍的旧金山示威,示威者抗议正在苏格兰举行的G8峰会。他把一部分录像带送交当地电视台播出,其余一些剪辑放进他自己的博客。警官彼得·希尔兹(Peter Shields)被袭,颅骨受伤,但那是在另一个地方,沃尔夫并没有拍摄那一幕。当局要沃尔夫上缴录像带,他拒绝,由此而被捕入狱。联邦检察官凯文·赖安(Kevin Ryan)指控说:"沃尔夫仅仅是一位手握摄像机的人,他凑巧拍摄了一些公共事件。"地方法院法官威廉·阿尔苏普

（William Alsup）显然持相同观点，他把沃尔夫说成是"自封的记者"。相反，沃尔夫的律师马丁·加伯斯（Martin Garbus）坚定捍卫《第一修正案》，他说，"我的界定是，记者就是把新闻带给公众的人"（见 Kurtz,2007）。

沃尔夫 2007 年 4 月获释时已坐牢八个月，检察官不再坚持他必须作证。我完全赞同加伯斯的辩护，很高兴为此而作了几篇博客和一集播客（Levinson, Free Josh Wolf,2007），还致信联邦检察官为沃尔夫辩护。

博客人是否是真正的记者？看这件案子和类似问题时，最好地应用马歇尔·麦克卢汉的警语"媒介即是讯息"（1964）。表面上看，我们很可能像检察官赖恩那样断定，博客媒介与印刷媒介和广播媒介不同，其差异足以大到否定记者在互联网上的地位。然而，更精确的分析显示，媒介中有媒介，作为一种交流形式的新闻可以用其他媒介来表达，报纸、广播、电视、文字博客和视频播客都可以用来报告新闻（关于媒介套媒介，详见 Levinson,1999）。正如加伯斯所言，新闻的媒介或实践就是"把新闻带给公众的人"。显然，沃尔夫正在用新闻媒介工作，在视频播客的大包装里传播新闻。

沃尔夫的案子之所以复杂，可能是因为，他虽然是博客人，但不是传统意义上的博客人，他用的是视频，而不是文字媒介（媒介套媒介：博客套视频再套新闻）。文字博客与视频播客又重大的差异，最重要的差异是，文本写起来快，上传也快，传播比较快；与视频播客相比而言，文字博客需要的技术或技能就比较少。加伯斯对新闻记者的定义表明，新闻的功能不在这些差异之列。

沃尔夫获释也许是一个迹象，执法界逐渐意识到新新媒介在新闻工作里的作用。但警察拘捕沃尔夫却表明，那可能是六年以后警察对公民记者大规模施暴的孵化器，公民记者以新新媒介为工具向世人报道"占领华尔街运动"时，警察不仅逮捕了他们，而且还打了人。

6.16　公民记者、《第一修正案》和"占领华尔街"

就某种意义而言，2011 年秋天，美国各地警察对付"占领华尔街运动"的举措是对《第一修正案》平等权利的践踏，他们粗暴对待各种媒体的记者：旧媒介、新媒介、新新媒介即视频流和 Twitter 的记者都受到粗暴的对待。2011 年 11 月 15 日，纽约市长麦克尔·布隆伯格（Michael Bloomberg）不让媒体靠近他驱逐抗议者的祖科蒂公园，连地方电视台的新闻采访直升机也不许靠近。现场的记者被推搡，甚至受到更粗暴的驱赶。《纽约邮报》（*New York Post*）的一位记者差点被窒息。须知，这家保守的媒体创办于 1801 年，是美国 13 家从未中断活跃至今的历史最悠久媒体之一(美国的媒体不可能比这更悠久)。全国公共广播电台(NPR)的一位记者被警察拘留(详见 Stelter & Baker,2011)。同行所受的粗暴待遇使体制内的媒体义愤填膺,他们向市长布隆伯格发出投诉信,由《纽约时报》牵头,署名的媒体有美联社、《纽约邮报》、《每日新闻》、汤姆森路透社、道琼斯公司和 WABC、WCBS、WNBC 等地方电视台(Stelter,2011)。纽约市警察局一个星期以后回复,在抗议者聚集的地方宣读一份指令:警察不得干扰记者的工作(美联社,2011)。

但那仅仅是故事的一部分。在其他地区,警察恶待采访该运动的记者依然如故,市长布隆伯格为此辩护。在故事的另一面,新新媒介的记者的遭遇更恶劣、更普遍,比传统媒体记者的遭遇更惨；Twitter、视频和文字报道向世界披露以后,传统媒体也戴上了手铐(含比方和直解的双重意义)。斯特尔特(Stelter)和贝克(Baker)指出,传统记者被封口以后,"早期披露警察值勤的大量视频在互联网上直播,上传到 YouTube,这些视频从抗议者的角度拍摄,后来被电视网采用"。

纽约市警察局做出回应。据《赫芬顿邮报》(Mirkinson,2011)记述,小媒体、新新媒介的记者吃警棍、被推到墙上和路障上撞,然后被拘捕。被捕的记者来自《每日造访者》(*The Daily Caller*)和"DNA 信息"(DNAinfo)等网站。大多数《纽约时报》的读者也许对这些网站不太熟悉,但在靠智能手机和平板电脑获取新闻的读者中,它们颇有名气。

根据以上记述,旧媒介和新媒介的记者有记者证。但还有许多记者没有记者证,他们没有"单位"挂靠,但他们用 Twitter 记录和发布新闻,让大家看到真相。我们将在第十章"政治与新新媒介"邂逅这些公民记者。暂时我们只能说,乔希·沃尔夫开创的公民记者事业还很艰辛,还有很长的路要走。他坚称,凡是践行新闻事业的人都应该受《第一修正案》的保护。

6.17　博主与说客

2008 年 12 月,华盛顿州冒出了另一个与《第一修正案》有关的问题,"谢泼德·史密斯主持的福克斯新闻报道"(Fox Report with Shepard Smith)中提出了这个问题。该州的公共信息披露委员会(Public Disclosure Commission)开始审议:支持特定立场的有偿博主是否就是说客,是否应该受到相关规定的约束(相当于要求你披露,你就是收取报酬的说客)。

Horsesass.com 上的博客人大卫·戈尔德斯坦因(David Goldstein)谈及福克

斯新闻的节目时主张,博客人有权享受《第一修正案》的保护,应该免于向政府披露任何消息来源,包括他们自己的博客是否是有偿的、谁在付酬等问题。广告和游说已经受到相当严格的政府规制,按照相关的条例,说客要披露身份,广播电视、报纸以及任何地方的广告都必须是真实的。在政治领域,"麦凯恩-费因戈尔德法案"(McCain-Feingold Act,2002)限制竞选募款,包括公司和工会支付的竞选广告也在禁止之列,在"联邦公民诉联邦选举委员会"一案中,最高法院裁定该法案违反了《第一修正案》(2010)。

支持政治立场的有偿博客是否有权享受《第一修正案》的保护呢?回答这个问题之前,我们首先应该问:有关游说的法律和对广告的限制是否也违背了《第一修正案》呢?"联邦公民"关于公司和工会支付的政治候选人竞选广告的决定是否也违背了《第一修正案》呢?

政府坚持广告真实性的问题最容易回答,因为广告显然是商业活动或商业活动的形式,而商业活动要受政府的各种规制。虚假广告肯定是商业欺诈,因此广告与公共政策或其他课题的报道与评论不在同一领域,报道与评论是新闻媒介的工作,无论这些新闻媒介是新新媒介里的博客还是旧媒介里的报纸。

对游说的规制是另一个问题。游说的目的之一是使我们的民主政治"透明",比如竞逐公职者必须要披露献金人。即使政府不管理博客,我也不敢肯定,它对竞选献金的监管是否就最有利于我们的民主政治。我们可以争辩说,最佳的政策就是政府撒手不管选举献金,因为对选举献金的监管政策对执政党是有利的,有助于它采取措施以支持自己继续执政。因此,最高法院"联邦公民诉联邦选举委员会"一案的裁决是对着正确方向迈出了一步。

为了辩论,我们不妨假设赞同这一政策:说客的献金必须随时公开。即使这样,我们还必须回答另一个问题:支持候选人、官员或政治立场的有偿博客是否实际上就是说客呢?

一般地说,说客在人际交往的基础上工作,他会见游说的对象(立法的议员等),说服、劝诱、施压,使其赞成或反对某一法案,赞成或反对围绕某一核心问题的一揽子法案或很多法案,比如全球变暖问题的法案。发布新闻稿可能是这种游说的形式,但这种新闻稿只不过是游说的一部分而已。

相比而言,无论博客是有偿的还是博主主动写的,那些博文都留在博客主页上了。说客可以链接、打印并将其纳入自己的游说材料。但如果我们说的是博文而不是新闻稿,那么它还应该有自己的说明。虽然它与广告有同样的特征,应该被认为是有偿博文(见上文 6.10 节"写博客赚钱"),但我还是认为,政府坚持要博客人袒露报酬的细节还是太过分了,的确侵犯了他的《第一修正案》权利。

以我这本书为例，出版商给我预付款，还要付版税。报社要向记者付薪水。出版商的名字印在书的封面上，报社的名字对读者来说是清楚的。然而，除了我申报所得税的国税局知道我的收入外，谁也不会梦想说，政府有权知道出版商与我的财务细节，或者报社与记者的薪酬细节。为某一政治事业或候选人而写有偿博客的人也应该受同样的商业隐私保护，应该受到《第一修正案》的保护。至于公众被误导并认为，博文就是博主观点，其实那是被认购的公共舆论。博文是谁的意见，那有何关系？难道不应该根据意见本身来评估，而不是根据谁说的意见来评估吗？（又见 Richards，1929）

6.18 博客的匿名

虽然政府不应该强迫博主披露他写博文的情况，但比较好的披露形式还是应该有一定的要求：博主让读者知道，博文是如何写、为何写的。披露形式与匿名这个更大的问题有关：博主（或评论博文的人）应该用真名还是笔名？

匿名与新闻工作是不相容的。大多数新闻记者和纪实片人包括乔希·沃尔夫都很乐意自己的名字与作品联系在一起。实际上，在报纸之类的旧媒介上刊发作品时，署名被认为是成就职业生涯关键的举措。

但《纽约时报》报道了这样一个案子（Glater，2008）。布朗克斯的地区检察官传唤一位在博文中议论纽约政治的博客人，该博文题名为"第八号房间"。检察官要求他披露几位匿名博主的身份。这个案子的结果与乔希·沃尔夫的案子一样，地区检察官撤销传唤，因为博主反过来威胁要控告检察官违反《第一修正案》。

匿名博客的最大好处当然是，博主享受到最大限度的自由，他可以尽情倾诉而不用担心上司、老板、选民、朋友或家人的报复。在这个方向上，匿名博客比署笔名的博客有更大的自由度。一切匿名博客都有"匿名"的属性，查明博主身份的企图必然受挫。你不可能知道一连串博文是同一个人写的，表面上有一个笔名，但真名是无从知晓的。

在网上发帖和交流时不披露自己身份的做法已有很长一段时间。20世纪80年代中期，我的妻子蒂娜·沃齐克和我创办联合教育公司，这是一家非营利组织，授学分，全部网上完成。我们与社会研究新学院和其他固定校园的高效合作（见 Levinson，1985，1997）。我与同事彼得·哈拉托尼克（Peter Haratonik）首先商量的事务之一是，是否应该允许在我们的"联合教育咖啡屋"这个网上论坛里匿名发帖子。一开始，我们就不让学生在网上课程里匿名，但我们曾考虑：

"咖啡屋"里的匿名讨论或许对想要匿名的人有好处吧？最后，我们还是决定不允许匿名，正如哈拉托尼克所言，人们不喜欢与"头上戴着套子"的人说话。

然而，匿名、假装他人的做法逐渐衍生出博客与新新媒介里的许多弊端，不仅包括富有争议、不担心报复的帖子，而且还包括不透露真实身份的恶意批评、网络欺凌和网络盯梢（见第九章）。用于这类目的的匿名是懦夫的面具，因为它掩盖应受谴责的行为。

另一种截然不同的恶意用法是匿名户头或笔名户头，其目的是"吹胀"一篇帖子或互联网上有 URL（统一资源定位器）的任何东西。这种吹鼓手只需多开账博主。人们对 Digg 的担心就在这里。这种现象在 Wikipedia 上也有抬头，"马甲"用匿名账号来支持自己的言论，这种走捷径、带偏向的帖子试图使 Wikipedia 的编辑们达成一致意见。匿名和笔名还有助于用户在 Reddit 和 Digg 上投票支持或打压信息，我们将在第八章里审视这样的弊端。

匿名和笔名不利于培养博客人自己成为专业作家的名气，还可能对博主本人不利。我经常开玩笑说，我绝不会用笔名，因为我想给身边的小女孩一些忠告，她不会注意我，但我想让她知道，她走进书店时的步态不雅观。这里的一般原理是，如果你想成名，匿名写作是不合口味的。

显然，匿名在文字媒介里容易，在视听媒介里难以做到。掩盖声音和容貌费时间，显然需要捂住声音、蒙住头面。实际上，虽然网管可以堵截匿名言论，但匿名是大多数博主的选项之一。如果博主想要网友讨论，却又堵截或删除匿名的评论，那就会适得其反，网友的讨论就不会热烈。顺便举例说明匿名评论流行的程度，在我的"无穷回溯"博客里，超过四分之一的评论都是匿名的。

6.19 维基解密与匿名

维基解密（WikiLeaks）创办于 2006 年，与 Wikipedia 相关。这个系统既不是博客，也不是新新媒介，它专门发布秘密和机密文件，材料由匿名人士提供。所谓"机密"（classified）指政府分类密级的文件，不让公众阅览。有名望的媒体比如《纽约时报》、英国的《卫报》（*The Guardian*）、法国的《世界报》（*Le Monde*）、西班牙的《国家报》（*El Pais*）和德国的《明镜》周刊（*Der Spiegel*）都与维基解密合作，发布这类秘密文件。

2010 年，维基解密与旧媒介合作发布了美国国务院的外交电报，美国司法部启动对文件加密的刑事调查，到笔者行文的此刻，这场官司还在进行；维基解密是否享受《第一修正案》保护的问题上了头条新闻。《纽约时报》享受《第一修正案》保护,几乎无人怀疑,它披露《五角大楼》的案子(《纽约时报》诉美国政府,1971)就是清楚的证明。反对维基解密的人说,它不是真正的新闻媒体,就像不承认博客是新闻媒介的说法一样。

拥护《第一修正案》的人再次提出异议。2011 年 2 月,我接受《基督教科学箴言报》(Christian Science Monitor)采访时说,美国国务院的官报类似五角大楼文件,"这是我们的历史上非常重要的时刻,因为它显示,我们的政府操弄真相,对美国人民撒谎"(转引 Goodale 语,Levinso,2011)。

一些维基解密的支持者付诸行动。2010 年 12 月,匿名的"黑客在行动"小组和个人黑了 PayPal 和信用卡公司(Master 和 Visa),对冻结他们的账户进行报复。英格兰和荷兰随即开始拘捕人,美国联邦调查局发出了搜查令,但没有拘捕人。耐人寻味的是,匿名归匿名,维基解密的创建人朱利安·阿桑奇(Julian Assange)却大名鼎鼎。但 2010 年 3 月,美国大兵布拉德利·曼宁(Bradley Manning)还是被捕了,罪名是涉嫌向维基解密提供机密信息。到 2012 年 2 月,他被传出庭受审。

显然,为捣乱而发起黑客攻击怎么说也不是新闻工作,比如,为报复账号被封而攻击信用卡公司的行为就不是新闻工作,因而没资格享受《第一修正案》的保护。但我要说,维基解密和曼宁的行为和丹尼尔·艾斯伯格披露五角大楼文件一样,有资格享受《第一修正案》的保护,应由美国最高法院裁决。自从捍卫维基解密的行动以来,匿名披露信息的工作无疑已成为新闻工作,包括"阿拉伯之春"和"占领华尔街"的视频和犀利评论。我们将在第十章再议这个话题。

6.20 为他人写博客

尽管在自己的博客网址里写博文是博客的通行方式,也最能展示新新媒介的属性,体现其与旧媒介的区别,但互联网上的许多博客网址都邀请别人来撰写。为他人写博与为自己写博的区别在于:你无法掌控自己的博文,关于你的博文如何发表,你的控制力就小得多了。在这样的情况下,为他人写博与自由撰稿人向网络报投稿没有区别。即使你写的东西肯定能发表,为他人写博时,你的博文放在什么地方、放进什么类别等问题,就由他人决定了。博文发表以后,可能你就再也不能修改、删除、控制他人的评论、追踪读者人数、赚取广告费了。这种为他人写博的局限性因博客的具体情况而略有不同。

为别人的网址写博客有一个很大的好处:这些网址的访客数可能大大超过你自己的博客网址的访客数。比如,《每日科斯博报》(Daily Kos)在 2008 年大选那一天就有 500 万读者,2010 年星期一至星期五每天的访客平均几十万。2010 年,美国发行量最大的报纸《华尔街日报》是每天 210 万份;《今日美国》的发行量是每天 180 万份。比较《每日科斯博报》和《今日美国》,你就可以想象,最成功的博义能吸引多少读者了。(我的"无穷回溯"博客有一篇博文,论电视剧《迷失》第三季最后一集,帖子首发一年以后,它的日平均浏览量是 2 万人。)

《每日科斯博报》于 2002 年创刊,是最资深的新新媒介之一。它发表注册用户提交的"日记"(注册免费,对人人开放)。每人每天只能提交一篇帖子。帖子在首页列出,除非编辑推荐,停留的时间很短。有人推荐的帖子停留略久。更好的情况是"置于头版",编辑决定在首页全文刊载帖子。我提交过 50 来个帖子,只有一篇"置于头版",我那个帖子的题名是"考虑一位大学教授的观点:奥巴马的'丢失'文件可能是转移目标的另一个保守观点"(Levinson,"Take It from a College Prof:Obama's 'Missing' Paper Is Another Conservative Red Herring,"2008)。帖子发表后,作者还可以修改,但他必须公开标明,这篇日记是经过修改的。其他用户可以发表评论,首页的日记往往会得到数以百计的评语,而作者是无权删除、拒绝或控制评语的。然而,作者可以参与讨论,回应评论。读者可以推荐别人的日记,可以给别人的评语打分,但不能推荐评语。作者还可以粘贴一条特殊的评语,名为"贴士罐",读者可以对"贴士罐"进行评估,对作者的日记表示进一步的赞同和赞赏。

《每日科斯博报》上的博文特征是一个极好的例子,可以说明新新媒介与新媒介的混合,换言之,这就是互联网上旧印刷媒介那种自上而下、专家驱动、编辑控制的老路子。

《每日科斯博报》还有一个新新媒介的特征,它允许交叉粘贴,在其他博客上发布过的帖子可以在这里上传,包括你个人博客网址上已经发表过的帖子。但"博客批评"(Blogcritics)不允许这种政策,它坚持一切向他提交的帖子必须是原创的。"博客批评"创建于 2002 年,2008 年被 Technorati 收购;2007 年,它采用这一"首发"政策,以维持读者人数。Google 一般将"博客批评"最早的帖子置顶。《每日科斯博报》和"博客批评"都不向帖子的作者付酬。但一些博客网站却付酬。显然,这对博客写手是强有力的刺激。报酬一般有两种形式:按发表博文的字数或篇数付酬;按博文吸引的广告付酬。"互联网演化"(Internet Evolution)用第一种方式付酬,"开放的沙龙"(Open Salon)用第二种方式付酬。猜猜看,哪一种方式的稿酬最优厚呢?

答案在"写博客赚钱"那一节里应该是已经说清楚了。除非你的博客每天拥有数以千计的读者,否则博客广告的收益就可以略去不计。"开放的沙龙"让博客人直接从 Google AdSense 挣钱。我的"无穷回溯"博客帖子自动转发到"开放的沙龙",我大约能从"无穷回溯"帖子的广告收益中分到一两成。

总之,值得注意的是那些明显的特点:在别人控制而不是你自己控制的一切博客网址都有种种不足,不但可能不发表你的博文,而且如果你经常写博客,它们甚至会解雇你或禁止你涉足。《每日科斯博报》2008 年 8 月就封杀李·斯特拉汉(Lee Stranahan,2008),因为他一稿多用,他把敦促约翰·爱德华兹(John Edwards)就桃色事件讲真话的文章同时发给《赫芬顿邮报》,爱德华兹偷腥的风流事最初是由《国民问询》(*The National Enquirer*)周刊披露的。爱德华兹 8 月 8 日承认之前,斯特拉汉就被封杀了,我们在这里关心的不是斯特拉汉的文章是真还是假。他被封杀的教益是,除了你自己的博客网址,其他的博客网址无论多么进步,无论在多大程度上受作者推动,都可能在任何时候实行旧媒介那样的控制。

《每日科斯博报》对其网页进行终极的控制,在这一点上,它与《纽约时报》没有区别。由于它发表读者的"日记",至少在原则上可以发表任何人的帖子,我们有理由称之为新新媒介,以别于《纽约时报》,旧新闻媒介里的原型并非它号称的"一切适合印发的新闻"(all the news that's fit to print),而是"一切我们认为适合印发的新闻"(all the news that we deem fit to print),《纽约时报》刊发的是领受任务的、专业记者的稿件,即使它的网络版上的稿件也是这样撰写的。即使这些报道转发到互联网上,它们还是保留了旧媒介的原型。

相反,即使《每日科斯博报》有权封杀一位博主,它也处在新新媒介频谱的守旧的一端。如果任何人任何时候都可以在自己的掌控下写博客,更加名副其实、羽毛丰满的新新媒介就出现了;在这样的新新媒介里,博客人可以退休,可以克制不写,但不会被解雇或封杀。

当然,由于这样那样的原因,任何一家博客平台都可能不向某个人提供或出售发表博客的平台,比如,谷歌的 Blogspot 或 Six Apart 属下的"活字簿"或"活字版"都是这样的。但这样的拒绝似乎更接近电话公司拒绝向某人提供服务,因为其信用不佳,而不是由编辑来封杀博文。

6.21 用你的博客改变世界

与生活中做任何事情一样,我们发表博文可能有不同的动机,而且常常不止一种动机。这些动机可能有:写作的乐趣、想要别人读自己的文字、赚钱、用博客文字改变世界，也就是在政治、科学或其他领域产生一点影响。毕竟语词可能拥有强大的力量。与旧形式的写作相比，博客有独到的力量：可以立即发表，这意味着任何人包括强人、要人和名人都可能读到。但博客也有一个重要的局限是，名人、强人和要人都可能不知道你的博文，都不太可能寻找你的博文，而且即使偶然看见了，也未必会很注意，除非你已经是强人、要人和名人。尽管如此，把一切因素都放进那个方程式以后，默默无闻的博客被强人、要人和名人阅读的机会还是比旧媒介里默默无闻的作者得到的机会大得多，因为默默无闻的小人物在旧媒介里发表作品的机会很小。

怎么知道要人读了你的博客呢？统计工具会告诉你那些网址和读者的IP地址。这些数据包括访客的电脑所在的公司或学校，但不太可能告诉你访客的姓名。归根结底，了解谁读了你的博客只有一个办法，那就是访客们在自己的博客里评论、链接或引用你的博文的时候，或者在其他媒介里评述你的博客的时候，这是唯一完全可靠的办法。

已如前述，里奇·索默尔对我评论电视剧《广告狂人》的博文发表评论，就是这样一个例子，他比我名气大，仅阅读并评论了我的博文，而且与我交流。但世界并不因此而改变。实际上，电视评论不太可能对世界产生多大的影响。

当然，政治博客的潜在影响各有不同。我不知道巴拉克·奥巴马及其亲密顾问或任何政治要人是否读过我的任何博文，当然受我影响更谈不上了。

但2008年9月24日下午比较早的时候，我在自己的"无穷回溯"博客上发了一篇帖子，同时又将其贴在"开放的沙龙"等几个博客网址上，帖子题名为"奥巴马应该拒绝麦凯恩推迟星期五辩论的呼吁"。这是呼应麦凯恩的宣告而写的帖子，他宣布暂停竞选，以便到华盛顿去解决经济危机问题，他请奥巴马与他一道推迟辩论的日程。

我向奥巴马"建言"说，如果推迟辩论，那将是大错，经济危机期间正好需要强调民主程序，包括继续进行竞选活动、已定的辩论日程，而不是悬置或推迟辩论。

我很高兴地在自己的博客里写了这样一篇帖子：

突发新闻：下午4:47，奥巴马说他认为，辩论应该继续——这正是美国人民需要知道他和麦凯恩作为总统应该做什么的时候。说得好！

下午6:00，"开放的沙龙"的编辑琼·沃尔什（Joan Walsh）在我的这篇博文下贴了这条评论：

保罗·莱文森说，奥巴马听着！我刚才也发了这样一条博文！

奥巴马或其顾问是否读过我的博文？他们是否受到影响？也许没有。他的团队更可能读过琼·沃尔什的博文并受到其影响。那时的沃尔什不仅是"开放的沙龙"的编辑，而且经常客串 MSNBC 的电视节目，在克里斯·马修斯（Chris Matthews）主持的"棒球"等新闻节目中露面。（2012 年 1 月，她仍然是 MSNBC 的电视节目的常客，仍然是"开放的沙龙"的编辑。）

本书收录这个真实的故事，因为它说明网上任何地方的任何博文的潜力，都有可能被总统候选人或总统读到。这也是新新媒介的标志之一：你坐在电脑跟前、录入文字。那些字可能会使世界指向更好的方向，至少是你认为最好的方向。你可能是大编辑、大学教授、大二学生或高中生。

6.22 一位镇长及其博客

保罗·费纳（Paul Feiner）自 1991 年起就担任纽约市格林堡镇的镇长（两年一任期，该镇在韦斯特切斯特县，纽约市以北）。他明确告诉我，他依靠博客办公。我上过他主持的广播节目。2009 年 1 月 9 日，我们上 WVOX 电台的"格林堡报道"，他坦言道，人们对他的公务博客的评论很有用，甚至很关键，他借此知道选民想的是什么。

费纳甚至认识到匿名评论的利弊。他告诉我，即使一些人"很无礼"、"编造故事"，"我还是让他们匿名评论我的博客"。他认识到这样做的好处："从人们在我的博客里发表的评论，我能了解到问题和争论，以便于即时解决，不会等到镇议事会上去闹大……因为有时人们能够在博客里说心里话……如果我不写博客，不用互联网，只依靠报纸，我绝不可能知道人们在我不在场时说什么。"

换句话说，对保罗·费纳这样的官员和政治领袖而言，新新媒介在政务里的好处可以说是：预先的博客就是预先的警示和预先的通报（"foreblogged" is forewarned or "fore-informed"）。

6.23 "穿睡衣的博客人"

但并非每个人都欢迎博客的政治影响。2004 年 9 月，时任哥伦比亚广播公司（CBS）新闻总监的乔纳森·克莱因（Jonathan Klein）捍卫丹·拉瑟（Dan Rather）在"60 分钟"节目里对乔治·布什的批评，拉瑟透露，布什在越南战争期间并没有到国民警卫队服役。克莱因在"福克斯新闻"节目里说，"'60 分钟'里有那么多重重叠叠的互相制衡,有人却在起居室里穿着睡衣写博客,这样的反差再强烈不过了"(转引自 Fund,2004)。不久之后,克莱因将被委任为 CNN/USA 的总裁,他用这段话回击批评拉瑟和 CBS 的保守派博客人。我个人过去和现在都认为,CBS 和拉瑟作那个节目是正确的(见我的"Interview by Joe Scarborough about Dan Rather"[2005]和"Good for Dan Rather"[2007])。尽管如此,我还是不能赞同克莱因对播客缺乏远见的"分析",也不认同他对大众媒介新闻里"那么多重重叠叠的互相制衡"的信心。杰森·布莱尔几年里在《纽约时报》上编造和剽窃的新闻已经大白于天下。即使在他作弊的时候,互联网已经很强大,且深入各个角落,信息能够以出乎意料的方式被人获取,所以我认为,睡衣和起居室并不是追求和发表真相的障碍。

现在的情况更是如此。"穿睡衣的博客人"这种文化基因活得很好,这不仅是对克莱因 2004 年那段话的讥讽,而且是对任何类似的旧媒介崇拜者的讥讽。这个文化基因活跃在成功的网络新闻媒介比如"睡衣媒介"(Pajamas Media)博客里,还活跃在有学问的独立博主"睡衣大师"(Pajamas Pundit)博客网站里,而且还活在不成功的共和党副总统候选人萨拉·佩林(Sarah Palin)的思想里。竞选失败不久,她对福克斯新闻的格雷塔·苏斯特论(Greta Van Susteren)说,媒体对她的许多负面报道都是基于"一些人的博客,他们可能穿着睡衣,在父母的地下室里写一些传言甚至谎言"(Palin,2008)。佩林不仅把穿睡衣的博客人从成人降格为少年,而且后来还将其担心的焦点从睡衣和父母的地下室转移到匿名博客。她接受约翰·齐格勒(John Zieglcr)访谈的视频播客丁 2009 年 1 月上了 YouTube,这一视频题名为"媒介陋习"(Media Malpracitce)。她说:"我们什么时候开始把博客尤其匿名博客当作可靠新闻源头的?这是今天媒体业界令人难过的现状,尤其主流媒体的情况令人难过。如果你依靠匿名博客,将其当作可靠新闻信息,那就很可悲。很危险。"(又见 Kurtz,2009)

克莱因捍卫旧媒介那段话是 2004 年发表的,那时,新新媒介刚刚问世,远不如现在成熟;《赫芬顿邮报》、YouTube 和 Twitter 尚未出世,Facebook 才降生几个月。所以相比而言,佩林对新新媒介的抨击比克莱因更加缺少理据。

然而,她对新新媒介的鄙视还是引起了许多旧媒介使用者的共鸣。福克斯电视网的《终结者》第二季第 13 集"Terminator: The Sarah Connor Chronicles"(2008)的男主角约翰·康纳(John Connor)挖苦说:"我们都知道博客很可靠。"电视连续剧里的虚构人物居然提起博客,这正好说明,博客在我们的文化与生活里是多么重要。但康纳竟用鄙视的口吻讽刺博客,这就说明,真实世界里的许多人还不信赖博客。

在几个星期之前的《终结者》第 10 集(2008)里,Facebook 被痛骂一顿。约翰的女朋友莱莉抨击她的养父母,责备他们对真实的危险视而不见,并且说,他们关心的一切就是看 Facebook 网页。与此同时,在娱乐时间电视网(Showtime)2009 年预演的《单身毒妈》(*Weeds*)的第 5 集里,女主人公西莉亚·霍德斯(Celia Hodes)说,在 Facebook 上开户是"浪费时间"。在家庭影院 2009 年播映的《大爱一场》(*Big Love*)第 6 集里,玛姬妮·赫夫曼(Margene Heffman)刻薄地抨击新新媒介 Wikipedia,她抱歉地说自己得知的有关一个早期摩门先驱的错误信息就是从 Wikipedia 上获得的。

新新媒介引起一些政界人士的厌恶,为旧媒介写科幻剧本的作家也不喜欢新新媒介。历史上一切媒介包括电报、电影和电视诞生时都曾经引起这样或那样的不满,在此,新新媒介以这样那样的方式承受着这一令人讨厌的遭遇。收到林肯被刺的新闻以后,伦敦的《泰晤士报》推迟刊印这条新闻,因为新闻是用新出现的电报发来的。20 世纪初,电影被认为是"罪犯的启蒙学校"。刚露面时的电视、近年来的电子游戏都因为真实世界里的暴力而收到谴责,其实并没有可靠的因果关系证据,最多是人们对相关性和因果关系的误解。此外,有人还指责电视使人的文化素养下降。其实,就印第安纳的同一个小镇来说,把 1978 年的调查和 1944 年的调查相比,居民的文化素养并没有下降,而且在电视问世以来的 50 年里,书籍的销售还上升了(关于电报和电影起初遭到怀疑、电视遭到不断的抨击、20 世纪书籍销售的情况,详见 Levison, 1997;关于印第安纳州的调查,详见 Maeroff, 1979;关于把暴力电子游戏与真实世界里的暴力联系起来的"证据"是把相关性和因果关系混为一谈的情况,详见 Levison, 2006)。

在 20 世纪,电报被电话取代,并最终被传真和电子邮件取代。然而,电影和电视的屏幕越来越被认为是智能手机和平板电脑的一部分,而且和显示博客的屏幕是一样的。尽管如此,电影和电视一样活得很好。

虽然旧媒介里的有些人并不把博客视为妖魔鬼怪或万能药方,但他们还是认为,博客可能会损害旧媒介和新媒介,还可能损害全社会。像尼尔·杨格(Neil Young)一样,他们在一定程度上把经济危机归咎于博客,杨格 2009 年演唱的《岔路口》(Fork in the Road)里有这样的歌词:"继续博客吧,直到电池耗尽,扭摆啊,惊叫啊。"

博客本身不可能医治社会弊端(什么样的传播也不行)。

博客肯定不能克服经济危机,也不能缔造世界和平。但它总比不说话好,博客的作用远不止是对你身边的人说话,相比完全依靠专业记者和评论家代表你说话,博客显然是前进了一大步。

6.24 新新媒介与旧形式媒介的紧张进一步加剧

我们在本书自始至终看到,媒介很难得和谐相生。实际上,自古以来,媒介史一直在争夺我们的注意力和惠顾,媒介的生存竞争是达尔文一望而知的。人作出"自然选择",决定哪些媒介生存(Levinson,1979)。

因此,新新媒介和旧形式媒介的竞争并不奇怪。我们看到,在两者竞争过程中,在旧媒介里工作或借用旧媒介工作的人常常鄙视并误解新新媒介。因为博客是最普遍的新新媒介形式,尤其因为它使消费者成为生产者的特征,所以它遭遇到最大的敌视。

在过去岁月里,既为了推广我的博客,又权作低调的试验,我给 NBC、CBS、ABC、AMC、TNT、HBO 等大媒体和娱乐时间电视网的官方博客网站写文,又把这些评论与我自己的"无穷回溯"博客链接,"无穷回溯"是我评论电视剧的专用博客。NBC、CBS、ABC、AMC、TNT、HBO 等大媒体和娱乐时间电视网这三家官方网站的网管偶尔挪动或删除我的评论,而且"萨拉·康纳纪事"(The Sarah Connor Chronicles)还删除了我的账户——完全封杀。2012 年 1 月,FOX 所有的官方博客全都关闭了,其宣示是:"我们 FOX.com 的博客社群正在建设中。"但许多年来,其官方网站忠告用户说:"只允许的链接是有关本剧、本剧组等的文章,这些文章或见于主流媒体,或见于剧组的官方网站。粉丝网站、个人网站、竞争对手的网站、商业网站、下载网站、jpg 网站、MP3 网站是不允许链接的。"

以追溯新新媒介和旧媒介的紧张关系而论,我们可以把上述政策译解为这样一段话:"在推销我们的电视旧媒介的新媒介网站上,我们只允许链接到其他新媒介网站或官方网站上,比如旧的主流媒体、有关本剧和本剧组等的官方网站、专业网站上。与新新媒介的粉丝网站、个人网站、竞争对手的网站的链接是不允许的。"

数以十万计的新新媒介用户显示,这些媒介已然是"主流媒体"。但思考片刻就可以明白,这些限制是多么有害,其宗旨本来是宣传福克斯的电视剧,结果却适得其反。虽然官方博客上的"非官方"博客有可能吸走官方博客的读者,但这些读者阅读的"非官方"博客还是在讨论它们的电视节目。

福克斯官方网站有对"竞争对手的网站"的宣示里,这一政策始终是不合逻辑的,没有建设性。什么是"竞争对手的网站"?评论同样电视剧的其他博客难道不是竞争的网站,反而是支持福克斯官方网站宗旨的网站?

不与任何电视连续剧结盟的博客有 BuddyTV(电视哥)、(TV.com)、

Television Without Pity(毫不留情的剧评)。它们禁止其他链接,逻辑上也许还有点理由,因为它们想要的未必是电视观众的增加,而是自己网站读者的增加。我至今不同意这种不允许链接的策略,因为我相信链接的增加使博客世界水涨船高。不过我至少理解这一策略(刚才提及的三家网站中,唯有 Television Without Pity 热衷于删除链接、禁止外来的博文)。

可以想见,官方博客的管理人并不阅读链接到他们网站上的博文,也不点击链接外界的官方博客,他们假定外部链接不过是垃圾,与自己的电视剧没有关系。在此,旧媒介自上而下决定发表什么内容的路径应该受到责备,那条老路是不让读者成为作者和出版人。

对声誉卓著的电视剧而言,如此自损的举措,即预防病毒式营销和宣传好处的举措,可能不会对这些节目的成功造成不好的影响。但我们正在进入这样一个世界:自由观看的期望值日益提高,而这正是新新媒介的标志之一。至于电视节目是否成功拥有可靠的观众,其分水岭很可能就在于:网上留言版是否可以完全摆脱旧媒介的习惯(在此语境下,值得注意的是,FOX 没有在第三季重放"萨拉·康纳纪事")。

旧媒介对新新媒介的误解还表现在其他方面。2008 年上半年,表现 20 世纪 60 年代期间广告业主管的美国在线电影(AMC)的电视连续剧《广告狂人》一路走红,引人注目,于是,剧中人物的名字比如唐·德雷珀(Don Draper)、佩吉·奥尔森(Peggy Olson)就成了 Twitter 用户的笔名。多年来,Myspace 用户的名字从苏格拉底到杰克·鲍尔(Jack Bauer)(鲍尔是福克斯电视剧《反恐 24 小时》中人物)应有尽有。像 Twitter 里的剧中人名字一样,Myspace 上的笔名是人们喜欢玩游戏的一种形式,实际上就起到了宣传那些电视剧的作用。起初,AMC 并不这样看,反而一纸诉状控告 Twitter,迫使其撤销这些借用电视剧人物名字的账户。所幸的是,AMC 广告代理更了解新新媒介,在经纪人的劝说下,AMC 后来撤诉了(Terdiman, 2008)。于是,至少到 2012 年 1 月唐(粉丝 16 000 名)、佩吉(粉丝 21 000 名)这一帮电视剧人物的名字就高高兴兴地在 Twitter 上露面,《广告狂人》赢得许多"艾米"追。本书付梓出版仍然如此。

美联社与博主们卷入了另一种知识产权纠纷。对未经允许、未付款而大段引用美联社文稿的博客人,美联社经常发出"撤销"其博文的通知。(我们在"占领华尔街"那一节里看到,美联社携手其他传统媒体抗议纽约警察局对记者施暴,它向报社和电台出售新闻稿,起源于 1846 年电报问世的年代,是总部在美国的唯一幸存的国际新闻社。)博客人对其的报复是威胁抵制美联社(Liza,2008)。迄今为止,对垒的两军谁也没毁掉谁,但战斗正酣,还将继续。2012 年,美联社诉"融水"(Meltwater),这是一家新闻汇集网站侵权(Ellis,2012)。但知识产权仍然是新旧媒介之争的焦点,就像我们将在第三章 YouTube 更仔细地审视这个看到的一样。

如果由此断言,旧媒介及其践行者没有任何有价值的经验向新新媒介传授,那也是错误的。我们下一节讲走强硬路线的调查性报道,这是新闻频谱的另一端,与之相对的是评论;迄今为止,评论是博客的生命线。

6.25 新新媒介新闻时代仍然需要旧媒介报道

1977 年,马歇尔·麦克卢汉敏锐地指出:"复印机使人人成为出版人。"不过,正如他 1962 年认识到,电子媒介正在把世界变成"地球村"一样,他关于复印件的论述是一种预言,其依据是他对强有力趋势的观察,他的断言并不是用来描绘,当时的媒介和真实的世界就是那个样子。

等到新新媒介普遍兴起,以及新新媒介造就的在国际范围内互动的参与者出现以后,地球村里的人们才能充分意识到麦克卢汉论断的意义(详见 Lvinson,"Digital McLuhan",1999)。这是因为 20 世纪 60 年代的地球村既不像全球的互动(电视是民族媒介),也不像村民那样互动(全国看电视的人不能交谈,只能在很小的群体里交谈)。

至于复印术使人人成为出版人一说,复印机的产出几乎全都是为了少数的读者,直至今天依然如此。这种非常受限的出版最终会被超越,而且在一定程度上与报刊那种旧的出版方式对抗。博客出现以后,复印术和报刊的出版方式就被超越了,我们在本章里已经看到这样的新局面。

旧的新闻载体比如《纽约时报》、《华盛顿邮报》等报纸的命运又如何呢?它们的发行量持续下降,存世的报纸数量减少,报纸的经营规模也缩小(Perez-Pena, 2008)。2010 年至 2012 年,《纽约时报》的发行量仍然维持在 100 万份左右,却在继续下降。这些旧媒介在某种程度上迁移到了网上。《纽约时报》网络版的每天的访客达 3 000 万,是新新媒介《赫芬顿邮报》访问量的两倍;《赫芬顿邮报》设有"收费墙"(pay well,用户需付款),在收益中取得了成功,尽管也伴随着辛辣的批评(见 Levinson, 2011; Chittum, 2011)。亦见"Themediaisdying(媒体在死亡),2009"中对 Twitter 的论述,该文披露了旧媒介每日每时甚至更频繁的紧缩、裁员和倒闭(文章的标题把 media 用成单数 is,使人不由得联想到语法也在逐渐消亡)。

然而,截止到笔者撰写本书的 2012 年 4 月,旧媒介仍然拥有一个至关重要的资源,而《每日科斯博报》、《赫芬顿邮报》和政治博客网等新新媒介尚缺乏这一资源。它们尚需努力才能充分或部分重建这一资源。它们还需继续从旧媒介获取这一资源。2008年,杰弗·贾韦斯在全国公共广播电台NPR(Jarvis,2008)接受访谈时说:"在裁员、削减预算的时代里,调查性新闻的命运如何?"他断言:"博客人依靠主流媒体的资源……整个新闻界遭遇困难,调查性新闻处境危险……"

不过,2012年大卫·伍兹(David Wood)在《赫芬顿邮报》所做有关受伤老兵的系列报道获得了普利策奖。这是正确方向上有希望的一步。2012年,艾米·乔兹克(Amy Chozick)在两获普利策奖的《纽约时报》上撰文说,"普利策奖授予'政治博客网'和'赫芬顿邮报'两个网站,反映了这样一个趋势:基于互联网的新闻工作正在崛起,与传统报纸竞争"(政治博客网的普利策奖是编辑部的漫画)。

具有讽刺意味的是,《每日科斯博报》等新新媒介获得重要新闻媒介地位的时候,恰好是在旧媒介新闻工作者失败的时候。那时,旧新闻媒介没有报道在伊拉克没有发现大规模杀伤性武器的新闻,也没有对准备发动战争提出足够的批评(《每日科斯博报》2002年5月26日、《赫芬顿邮报》2002年5月9日开始这两方面的报道)。你可以玩世不恭地说,如果新新媒介派遣自己的记者去作调查性报道,在报道走向战争的趋势上,他们不会比专业的新闻记者差(类似观点见Reilly in Hunter,2009)。他们可能会干得不错,但因为新新媒介没有自己的调查性报道的专业团队,如果旧媒介不在场,它们的调查性新闻又从何而来呢?

公民新闻,正如"占领华尔街"那一节所示,提供了部分的答案。不过,媒介的历史和演化的好消息告诉我们,新媒介完全取代前辈的情况很罕见。象形文字和无声片没有未来,因为它们不能和字母表文字和声片竞争。但相比它们其中的一种媒介而言,数以百计大大小小的媒介走过了无线电广播(电视到来之后存活下来了)和留声机(电视到来之后轻松地下来了)的道路。

关键在于,正如我上文所示,人决定媒介的存活。我对其存活之谜作了解释,见我的《人类历程回顾:媒介进化理论》("Human Replay: A Theory of the Evolution of Media,"1979)和《软利器:信息革命的自然历史与未来》("The Soft Edge: A Natural History and Future of the Information Revolution,"1997)。我认为,如果媒介满足人类传播独特的需要,它们就能存活。广播在电视时代之所以能活下来,那是因为有时我们看见一样东西时还有必要听见另一样东西。此外,每天晚上黑暗都会降临,但世界未必寂静;我们的眼睛闭上了,我们的耳朵却不会关闭,这就预示着无声片的末日,因为它们表现的形象没有同步的说话声与之相伴(关于我所谓"人性化趋势"["anthropotropic"]下一章的媒介演化)。

　　印在纸上的语词自有其优势。和电子设备及其数据的价格相比,它们便宜、便携。与屏幕上的语词相比,只要纸印文字的优势继续存在,报刊之类的旧媒介就会以某种形式存在;我们希望,与其同时存在的还有一批作调查性报道的新闻记者。倘若印刷文字的优势减弱,网络报大概就有足够多的稳定收入来派出自己的调查性新闻记者了。

6.26　旧媒介与新新媒介的共生:《迷失》与《危机边缘》电视剧里的复活节彩蛋

　　上文也已表明,在自然的、达尔文的世界里,并非一切事物都是互相竞争的。同理,有机体也生活在互利的关系中。以我们消化系统里的细菌为例,我们给它们安乐窝,它们帮助我们消化食物。蜜蜂吮吸花粉,同时帮助生物繁殖,因为它们把花粉从一株植物带到另一株植物。我们人类由此而获得了双重的好处,我们既喜欢蜂蜜,又喜欢花粉。

　　显然,电视这种旧媒介从博客这种新新媒介对电视节目的宣传中受益。博客这种新新媒介又从电视或其他媒介受益,因为这些媒介给博主们提供了写作的素材。新闻博客从旧的印刷媒介的调查性新闻受益,另一方面,旧的纸媒新闻媒介和广播媒介又吸收博文里的分析和观点。电视剧和报纸之类的旧媒介在 blogging 上打广告,同时,Television Without Pity 又在 Bravo Television(欢乐电视网)上打广告。MSNBC 广播公司的有线电视节目《迪伦·雷底根说新闻》(The Dylan Ratigan Show)和《埃德说新闻》(The Ed Show)在屏幕下方也打出 Twitter 的评论(详见第三章 Twitter 与电视新闻的整合)。

　　由此可见,旧媒介和新新媒介的共生关系和互相促进关系是不可否认的,也是充满活力的。虽然冲突难免会妨碍合作,比如电视台的官方博客有时阻止与其他博客的链接,但是电视台有时也可以将新新媒介融入自己的节目安排和宣传中。

　　在 Second Life 的虚拟"游戏"里,玩家以化身(avatar)的面目出现。在《犯罪现场调查》(CSI) 2007 年的一集里,剧中人以 Second Life 的形式展开调查(Riley, 2007;本书第九章 Second Life)。电视剧《迷失》更加雄心勃勃,开辟了一个真实的网站"大洋航线"(Oceanic Airlines),这家虚拟的航空公司在剧中执行那次迷失的飞行。玩家使用这个网站时,可以搜寻"其余"的航班。《迷失》以及 J·J·亚伯拉罕主演的另一部电视剧《危机边缘》(Fringe)都提供"复活节彩蛋",将其作为网上的线索,让粉丝们在搜寻彩蛋中去深入洞悉逐渐展开的剧情。

《危机边缘》的执行制片人杰弗·平克纳(Jeff Pinkner)在网上访谈(2008)中对《电视指南》(TV Guide)的米基·奥康纳(Mickey O'Connor)说:"有许多复活节彩蛋,还有几个尚待发现,可能是在剧中,也可能是在网上,每一集都有一个线索,预报下一集的剧情。"

如此,《迷失》和《危机边缘》刻意在网上"种下"一些线索,以增加看电视的乐趣,其目的不是给观赏者宝贵的信息,而是让他们不满足于看电视,旨在把观众变成研究者,实际上要他们更积极地参与展开中的剧情。为了使这个周期圆满,有些观众变成了研究者,而且获得灵感,非常投入,自己动手写博客评论电视剧。由观众变成研究者这个周期还在大学课堂上继续下去。在北佛罗里达大学,萨拉·克拉克·斯图尔特2009年春季学期开了一门"无穷的叙事:互文性、新媒介和'迷失'的数字社区"的课程。她指定的必读书目里包括了有关《迷失》的博客(Stuart, 2009; Aasen, 2009)。

然而,新新媒介共生属性不限于其在线上和线下与旧媒介的关系。在下一章里,我们将考察,一种最新的新新媒介如何建立与真实世界的关系,如其与饭店、街角等各种场所的关系——这就可能与本章考察的博客的匿名性和其他首要的特征刚好相反。

第七章

Foursquare 定位与硬件

第七章 Foursquare 定位与硬件

2011 年 9 月的一天晚上 9 时许,我和同窗老友乔西·梅罗维兹(Josh Meyrowitz)在纽约的明月饭店就餐,这是我喜欢的一家意大利餐馆。20 世纪 70 年代,我们在纽约大学读博,攻媒介环境学。他著有《无地域之感》(*No Sense of Place*,1986)。乔西在新罕布什尔大学教书。我们将在城里的福德姆大学出席麦克卢汉研讨会,次日将在会上讲演。饭毕,我用 Foursquare 签到(Check in)。所谓"签到"就是发布我那一刻身处何方的信息,这一信息立即转发到我的 Twitter、Facebook、LinkedIn 等网站上。

几个小时以后,我收到萨姆·弗莱希曼(Sam Fleishman)给乔西和我的电子邮件:"保罗:我周五晚上 7 点钟也在明月吃饭,问乔西好。萨姆。"他是我们读博时的同学。他在 LinkedIn 上看见了我的"Foursquare 签到"。LinkedIn 是一家职业人社交网站,创建于 2003 年,截止到 2011 年 11 月,用户逾 1.35 亿。我和萨姆都用 LinkedIn,但我们自 20 世纪 70 年代就未曾面晤,可惜我们那天晚上近在咫尺却无缘相见。但 Foursquare 使见面成为可能。它把物理空间放在互联网上,轻而易举,永远改变了地点的根基和冲击力;如此,我们身在哪里、地点和生活中的友人和陌生人的联系都随之改变,至于改变的广度,那就取决于我们的"签到"传播的范围了。

7.1 Foursquare 与 iphone

Foursquare 2009 年开张,由丹尼斯·克罗利(Dennis Crowley)和纳文·塞尔瓦杜拉(Naveen Selvadura)研制。克罗利开发过 Foursquare 的前身 Dodgeball,那是他在纽约大学硕士论文的研究课题。纽约大学是我双料的母校(本科和博士都在这里念)。我在这里提醒一切专业的学生:认真对待毕业设计和论文,你不知道它们将产生什么成果。

以 Foursquare 为例,到 2012 年 1 月,它已经成为拥有 1 500 万用户的新新媒介。和 Facebook、Twitter 相比,宛若一只小飞蛾,但在新新媒介的世界里,Foursquare 指明了未来的道路。

原因在这里：Foursquare 不可能在 iPhone 2007 年问世之前存在。它只能在智能手机、平板电脑等手握移动设备上生存。你不能用笔记本签到，除非你的笔记本加配了 GPS 的特殊应用软件，GPS 是智能手机和平板电脑的标准配置。如此一来，Foursquare 就成为智能手机及类似设备专有的第一款新新媒介或社交媒介。相比而言，本书介绍的 Twitter 和其他一切新新媒介都是既可以在台式电脑和笔记本上运行，也可以在智能手机和平板电脑工作。

7.2 签到与真相

Foursquare 的定位功能叫"签到"，相当于 Twitter 上发推文的功能。所谓"签到"就是告诉世人，至少是告诉 Foursquare 上的朋友你在哪里。其理想或期望是，使用者真的在他签到的地方：餐馆、电影院、海滩、公园等。智能手机和平板电脑里配置的 GPS 定位系统让 Foursquare 知道你在哪里。但 Foursquare 系统（至少在 2012 年年初）不够精确，分不清人是在餐馆里还是在餐馆旁。这就使网络欺骗有机可乘，虽不像 Wikipedia 上的"马甲"那样严重，也不像其他社交媒介上的欺骗账户恶意，却对 Foursquare 的宗旨造成损害。"签到"你不在的地方就是 Foursquare 上的欺骗，这就凸显了这个系统的博弈性，用户不停地互相竞争，以成为虚拟的"市长"，当选"市长"的根据是签到的次数和近况。当选后将得到贺词；另一位用户夺走"市长"时，原来的市长就得到报忧的"坏消息"。被授予的"勋章"表示各种"里程碑"，比如你在某家比萨店签到的次数。

网络游戏是 Facebook 等系统的主要活动。Second Life 是靠替身驱动的社交媒介，本身就是一大游戏（详见下一章）。Foursquare 上的游戏有所不同，它不仅和网络系统关联，而是与你和我纠缠，与我们在外部世界里所做的事情相关。真正的生活不仅是这款新新媒介游戏的组成部分，而且是游戏的目的。再者，正如 Klout 影响力里的"外快"（perk）一样，Foursquare 游戏的成功也产生实际生活里的好处，包括签到（让店员看看你的智能电话和平板电脑）时可以在酸奶店（如 Go Greenly）享受折扣，也可以用运通卡在餐馆、超市和许多其他商店享受折扣价。

7.3 隐私与定位

显然，播报你所处的位置可能会损害你的隐私。我在明月与乔西·梅罗维兹共进晚餐时，万一我不想和萨姆·弗莱希曼见面呢？

你可以用一些策略,限制你在 Foursquare 签到时不想要的偶遇。互联网上没有这样的限制清单,但那是常识。首先,如果你不想世界上的任何人知道你的所在,那就不要签到。无论多么仓促,签到都是决策的结果:在那一刻,什么对你更重要呢? 签到及可能得到的虚拟"市长"和"勋章"重要呢,抑或是真实世界里的隐私更重要呢?

无论如何,若要签到,我都是在已经买单、即将离开时,比如在餐馆吃饭时就等到临走时才签到。倘若我签到时,萨姆已经在明月吃饭,而我又不想见他,签到无助于避免邂逅。倘若萨姆吃过饭已经离开明月,我才签到,那就能避免见面。可见,离开时才签到就可以限制你暴露的可能性。

当然,除了不签到和其他微妙的策略,另一种选择是不用 Foursquare,不用智能手机或平板电脑。每一个时代都有人对当时的新媒介说不,比如,路易斯·芒福德在 20 世纪 50 年代和 60 年代就不看电视,戈尔·维达尔①在 20 世纪 80 年代避免文字处理,这都突出了人在媒介选择中简化得不能再减的选择。即便如此,关于媒介演化,我们还是有理由断言,智能手机和平板电脑以及它们促成的数字世界和物质世界的移动性和整合,只会增速、增势,它们总要成为世界上大多数人的标准设备。

7.4 移动媒介的必然趋势

早在 1979 年的博士论文《人类历程回顾:媒介进化理论》里,我就写道:"媒介的无线性、便携性演化应该继续展开,直到个人能获取地球上的一切信息,而且是从任何地方去获取信息,所谓任何地方包括家里和户外,当然还包括这颗行星之外的广袤宇宙。"(p. 275)我在下一页又接着说:这一系统"终将使个人无限制地获取全球范围的信息;迄今为止,个人只能享受到近在身旁的物质环境里的信息"。

iPhone 在 2007 年的问世是历史的必然。这种必然性来自我所谓的"人性化趋势"(anthropotropic)的媒介演化。这是我在 20 世纪 70 年代末的博士论文《人类历程回放》里创建、发展和命名的理论,本书第六章已有提及。Anthropotropic 里的"anthro"是人,"tropic"是走势,媒介的演化就像植物趋向太阳(heliotropic)一样。我发现,在媒介的演化过程中,在一个接一个的发明中,媒介的功能越来

---

① 戈尔·维达尔(Gore Vidal,1925—2012),美国小说家、剧作家、政治评论家,代表作有小说《城市与梁柱》。

越人性化。起初静态、黑白、无声的摄影术变成有声有色的电影,变成我们很容易收发的静照,就像打电话一样容易。起初的电话是使电报更人性化的新技术;电报用莫尔斯电码,是抽象的书写,是对口语的抽象而不是自然的表达。我的《软利器:信息革命的自然历史与未来》(Levinson,1997)对"人性化趋势"理论作了比较详细的介绍。

iPhone 开始满足人类悠久的信息需求:我们需要任何信息和一切信息,无论何时何地都需要,只要信息存在,我们就要去寻求。和一切人性化趋势媒介一样,智能手机实现了我们想象的景观——把报纸、互联网网页、Facebook 上的朋友、Twitter 和 blogging 带进我们手中那块小小的屏幕上。此前,只有回家、在办公室或有电脑的地方,我们才不至于只能想念或想象这一景观。总体上对生活而言,《滚石》(Rolling Stone)杂志的名句"你不能总是得到你想要的一切"可能永远都是正确的,但就信息而言,iPhone 使这句名言不那么正确了。

7.5 硬件之必需

智能手机和平板电脑显然是物理设备,使一个道理一目了然,但还值得你注意:无论新旧媒介或介乎其间的东西都需要设备或硬件。思想需要大脑方能传播和维持。不在脑子里的信息需要设备去创造、储存、传播、接收和维持。在旧媒介领域里,图书和报纸需要纸张和印刷机。广播和电视需要发射塔(有时还要卫星)和接收设备。

在新新媒介运行过程的两个节点上,设备和硬件也起到关键的作用。首先,系统比如 Facebook、Twitter、YouTube、Wikipedia 和 Foursquare 都需要中心计算机。使用者看不见硬件,他们耳闻目睹的仅仅是新新媒介。因此,本书没必要讲解硬件。有兴趣的读者可以参考各种文献,比如 Wikipedia 服务器(2012)、贾斯廷·史密斯(Justin Smith,2008)、雷顿和布拉泽斯(Layton & Brothers,2007)的文章。这些文献都检视复杂的"服务器",服务器不仅使新新媒介运转,而且使旧媒介运转,同样使今日世界的许多其他事物比如银行系统运转。

但在硬件领域的另一端,我们看见人们用来阅读、书写、观看、聆听和生产新新媒介的技术,也就是我们握在手里的设备。有了这些设备,我们就能用新新媒介工作和游戏了。有了台式电脑、笔记本电脑、手机或类似手机的设备,我们就可以阅读或撰写博客、观赏 YouTube 上的视频、收发推文了。

新新媒介出现之前,这些硬件设备就已经存在。它们过去是现在仍然是 iTune 播放器、Amazon 网店和《纽约时报》网络版运行的设备。在智能手机和平板电脑问世之前,便携设备如笔记本和手机在新新媒介中已在发挥特别重要的作用(关于移动通讯媒介的演化,见 Levinson:"Cellphone:The Story of the World's Most Mobile Medium,"2004)。无论你是在 Facebook 上给朋友写信、在 Wikipedia 上查阅资料或进行编辑、在 YouTube 上评论别人的视频,你能在自己选择的任何时间地点用笔记本和手机从事这些活动,这就是新新媒介最重要的特征之一。

2007 年 7 月,第一只 iPhone 手机问世时,新新媒介已有了长足进步,但 iPhone 捕捉并促成了设备移动性和使用者控制力的联姻。我们可以说,有了 iPhone 以后,我们第一次有了一种特殊设计的独特设备,它使我们能随时、随地、随意使用新媒介和新新媒介了。

Twitter 在 2006 年问世。从一开始,Twitter 的固有属性就是移动。你能在手机和智能电话上用 Twitter,移动性似乎是这些设备的界定性特征。

2008 年 8 月 20 日,Wikipedia 系统实现了移动性——你可以用 iPhone 免费上网快速浏览 Wikipedia 了(Pash,2008)。这是一个前奏,2008 年年底,"Wikipedia 正式推出移动版",这是一个特别适合 iPhone 和移动上网的版本。2005 年 5 月,Blogspot 推出"移动博客";2007 年,Google 推出"含移动内容的 AdSense"。自 2006 年起,Myspace 有了移动功能;2007 年,Facebook 也紧跟其后。Foursquare 系统是这一切动态的逻辑结果。

移动性新新媒介的应用和移动性硬件设备互相促进,形成显著而强大的互相推进关系:新新媒介的移动应用功能越好,拥有"酷"型移动服务的刺激就越大;反过来,移动设备越好,开发新新媒介移动应用功能所受的刺激就越大。一种移动设备激发了新新媒介的狂潮,成为典型的新新媒介,这就是人人手握怀揣的 iPhone。它比其他任何移动设备都略胜一筹。

但和免费的新新媒介系统,如 Facebook 不同的是,移动硬件要花钱,有时很破费,移动设备要钱去嵌入"数据平台",以便用新新媒介去收发文本、图像、声像和视频。

7.6 移动之代价

耗资不菲是问题的症结。电子媒介始终是负担,从广播电视开始就是这样的,这就是电子媒介与印刷媒介交易的代价。固然,我们收听的音乐和谈话节目不花钱,我们在电视网(非有线电视或直播电视公司)上收看节目是免费的,不像书籍和报纸要花钱买,然而,我们买收音机、电视机却要花钱,电视机比图书报纸贵得多。

新新媒介继承了这一电子媒介传统,但正在失去一大捎带的优势:在已经拥有并使用的旧设备比如电脑上,免费收发电子邮件的优势就失去了。用笔记本电脑写博客、看 YouTube、Wikipedia 或 Facebook 或收发推文时,如果你已经拥有笔记本电脑,所有这些新新媒介活动都是免费的。相反,如果你不得不买移动设备,如果使用移动设备每月要付服务费,移动媒介上的移动服务就与免费服务及其优势背道而驰了。

再者,有些移动媒体上的应用服务比如红极一时的游戏"愤怒的小鸟"(Angry Birds)就不是免费的(价格是 4.95 美元),截止到 2012 年已下载 5 亿次,苹果店已售出 1 200 万件。再说 Foursquare 是免费的,但如果你没有智能手机或平板电脑,又想在你喜欢的地方"签到",你就得先买一部智能手机或平板电脑。

智能手机或平板电脑价格不菲。它们正在与"互联网······这一捉摸不定的自由土地"迎头相撞吗(Anderson, 2008)? 这是几年前安德森提出的问题。2008 年最后一季度,一般的旧款手机的销售量下降了 12%;2009 年,智能手机在北美的销售却上升了 70%(Reardon, 2009)。

然而,到 2011 年,智能手机的销售"疲软"(King, 2011),苹果公司的 iPad 主导的平板电脑的销售却是"爆炸性"的(Arthur, 2011)。这说明,配有移动应用软件的新新媒介具有强大的诱惑力,足以刺激这种那种移动设备(智能手机或平板电脑)的增长,足以抵消自 2008 年以来经济危机使可支配收入减少的影响。未来用 Foursquare"签到"显然会更多。如果移动设备和新新媒介系统不受经济萧条的影响的话,试想想在繁华的时代里它们会是多么突飞猛进啊。

7.7 新新媒介在无用之地变得有用

几年前,我乘电梯时曾虚惊一场。在两层楼间,电梯卡住,一抖,然后才恢复上行。

我禁不住想:移动媒介会使每个地方都更加有用。停顿的电梯、塞车时的汽车、无休止等候医生看病的候诊室——在所有这些地方,只要有平板电脑或智能手机,原来的无用之地就变得有用了。

结果,我们在自己的生活中享有日益增加的自主性和控制力。花钱配备具有新新媒介功能的便携工具就有意义了:当我们陷入一个无用的地方时,我们就有了很多选择——读博客、写博客、宣传博客,观赏 YouTube 上的视频,阅读或撰写 Wikipedia 词条,在 Facebook 上祝朋友生日快乐等(由于需要更大的带宽，Second Life 尝试植入移动媒介是最不成功的——见 Talamasca，2008）。

这些情况实际上是用 Foursquare"签到"的反面。移动通信设备不仅使你能在不想逗留的地方用 Foursquare"签到"，而且能在互联网上去任何地方。我们无所事事时，那是因为我们不想做事，而不是环境迫使我们不能做事——这种情况日益清楚了。

7.8 汽车、公园和卧室里的智能电话

2004 年写《手机》时，我详细分析了移动电话如何使我们斩断脐带、摆脱家庭和办公室固定电话的束缚；手机使我们能到外部世界里去徜徉，或步行，或乘车兜风，使我们能靠说话或短信与我们需要联系的人保持接触。总的原理是，手机把我们从住宅和办公室里解放出来。我探索手机产生的一个后果：我们获得自由走向户外。

当然，我们不在家或办公室的时候，也能用智能手机和平板电脑上嵌入的新新媒介。用 Foursquare"签到"联系同窗就不在家里或办公室里。但由于我们想要在 Twitter、YouTube、blogging 和 Facebook 上与朋友联系，想要写博客和推文，所以卧床也成了我们使用新新媒介的主要场所之一。实际上，卧床和公园与写字台的距离相等，不过，它们和写字台的功能大不相同，且指向不一样。智能手机既能使我们用新新媒介享受更多的私密（卧床上），也能表现出更多的公开性（公园里）。

自 1929 年特朗西通公司推出车载收音机以来，离家在外、离开办公室时，汽车就成了使用电子媒介的最普通的场所（Levinson，2004）。但收音机是个特例，至少对开车人比较特殊，因为他可以边听收音机边开车，看路况，可以注意看其他东西。相反，如果开车时看电视剧或在 iPhone 上看 YouTube 视频，那就是走向最可怕灾难的捷径：我们的眼睛不能看两个地方，不能同时仔细看两个事物。同理，开车的人读网络报和 blogging、查 Wikipedia 也不安全，在 Wikipedia 上写作和编辑更不安全。相反，乘车的人可以用智能手机阅读、书写、看图片或视频，还可以用其他新新媒介与朋友互动，那倒是很安全的。

在住宅和办公室外使用新新媒介的便捷性日益增加，但这种可能性多大程度上真能使人在汽车里、卧床上、公园里等地方使用新新媒介呢？坐在公园长椅上看书读报是一个悠久的传统，这就意味着，在公共场所用新新媒介阅读、书写和观赏的习俗会有光明的未来。除了录制播客以外，新新媒介都不需要说话，所以，智能手机上的新新媒介有一个胜过普通手机的优势：不打扰周围的人（关于

使用手机的礼仪,见 Levinson,2004)。网吧和无线上网的星巴克里可以被视为走向任何地方和一切地方的征程已经启动了——从星巴克里的笔记本到无处不在的智能手机,新新媒介的光明前景就在眼前。

7.9 电池是新新媒介的软肋

一切移动电子媒介的软肋都是电池,2007 年第一款的 iPhone 即为一例。它是新新媒介走向公开场所的第一步,但电池只能用 30 分钟,时间的长短取决于任务——看视频、打电话或上网。2010 年的 iPhone 4 的电池的工作时间只有 4 个半小时。笔记本电池能用的时间更短,需要频繁充电的弱点更是广为人知。因电池耗尽而死机已成为手机的"慢性病"。

解决办法在于:我们看到纸媒阅读有胜过屏幕阅读的优势。纸媒只需要阳光或人工照明就可以阅读。最终的出路在于:智能手机和平板电脑的"电池"靠阳光或环境光源充电。

新技术使我们摆脱以前不太方便的技术,但"智能电池"可能会比当前的"愚笨"电池贵得多。然而一旦实现标准化,电池就不再是移动设备的薄弱环节了。

7.10 iPhone、平板电脑、蓝牙和大脑

媒介融合意味着,起初功能不同的两种以上的媒介,由于开发出交叉和叠加的功能,逐渐成为相同的媒介,甚至是单一的媒介,而且其功能还有所增加。这是几十年来广为人知的媒介演化的重要原理(见 Levinson,1997)。

智能手机从一般手机演化而来。我们用普通手机通电话、收发短信;用智能手机还可以上网工作和游戏。起初是用来收发电子邮件的移动设备,手机收发邮件功能已有几年历史,它正在开发日益增多的利用互联网上新新媒介的功能。iPhone 手机从一开始就具有新新媒介功能和电子邮件功能。这两种移动设备与其他智能手机一道,正在日益合而为一。iPhone、黑莓(首款收发电子邮件的移动设备)和安卓是智能手机。平板电脑从笔记本演化而来,平板电脑是移动电脑,起初要配 modem 和 wi-fi;后来的平板电脑更轻便,数据平台相同,像智能手机一样容易上。iPad 和 Kindle 是平板电脑,都容易上网,Kindle 有收发和阅读图书的特殊功能。

当前,智能手机和平板电脑的主要区别是,智能手机能打电话,但屏幕和键

盘都比平板电脑小。然而,借助 Skype、Google 等互联网服务功能,平板电脑越来越像智能手机。两者都有类似的录像和视频会话功能。

一切移动媒介的下一步发展就是:新新媒介设备会越来越小型、轻巧。这方面已取得长足的进步。巴克敏斯特·富勒①的"迪马克喜翁原理"(dymaxion principle)(1938)认为,新技术越来越小巧、强大——材料越来越少,功能越来越强。21 世纪的移动媒介最完美地证明了这条原理。

这一切始于人的大脑,其质量为 1 000 多克,却是最原始的、终极的新新媒介。我们的大脑阅读、写作、观看和聆听——能接收并生产新新媒介的一切内容,姑不论大脑还有思考、感知、相信、做梦、幻想等功能。2007 年,我上马克·莫拉罗(Mark Molaro)主持的"壁龛"(Alcove)访谈节目,首次论述"新新媒介"。正如那次访谈所言,我们的大脑拥有从事多重任务的功能;未来,这一功能凯歌高奏时,至少我们有些人能够靠植入大脑的数字芯片生产出我们靠新新媒介生产的东西。这些人的大脑将直接接受新新媒介的语词、形象和声音,而不必靠眼睛和耳朵先加工形象和声音的内容。蓝牙这种无需手持的技术仅仅是这个方向上迈出的第一步。然而,由于眼镜和隐形眼镜等外配设备和内置的大脑芯片不同,蓝牙之类的技术虽然科学上可行,离公众接受却路途漫长。

那次的访谈录留在 YouTube 上。有一条评论说,人们不太可能接受植入芯片。

我的回答是,那不是终极问题。新新媒介的实质就是选择。

我们在下一章转向新新媒介的其他选择。这些系统曾经是新新媒介里的巨人,至少比 2012 年的今天重要。人的选择使它们不再那么地位凸显、广受欢迎,但在新新媒介演化的世界里,它们仍然具有重大意义。

---

① 巴克敏斯特·富勒(Buckminster Fuller,1895—1983),美国建筑学家、工程师、发明家、哲学家兼诗人,被认为是 20 世纪下半叶最有创见的思想家之一。建筑设计富有革命性,运用所谓的迪马克喜翁原理(Dymaxion principle),主张以最少材料和能源求得最佳效果,设计了一批永垂不朽的著名建筑,获英国皇家建筑金质奖章,1968 年获得美国文学艺术协会金质奖章,著有《太空船地球使用指南》等。

第八章

地位稍次的新新媒介

第八章 地位稍次的新新媒介

21世纪媒介演化风驰电掣的速度使一些重要的新新媒介进了尘封的历史,至少不再像几年前那样风光。然而,它们还是值得我们注意,因为它们还在起作用,而且它们还能告诉我们,2012年领头的新新媒介是如何崛起的。

8.1 Myspace

一切新旧媒介都具有与生俱来的社会性。即使古代的象形文字至少也需要两个人才能起作用:一人写,一人读,一切交流都需要多人参与。独自一人说或写的一个词,无人听见或看见,那就犹如谚语所谓的林中枯木倒地,无人耳闻目睹而已,那不是交流。

所有的新新媒介都使自身重要的社交性得到提升。如果没有编辑团队,Wikipedia是不能运行的。没有人评论的博客从技术上说仍然是博客,但与其说它是博客,倒不如说它更像单向的杂志和报纸的网络版。可以说,没有人评论的博客更像一种新媒介,而不像新新媒介。纸媒报之类的旧媒介也刊登读者来信,但读者来信在报纸的日常运作中所起的作用很小,不能与blogging得到的评论相比。

然而,一些新新媒介不仅增加了社交要素,而且使之成为主要功能。Wikipedia需要成群的人撰文和编辑,但这些群体里的读者/编辑并不认为自己是"朋友",肯定不是离线朋友,连在线朋友也不是。与之相比,如上所见,Facebook的基本要素不是Wikipedia的文章或编辑,不是YouTube上的视频,不是Twitter上的推文,也不是Foursquare上的"签到",而是使人能建立关系,无论其目的是什么。Facebook的界定性要素是朋友。

但Myspace抢先一步。

8.1.1 网"友"之缘起

初创及大部分时间里,Myspace的简明标记为My[_____],2003年8月由"电子宇宙"网站(e-Universe)的主管布拉德·格林斯潘(Brad Greenspan)及其同事汤姆·安德森(Tom Anderson)、克里斯·德沃尔夫(Chris DeWolfe)和乔希·伯尔曼(Josh Berman)创建。Myspace拓展了社交能动性,其社交功能的基础是美国在线(America Online)、电脑信息服务(CompuServe)公司、留言版、论坛和计算机会议(详见 Levinson,1985 和 1997;Ryan,2008;Vedro,2007)。但正如交友网(Friendster)一样,可见新新媒介开户不收费的价值。2005年7月,鲁珀特·默多克(Rupert Murdoch)的新闻集团斥资5.8亿美元收购了Myspace。自此直至2008年,Myspace是网上社交媒介巨头之一(另一巨头是Facebook,彼时略小于Myspace)。在巅峰期,其用户逾3亿人(另一巨头是Facebook)。2011年,Myspace被电影明星贾斯汀·提姆布莱克(Justin Timberlake)和"特效媒介"(Specific Media)收购,那时,Myspace已缩水九成,用户只剩3 000万了。

2003年至2009年,Myspace的宣传口号"朋友之家"(Place for friends),相当于《纽约时报》的口号"一切适合印发的新闻",或者FOX新闻的口号"公正与平衡"(fair and balanced)。"朋友之家"如今还真实吗?用来描绘Myspace,它是否像YouTube的"广播你自己"(broadcast yourself)那样精确呢?

它是否更像《纽约时报》自1897年以来报头那古典的宣传口号"一切适合印发的新闻"呢?我们在第三章里已经看到,它掩盖了这样的事实:它印发的并非"一切适合印发的新闻",而是"一切《纽约时报》认为适合印发的新闻"。福克斯1988年的口号更加主观,批驳它反而更不容易,比如何谓"公平"?除了FOX自己,谁也不会说,它那主持人和评论员的阵容就具有"平衡"的特征,左翼和右翼的平衡说不上,连民主党和共和党观点的平衡也说不上。

如何看待Myspace上的"朋友"?我们在Facebook里看到,纯粹的"网友"只有一点与离线情况下亲自接触的朋友相同,他们共享一两种兴趣爱好。但在Myspace上,这种共同的兴趣发生了丑陋的转向。

8.1.2　Myspace上的"欺凌"

Myspace的任何用户都可能用完全虚假的身份,名字、性别和年龄都可以作假,这就为滥用和危险的行为开启了各种各样的可能性。任何新旧媒介都难免被用于羞辱、危险和犯罪的行为。在下一章里,我们将要检视一些虚假身份引起的误用和滥用,以及新新媒介的其他阴暗面。然而,洛丽·德鲁(Lori Drew)的网络欺凌案子很典型,说明Myspace的固有性质可能会使人犯大错误——社交媒介可能被用来杀人,或导致"朋友"的死亡。在这一章里,我们要考虑社交媒介被滥用的情况。

首先,这个案子并非一望而知的网络骚扰例子。典型的例子是,某人用假名字和假照片在 Myspace 上与另一人联系,一般是寻找一位容易受伤害的少女,为了恶意的目的与这位新朋友见面。矫正这种网络骚扰的办法是:绝不要亲身会见网上认识的任何人,除非是在非常公开而安全的地方。

洛丽·德鲁的这个案子也不是典型的网络欺凌。典型的案子是:一人或多人骚扰一个人,目的就是要骚扰、讥讽或侮辱人(见下一章)。

洛丽·德鲁的网络欺凌有一点不同。不过,其发生原因仍然是:除了离线场合已经认识的人之外,任何人都不可能了解网友究竟是什么样的人。

这个案子的背景如下:据这位 49 岁的母亲洛丽·德鲁自述,她 13 岁的邻居梅根·梅尔(Megan Meier)造谣侮蔑她的女儿。洛丽·德鲁要报复。她化名"乔希·伊文斯"(Josh Evans)上 Myspace 与梅根·梅尔交往,假装爱上梅根。13 岁的梅尔确信,"乔希"爱上她了,乔希/洛丽却在短信里对她说:"这个世界没有你会更好。"为此而郁闷的梅根自缢身亡(Masterson,2008)。

梅根·梅尔所在地的密苏里州检察官不能对洛丽·德鲁提起诉讼。但洛杉矶(Myspace 的东家新闻集团/FOX 的总部在此)的联邦检察官对洛丽·德鲁提起诉讼,指控她三宗非法使用电脑罪(轻罪),又在计算机欺骗和滥用的罪名下控告她一宗密谋重罪。陪审团裁定她三宗罪名成立,这是较轻的指控。

金·岑特尔(Kim Zenter)在"连线"网上指出(2008 年 11 月 26 日),这次指控的基础是一个"新奇"的等式,检察官将滥用 Myspace 的骚扰行为(违反其"使用条件"协议)和联邦法律禁止的"黑客"行为画等号。虽然 Myspace 支持这一指控,但许多法学家和公民自由至上主义者却持反对的立场(Zenter,2008 年 5 月 5 日)。虽然我几乎总是赞同公民自由至上主义者的观点(见我的《捍卫〈第一修正案〉》,2005),但在这个案子里,我却不赞同他们的观点。我认为,即使只定轻罪,这一判决也开创了一个重要的先例。用虚假的身份寻乐、玩游戏和非商业活动,那不构成伤害。但用虚假的身份去伤害人,尤其成人如此伤害儿童,那就是骚扰,不应该受到《第一修正案》的保护。2009 年 6 月,一位联邦检察官却宣告有意推翻那一判决,但我仍然相信,判决是正确的(见 Zavis,20009)。

从某些方面来看问题,梅根·梅尔自缢身亡最令人不安的是,她不是死于"传统的"网络骚扰,并不是愚蠢地死于与网友在隐秘的地方幽会,实际上,她没有做错事,也没有干傻事,只不过情迷于 Myspace 上的一位"男孩"。

为保护我们的孩子免于这种潜在的致命弊端,我们能做什么呢?

我们不要让他们完全不上网,也不要禁止他们与不认识的人"交朋友",实际上这两种办法都可能行不通。唯一矫正的办法就是要让成年人负责,正如陪审团要洛丽·德鲁承担刑事责任一样。

然而,儿童也可能在Myspace上或其他网站上伤害儿童。没有任何法律或执法手段能完全防止我们最恶劣的本能,这样的本能在新新媒介、新媒介或其他地方都有表现。

8.1.3 新新媒介为网络欺凌疗伤

我在Myspace上就梅根的悲惨故事写了一个帖子(Levinson,2008)。几天以后,一位公关业人士来信,叫我注意刚刚发布的一首新歌,"地上真理"(Truth on Earth)乐队演唱的"空枪射杀"(Shot with a bulletless Gun)。歌词是这样开头的:"我想解释你感觉如何,一个孩子用空枪射你的脑袋,你却不知道他是谁……"(由其乐手Serena、Kiley和Tess创作)

"地上真理"乐队建了一个网址(http://truthonearthband.com),除了提供MP3和歌词外,一个链接使读者能"读到网络欺凌的事实"。乐手是三位少女。影响她们的音乐人有"克罗斯比(David Crosby)、斯蒂尔斯(Stephen Stills)和纳什(Graham Nash)的乐队,克里登斯清水乐队(Creedence Clearwater),莱纳德·斯吉纳德乐队(Lynyrd Skynyrd),杰思罗·图尔乐队(Jethro Tull)和埃里克·克拉普顿与卡洛斯·桑塔纳(Carlos Santana)乐队",她们所受的社会影响包括马丁·路德·金(Martin Luther King, Jr.)和圣雄甘地(Mahatma Gandhi)。

"地上真理"声称,其"主要目标是提高觉悟,使人人都成为解决问题的答案,而不仅仅是经历那些问题"。

我认为,这个乐队说明,新新媒介能为自己的弊端提供矫正手段,网络欺凌的弊端也能矫正。其矫正功能不是灵丹妙药,但至少是疗伤的手段;乐队提醒人们注意网络欺凌的危险,这有助于控制新新媒介的滥用(关于"地上真理"乐队,详见本章8.1.5节"Myspace音乐"和本章8.4节Podcast)。

2008年,Myspace的用户开始流失,走向衰落,再未康复。没有科学的民调说明,人们为何离开Myspace。但公平地说,梅根·梅尔在Myspace上的遭遇使之成为不吸引人的地方,使人觉得它不"酷"。

8.1.4 Myspace是一站式社交媒介的自助餐厅

新新媒介的宗旨是什么?换言之,新新媒介做什么?对一些系统而言,这个问题容易回答。Wikipedia是百科全书,Digg提供标题新闻服务,YouTube展播视频，Blogspot 显然是博客人的东道主。我们可以说，Myspace 让人相会，所以它是社交媒介。然而，对其他一些系统比如 Twitter 而言，答案并非一目了然。说 Twitter 的功能是鼓励推文，那是同义反复，并产生另一个问题：推文是什么？简单的回答是，推义是意见、情感的简短表达，但这样的回答比百科全书或视频的答案长。

Myspace 是什么、Facebook 是什么的答案长，另有一个独特的原因。两者都同时做许多事情，就像真正的朋友在线下所做的那样。最佳的答案是，他们都没有单一的宗旨或功能。在极盛期，Myspace 宛若一家自助餐厅，"朋友"在此相会，聚首在一个平台，从事各种新新媒介的活动，包括私密通信、留言、群发短信、写博客、贴照片、上传视频和音乐、即时通信、组织兴趣小组等。

Myspace 网友的"自我介绍"网页上的帖子包括照片、视频、音乐和文字，这样的履历就是网络名片或一站式自我推销，包含用户的头衔、社会地位、网上和网下的专业追求。

Facebook 继承并拓展了以上众多的服务，Myspace 则将重点放在音乐上。

8.1.5　Myspace 音乐与新新媒介

Myspace 的"音乐网页"(music pages)尤其具有革命性。传统的唱片艺术家的成功之路是引起唱片公司的注意，唱片公司的"人才与作品"部的人员会到音乐会上去揽星；另一条成功之路是将自己的演唱录音寄送给唱片公司。唱片公司喜欢的方法是到音乐会上去揽星，因为它借此衡量潜在的唱片艺术家能在多大程度上引起公众的兴趣。

2005 年 Myspace 启动的"音乐网页"提供了另一种路径。在 Myspace 开户，建一个专用的网页，用 MP3 格式展播自己的作品。然后邀请人来免费听音乐。你逐渐壮大朋友的圈子。等到时机成熟时，你让唱片公司了解你的音乐专用网页引起的兴趣。

如今，音乐人通过新新媒介而成功的典型路径是：音乐人、潜在的唱片艺术家个人或团队不再依靠中间人介绍去加入俱乐部，也不再依靠俱乐部为自己张罗音乐会，借以让唱片公司了解音乐人对听众的影响。相反，唱片艺术家可以在 Myspace 上建立自己的俱乐部，找到自己的地盘去演唱。于是，他们就在成功路上剔除了层层叠叠的中间人和专家。

Myspace 的"音乐网页"容纳了很多不同风格的作品。只有少数人使自己的音乐网页从默默无闻跳升到明星的层次，就像 YouTube 上的贾斯汀·比伯一样。但 Myspace 对任何人和通俗文化的重大影响是显而易见的。

爱尔兰都柏林的凯特·纳什(Kate Nash)2006年2月18日在Myspace上起家,她先"找一位经纪人,然后才寻找制作人"(Wikipedia, 2009)。她的第一首单曲在冰岛制作,2006年的发行量只有1 000张。此间,她在Myspace的粉丝根据地扩大。截止到2012年2月,她的网页浏览量已达2 600万次,她的《砖造》(*Made of Bricks*)专辑达到了白金销售量(一百万张),2007年在英国的销售榜上夺魁。

2005年11月伦敦歌手莉莉·艾伦(Lily Allen)"在Myspace上开户,贴上她的样带"(Wikipedia, 2012)。她引起了粉丝和主流报界的兴趣,英国《卫报》(*Guardian*)的一篇文章尤其看好她(Saywer, 2006)。她的单曲《微笑》(Smile)连续几个月在英国高居榜首,她的专辑《就是要搞怪》(Alright)售出了330万张。截止到2012年,她的Myspace主页浏览量已达7 200万人次。

希恩·金斯顿(Sean Kingston)也借用Myspace起家,但他的方式略有不同。他原名基西恩·安德森(Kisean Anderson),生于佛罗里达州迈阿密市,在牙买加金斯敦长大。他解释成功的秘诀时说,2007年夏天,他在Myspace开户以后,给唱片制造商乔纳森·罗滕(Jonathan Rottem)发信,每天几次,连续四个星期,引起罗滕注意(Kingston, 2007)。自此,金斯顿的歌曲在美国、加拿大和澳大利亚都曾经夺魁(Wikipedia, 2012);截止到2012年,他的Myspace网页浏览量已达1.14亿人次。

截止到2008年1月,Myspace上的音乐网页超过了800万,它们在激烈竞争,争取被人注意(Techradar, 2008)。几乎无人能敌纳什、艾伦和金斯顿的成功,其他一些人在Myspace上也不同程度获益了。

2008年11月,我在Myspace上发表一篇讲网络欺凌的帖子后,"地上真理"乐队的宣传员与我联系,想让我链接乐队的新歌《空枪射杀》。我立即意识到,这是互联网用音乐治疗网络欺凌伤痕的一个例子。

我们与"地上真理"已有邂逅,其音乐是有关网络欺凌的。2008年4月,它在Myspace上建立了网页。9个月以后,他们与我联系合作。到2012年1月,其网页浏览量已达14 000人次(与此相比,到2012年1月,我的Myspace网页浏览量已达将近5 000人次)。

"地上真理"几乎加入本书介绍的一切新新媒介的运行。它在YouTube上有网页和账号(截止到2012年,其"频道"有32 000人次浏览);它的Twitter有1 400人跟随;它在Facebook上有"乐手/乐队"网页,有90 000人"喜欢";它在Blogspot上开了博客。它还活跃在其他一些本书未介绍的社交媒介里,其中包括"我喜欢网"(I like)。它的音乐在Amazon和iTunes上销售,70%的收益捐助给社会事业。"地上真理"尚未跻身主流,但 Myspace 主页有助于该乐队参与游戏,尤其在它创建初期的关键日子里。

和 Myspace 竞争的其他音乐网站(给音乐人上传作品提供网页)有"声霄"(Soundcloud,2008 年创建,用户 500 万)、"回荡"(Reverbnation,2006 年创建,2011 年用户 100 万)。两个网站的用户都是音乐人、乐队、MP3 专利人。2006 年创建的 Last.fm 音乐网站主要是收听网站,用户 3 000 万,其中一小部分人有自己的网页。斯波提菲(Spotify)网站创建于 2008 年,2011 年的用户达 1 000 万,2011 年年底,它正在锐意进取,推进优质服务(但用户需付费)(Pham,2011)。

8.1.6 Myspace 诗歌

这一节的标题"Myspace 诗歌"既不是用来描绘一种抒情的关系,也不是用来描绘你能在 Myspace 上发现的一种诗歌创作的方法,而是一群使用 Myspace 的博客的引人注意的自选诗人(一切新新媒介生产者都是自选的)。

兰斯·斯特雷特是我福德姆大学的同事。1998 年,他以传播与媒介研究系主任的身份引荐我到该校任教。我们是朋友和同事、纽约大学同窗,攻读媒介环境学博士,先后师从尼尔·波斯曼(Neil Postman)。在同窗共事的过程中,我们经常讨论新新媒介及其影响。实际上,正如我在本书前言里所言,2007 年我任系主任时,我与兰斯谈起,我们用"新媒介"表示我们的一条重要的研究路子是不合适的;我意识到,用"新新媒介"来命名博客、YouTube、Wikipedia 好得多。

兰斯比我早几个月上了 Myspace。此前一年多的时间里,兰斯与我探讨用 Myspace 推进学术小组的价值(他担任媒介环境学会会长,2008 年,他和我携手若干学者组建了媒介环境学会)。2007 年夏天,他和我一起教授研究生课程,7 月初的一个晚上,他走进我的办公室说:"我终于上了。"他说的是,他在 Myspace 上开了博客。这与他此前(也是在我的鼓动之下)在 Blogspot 上开的博客不同,他准备在 Myspace 的博客里写诗。

此前,他尚未发表过诗歌。在诗歌领域,他是典型的利用新新媒介的非专业生产者。截止到 2008 年 12 月,他在 Myspace 的 blogging 里发表了 150 多首诗,数以百计的朋友发表了 13 000 篇评论,66 500 网友阅览过这些诗歌。大多数朋友也在 Myspace 上发表诗歌。其中一些人比如拉里·库克林(Larry Kuechlin)还出版了"袖珍本"诗集,纸媒实体书,能在 Amazon 网店买到。

2009 年 1 月,兰斯与几位 Myspace 诗友又向真实空间迈出了一步,也就是从新新媒介的领域向旧媒介的世界或人世间又迈出了一步。他们宣告"创建新诗学出版社(NeoPoiesis Press)……一家独立出版社,旨在印行并推进杰出的诗人、作家和艺术家,其作品反映新电子媒介环境里的创作冲动和精神"(NeoPoiesis,2009)。自此,他们发表了14本纸质版诗集,2本小说(包括罗伯特·布莱克曼用Twitter写小说,本书第三章业已提及),一本非虚构作品,这些作品是新旧媒介的混合,是新新媒介活动日益增多的典型表现。

新旧媒介混合的总体模式是:(1)新新媒介兴起,成为替代旧媒介和新媒介的另一种媒介:博客替代纸媒版和网络版报纸,YouTube替代电视,Wikipedia替代纸媒版百科全书,如此等等。(2)新新媒介创建小组、产业和产品,其成果又回到旧媒介的离线世界并获得成功,塔克·麦克斯即为一例,他的博客结集成了一本畅销书(2006)。Myspace的视频也越来越多地进入广播和有线电视网。也许,"新诗学出版社"也把网络成果汇集起来出版了诗集、小说和学术著作。

我们转向网络新闻检索系统,它们对2008年美国的总统大选产生了耐人寻味的影响;现在,它们又帮助我们把"占领华尔街"和2012年美国的总统大选的新闻传播开来。

8.2 Digg 与 Reddit

Wikipedia起初的设想是网上百科全书,同时又被当作报纸来使用。同理,2004年12月,凯文·罗斯(Kevin Rose)、欧文·伯恩(Owen Byrne)、罗恩·戈罗德茨基(Ron Gorodetzky)和杰伊·埃德尔森(Jay Adelson)设计Digg时,有意将其作为互联网新闻的检索系统,可它现在却用作瞬间即可更新的新闻汇编。Reddit 2006年由史蒂夫·赫夫曼(Steve Huffman)和亚历克西斯·奥哈尼恩(Alexis Ohanian)创建,与之同时创建的类似的新闻网站至少还有五六种,比如响闪网(BuzzFeed)、发客网(Fark)和邂逅网(StumbleUpon)。Reddit和Digg上的条目是从其他地方挑选来的,掘客(Digg)本身的含意就是由读者"挖掘"新闻并将其置于首页。在巅峰期,Digg是新闻网站中最大、最具影响力的。2008年6月,Digg在Alexa的美国一百强网站的排名是第32位;但2009年2月,其Alexa排名已降到第272位;2012年1月,其Alexa排名又回升到第179位,落到Reddit第114位之后,Digg的排名曾经在Reddit之上。

据CNET新闻网2008年5月报告,"2008年总统选举来临,Digg在另一批闹嚷嚷的新闻发烧友中热闹起来,他们对政治感兴趣。这使Digg的浏览人数猛涨:如今,它每月的网页浏览量是230百万,访客有26百万,访客每天提交的新闻达15 000条"(MaCarthy,2008)。2012年的美国总统大选开始产生同样有益的效应，Digg 和 Reddit 上都是如此。

Reddit 稳扎稳打，超越 Digg，2011 年秋，它成了报道"占领华尔街"运动的主要新闻网站。它开办了一个 sub-Reddit（红迪子网），专门报道这一运动，只接受这个专题的新闻，用 Twitter 的大标题报道运动的进展。2102 年 1 月，Reddit 还联手 Wikipedia 关闭一天，以抗议"防止网络侵权法案"。不久，参众两院的法案就被迫搁置了（我支持 Reddit 的关闭行动，但对 Wikipedia 停运一天却感到不安，因为我不希望学生使用不了其词条，见 Levinson, "Is Wikipedia Wrong", 2012）。

Digg 和 Reddit 的运行方式基本相同。注册用户可以粘贴有网页地址的任何东西，博客帖子、网络报新闻、照片、视频都行。所有的用户都可以挖掘或埋葬帖子，数量不限，他们投票决定帖子的上下。这些做法的词语名副其实，"挖掘"和"上"就是赞同；"埋葬"和"下"就是不喜欢。

帖子或提交的链接被"挖掘"（Digg）的次数达到一定的标准（具体数量不披露），同时又没有遭受最低限度的"埋葬"（Bury）时（Digg 对其计算挖掘/埋葬的方法保密），提交的新闻就"受欢迎"（Popular），被置于 Digg 的首页了。Reddit 的运行相同。

用户还可以评论网上的帖子。评论的数量对帖子是否"受欢迎"产生一定的影响。评语可以表示支持或批评，评语本身也受制于挖掘或埋葬、上或下的票选，Digg 与 Twitter 和 Facebook 有广泛的整合。用户在 Digg 上的活动也可以在 Facebook 网页上显示。Reddit 的"共享"选择仅限于电子邮件（截止到 2012 年 1 月）。

在此，我们可以再回头看《纽约时报》号称的发表"一切适合印发的新闻"。Digg 和 Reddit 在首页上刊发读者支持的一切帖子。相反，《纽约时报》和一切旧媒介实际上都挑选新闻，线上和线下的旧媒介都是这样的，选择由小群的编辑决定。

然而，Digg 和 Reddit 的运作方法并非总是符合其理想。与一切由普通人和非专家指引的新新媒介一样，Digg 也受滥用和"博弈"（gaming）的影响，用户可能会结伙把某些新闻顶上首页，而不是挖掘他们真正认为值得上首页的新闻。

这是和民主一样古已有之的弊端：越是向民意开放的程序、政府或新闻出版，越容易受到伤害，小群人可能会利用民主的杠杆使民主程序对自己有利。在政治活动中，我们称之为"游说"（lobbying）。在 Digg 和 Reddit 等新新媒介中，这叫做"博弈"。我们检视 Digg 和 Reddit 的民主化技法，考察"赌客"（gamers）如何利用这些技法，研究其民主化技法和博弈的弊端可能对世界产生的影响。

8.2.1 呼朋唤友,花钱买"挖掘"或"埋葬"

原则上说,Digg 上的新闻应该根据读者个人的评估而被挖掘或埋葬。但实际上,挖掘或埋葬常常是通过读者刻意造势的集聚效应。正如 Wikipedia 上的"肉偶"(meat puppet)("马甲"这样的操纵总是不道德的)一样,Digg 始终存在这样一个问题:如此追求的挖掘和埋葬是否有效?换句话说,Digg(或葬客)自己有动机去挖掘或埋葬那条新闻吗?或者那只不过是这样一个事实:挖掘或埋葬之所以发生,那是因为读者受到引诱去使某一挖掘或埋葬无效呢?

Digg 对读者挖掘和埋葬的回应是不一致的。2007 年至 2009 年,Digg 有一个突出的特征,它允许用户"呼唤"(Shout)的"朋友"多至 200 人。如此的呼唤可能会鼓励挖掘或埋葬的行为。鼓励挖掘比较容易,只需说"共享"就构成默认的呼唤。为了求人"埋葬",呼唤者不得不附上短束敦促网友"埋葬"。2009 年 5 月,Digg 撤销了"呼唤"这一特色,鼓励 Digg 用户在 Twitter 和 Facebook 上去呼唤,Digg 向他们提供链接 Twitter 和 Facebook 的按键(Milian,2009)。

所以,Digg 网管关切的不是它自己的"呼唤"特征,或者某条新闻在 Twitter 和 Facebook 上非正式的共享和宣传,而是网上网下造势者的挖掘或埋葬,包括旨在为一则新闻生成一定数量的"挖掘",以求一篇 Digg 挣的钱在 1 美元以上(Newitz, 2007)。一位博客人可能会受到引诱去利用 Digg 这一有偿的服务,不仅去争取更多的读者,而且通过有偿 blogging 来赚广告费;只要有许多读者,博客人就能挣钱。

这样争取到的读者人数相当可观。2007 年至 2008 年,我有 10 篇博文成了 Digg "受欢迎"的帖子,读者人数最少的一篇有 15 000 位读者,最多的一篇吸引了 50 000 位读者。如果与我从这些访客得到的买书收入和广告费收入相比,我从 Digg 上"受欢迎"的文章所得到的收入不仅不够我退休后生活之用,而且连购买上 Digg 首页的"挖掘"数也不够(假定上首页的新闻是每条被挖掘 150 次需要支付 1 美元,不过,大多数上首页的新闻至少要被挖掘 200 次至 300 次)。

不过,Digg 不讨厌在其他网址上去推销自己的新闻。它提供各种"按键"和微件,博客人可以将这些"按键"和微件放在自己的网址上,于是,读者就可以直接在 blogging 帖子上挖掘文章。《赫芬顿邮报》和"新闻批评博客网"(Blogcritics)有一些微件表明它们的新闻在 Digg 上冲浪的情况。

在 Digg 上推销新闻有一些道德底线:其他互联网网址上出现并推动的新闻靠"朋友"在 Digg 上推进(或抛弃),那是没有问题的。其他互联网网址上靠小组推进和抛弃的新闻尤其有金钱交换的行为,如果搬到 Digg 上推销,那是不好的。当然，用"马甲"来挖掘或埋葬的做法在 Digg 上也是不允许的，就像 Wikipedia 一样。与 Wikipedia 一样，这样的事情在 Digg 上肯定是可能发生而且的确是在发生的，直到被揭发出来（关于 Digg 博弈和预防的分析，见 Saleen，2006 以及 Saleen，2007，"Ruining the Digg Experience"）。

Digg 明确标示"使用条件"（2009）："不能刻意用来人为吹胀和修改'挖掘计数'、blogging 计数、评论和任何其他的服务功能，包括另外开户头以人为修改 Digg 提供的服务；不能收钱、付钱或用其他形式的报酬以换取选票；不能参与任何有组织的行为以任何方式人为修改 Digg 服务的结果。"

Digg 对用户挖掘的真实性非常关切，既然如此，其用户的挖掘活动对非数字的、线下世界有何影响呢？

8.2.2 罗恩·保罗与巴拉克·奥巴马在 Digg 上对阵

2007 年至 2008 年的共和党候选人罗恩·保罗参加初选时，有关他的新闻在 Digg 上很受欢迎。2007 年 8 月，CNET 新闻网报告，他"在 Digg 上得到的提名达 16 万次，比尾随他的最受欢迎的 4 位候选人相加的次数还要多"（McCullagh，2007），报告同时指出，"民意调查的数字表明，在共和党的候选人中，他只能得到 2% 的选票"。实际上，保罗在大多数州的共和党初选中只得到不及 5% 的选票。有关巴拉克·奥巴马的新闻在 Digg 上也很受欢迎，但他在初选时不如罗恩·保罗成功。那么试问，为什么奥巴马在真实的、离线政治中成功，而罗恩·保罗却不成功呢？

轻率的解释是，罗恩·保罗在 Digg 上的成功是吹胀的、操纵的或博弈的结果，奥巴马的不成功是因为没有用这样的手腕。这种解释也许是不正确的。虽然对两位候选人的支持者如何在 Digg 上宣传他们的手法我们没有可靠的、经过验证的了解，但我们没有理由认为，罗恩·保罗的支持者所做的事情更多，他们与奥巴马的支持者的所作所为有什么差异。

罗恩·保罗在 Digg 上有很高的知名度；在此，他比奥巴马更吸引公众的注意，因为在离线的民调和初选中，保罗获得的支持度很低。起初，观察家预告并贬低他，说他是"边缘人"占据了"互联网"（Spiegel，2007）。不久，他在 Digg 上的成功就受到社交媒介经营者的注意和严肃的分析；比如，穆哈马德·萨利姆（Muhammad Saleem）2007 年 7 月就写道："几个月前，候选人罗恩·保罗在各种社交网站上受欢迎的程度使我吃惊。我想，那不过是网络民主在起作用。然而几天以前，我们的看法改变了。"罗恩·桑松（Ron Sansone，2007）揭示了这一改变的原因。桑松调查的结果使萨利姆相信，保罗"表面上受欢迎只不过是集团操作的结果"；他的支持者在 Digg 上"挖掘"，鼓励其他网址上的保罗支持者进入 Digg 给支持保罗的新闻投票。稍后（2007 年 11 月），萨利姆又指出，"支持保罗的帖子在一个小时内能得到 100 次'挖掘'"，支持他的掘客人呼唤支持的手法使问题更加严重。

对此，罗恩·保罗支持者 2007 年的回应是，如果更多支持他们候选人的新闻上 Digg 的首页，他们就可能成功；之所以未能成功，那是因为一直反对罗恩·保罗的"埋葬队"（bury brigade）给予他们沉重的打击（Jones, 2007）。有几个月，"连线"（Wired.com）之类的主流网络媒体一直在报道可能会出现的"埋葬队"，即有组织的力量以票选的方式埋葬 Digg 上的一些新闻（不限于支持保罗的新闻）（Cohen, 2007）；具有讽刺意义的是，在几个月前（2007 年 2 月），罗恩·保罗、萨利姆提供证据说明，埋葬队在使用"防止"屏幕截图的软件。这些主流媒体的结论是：埋葬"本来是用来删除 Digg 上冗余或不相关的内容，可是却被滥用来删除有用和富有洞见的内容，恶意的用户由于自私和复仇而删除好的内容"。

在此之前，以及在 2007 年至 2008 年的初选阶段，奥巴马被认为是互联网上另一位势头强劲的候选人（Stirland, 2007; VanDenPlas, 2007）；在大选期间，他又被认为是互联网上势头强劲的唯一候选人（详见第四章和第十章）。2008 年 8 月底，一位观察家注意到，Digg 上有关奥巴马的新闻"获得两千多张选票支持，所得评论也数以百计"（Gladkova, 2008），这些新闻很容易就在首页上位居榜首。《商业周刊》也报道说，"奥巴马的支持者可能会请你顶一篇报道，支持奥巴马，批评其对手"（Hoffman, 2008）。但有趣的是，这类报告并没有宣告，奥巴马的支持者玩弄了博弈手段。2007 年早些时候，斯科特·凡登普拉斯（Scott VanDenPlas）提出报告，就保罗和奥巴马这两位候选人在 Digg 上的成功给人的感觉作了这样的小结："保罗支持度的高涨似乎有更多人为制造的成分，其基础是操纵网上的民主程序以获取有利于其候选人的结果。相反，奥巴马得到的支持是人数众多的自然的感觉。"（VanDenPlas, 2007）

然而若要问，"顶文章支持奥巴马"（Hoffman, 2008）和 Digg 上支持保罗的"操纵"（Sansone, 2007）有何区别呢？问题是，为何保罗在 Digg 上秀得好，初选的成绩却很可怜？相比之下，为何奥巴马在 Digg 上既秀得好，又一路顺风，获得民主党提名，并在大选中胜出？有一种解释是："保罗用 Digg 的系统博弈，奥巴马没有搞博弈。"请让我提出另一种假设：这种差别与 Digg 的道德和诚信没有关系，而是与年龄段相关。

Digg 上注册的用户必须在 13 岁以上，提交文章、挖掘、埋葬和评论等都必须要注册。不过,注册过程并不坚持任何年龄证明,所以我们有把握假设,13岁以下的儿童也在Digg上参与提交文章、挖掘、埋葬和评论等活动。不过,即使13岁以上用户的要求100%地兑现了,还是有一个年龄段的差异,13岁至17岁的Digg用户不能在初选和大选中投票。

一位政治候选人可能会在Digg上出尽风头,有关他的新闻可能会在Digg首页独占鳌头,但他在实际选举中却大幅度落败。原因何在?上述年龄段差异可能是我们开始寻找原因的最佳所在。据社交媒介交流公司(socialmediatrader)报告,对2008年1月11日Digg的简要分析表明,罗恩·保罗在受欢迎和首页新闻里,获得了最多的"挖掘",将近3 000次,比排行榜上第二的希拉里·克林顿高50%,她获得的"挖掘"数将近2 000次。希拉里·克林顿之下的其他候选人获得的支持只不过数以百计。鲁迪·朱利安尼第二,迈克·格拉韦尔(Mike Gravel)第三,丹尼斯·库茨尼克第四,迈克·赫卡比第五;全都在巴拉克·奥巴马之前,他仅排第七,他那一天在首页的"挖掘"数不到1 500次。约翰·麦凯恩排第八,比奥巴马少100次。这一天距1月3日艾奥瓦州的党团会议只剩下8天。民主党党团会议提名的结果是:奥巴马第一,希拉里第三。共和党党团会议提名的结果是:罗恩·保罗排第四,居中。1月8日在新罕布什尔州的初选中,希拉里在民主党内排第一,麦凯恩在共和党内排第一,罗恩·保罗在共和党内排第五。显然,1月11日Digg上的活动与党团会议的活动和初选结果已经大大脱节,很不同步了,最不协调的是罗恩·保罗的排名。

这是因为罗恩·保罗的支持者已经在Digg上博弈,奥巴马的支持者却没有吗?至少在初选的那个阶段奥巴马的支持者没有搞博弈吗?那可能是一个因素。但让我们从另一个角度看Digg和初选结果的差异。奥巴马显然在"草根层"势头很旺,所以他在艾奥瓦州胜出,在新罕布什尔州排第二。罗恩·保罗在这两个州的造势很差。这意味着,奥巴马竞选调动了很多人在党团会议和初选中投他一票,18岁以上的人投票选他的人远远超过投票选罗恩·保罗的人。让我们假定,到初选时,百分比差不多(0—100%之间的任何百分比)的奥巴马选民和保罗的选民都上了Digg。那么,替代保罗支持者博弈或操纵的另一种解释是:除了18岁以上选民的支持外,罗恩·保罗在Digg上得到13—17岁甚至年龄更小的支持者比奥巴马这个年龄段的支持者多;罗恩·保罗在Digg上首页的新闻那么多,原因就是他拥有那么多不到选举年龄的支持者。奥巴马被认为是"青年"候选人,我们在第四章YouTube已看到这一现象(见Wertheimer, 2008; Baird, 2008),为什么他不能在Digg上获得13—17岁支持者的"挖掘"呢?我想答案是,他的竞选团队做了明智的选择,他们集中瞄准18—30岁的选民。罗恩·保罗没有和奥巴马对应的"草根层"运作,他在互联网上大力运作,深入18岁以下的网民,和影响18岁以上选举年龄的人一样容易。罗恩·保罗的造势始于互联网,却从未再向前跨一步。

至于Digg用户的年龄,并没有科学的统计数据。不过,2005年9月一份民意调查显示,5%的Digg用户在13—15岁,22%的用户在17—20岁,28%的用户在21—24岁,20%的用户在25—28岁,如此等等(Ironic Pentameter,2006)。无疑,报告显示向年轻人用户倾斜,而且相当一部分(大于5%,小于27%)在18岁以下。近来普遍的印象是,至少以心理年龄来看,"Digg用户的平均年龄是15岁"(MacBeach,2008)。因此我想,至少有足够的理由认为,"博弈"效果之外的另一种解释——至少一个更重要的因素是,选举年龄以下的罗恩·保罗支持者使他在Digg上成功,在投票选举时他却败下阵来。奥巴马的竞选一开始就集中在年轻的选民身上下工夫,推动他在初选时排名第一第二,使他最终在Digg上的地位也堪比罗恩·保罗,并在全国大选中取得革命性的胜利。相反,2007—2008年,罗恩·保罗在Digg下和互联网下从来就不成功。他之所以在初选中失败,并不是因为Digg上的博弈没有转换成选票,而是因为Digg上的年龄特征与美国选民的年龄特征没有多少相关系数。

罗恩·保罗在2012年共和党的竞选中成绩好得多,在初选和选举人团中,他在青少年中得到的支持率增加,高于2012年4%或略少的支持率。具有讽刺意味的是,Digg在2012年总统大选中的作用不如2008年。在政治和选举中,旧媒介与新新媒介有共生关系,但旧媒介在罗恩·保罗的两次竞选中都发挥了重要的作用。

8.2.3 罗恩·保罗与旧媒介

2007—2008年,罗恩·保罗的支持者有可能参与了博弈,其年龄也可能比较轻,这一特点在Digg下也大致相同;在电视这种比较旧的媒介上,在总统初选和辩论的电视报道里,情况大致类似。

ABC电视网至少有一次漏报罗恩·保罗的新闻:他在总统候选人辩论后的一次民意调查中夺魁。ABC在其留言版上删除了罗恩·保罗支持者的评论,还准备关闭留言版。它还播映了艾奥瓦州党团会议上罗恩·保罗单枪匹马的身影,相反却报道米特·罗姆尼大群支持者的镜头,而实际上罗恩·保罗也有大群的支持者(关于电视网和其他网络报道罗恩·保罗及其链接的不足,见Levinson,"Rating the News Networks",2007)。罗恩·保罗在辩论后的一次民意调查中胜出的结果也被CNBC删除了(Wastler,2007;又见Levinson,Open Letter to CNBC,2007)。罗恩·保罗在辩论后由FOX所作的民意调查中,再一次夺魁,FOX 的主持人希恩·汉尼提(Sean Hannity)却予以贬低,说那是由于少数支持者反复拨打电话的结果,与此相反,福克斯的另一位主持人艾伦·考姆斯(Alan Colmes)却坚持说,罗恩·保罗夺魁没有人作假(Hannity & Colmes, 2007;又见 Levinson,"Hannity & Colmes Split",2007)。

电视评论员如 MSNBC 的劳伦斯·奥唐奈(Lawrence O'Donnell)认为,罗恩·保罗不可能得到 2012 年共和党的提名(2012 年 1 月 21 日 MSNBC 报道南卡罗来纳共和党的初选时就如是说)。这种批评远不如宣称其支持者用 Digg 博弈那样严重。总体上,罗恩·保罗 2012 年在旧媒介得到的报道和其他候选人没有差别。也许,2011—2012 年的总统竞选时,旧媒介的生产者更适应那个事实了:他 2007—2008 年的总统竞选的成绩是真实的,而不是博弈操纵的。

一般地说,奥巴马没有受到旧媒介的奚落,但 MSNBC 电视网的专业民意调查师恰克·托德(Chuck Todd)却给奥巴马打折扣,他说,奥巴马一次辩论后在该电视网民意调查中的成功是由于其支持者反复用手机打电话(Levinson,"Now Obama's Poll Results are Denigrated",2007)。

汉尼提贬低罗恩·保罗的民意调查支持度时,或许心中想到了手机反复拨打电话的因素;托德说,把保罗和奥巴马推向胜利的是手机,但不是反复拨打电话的结果,也不是同一批支持者反复拨打电话的结果。毕竟,不能在初选中投票的 15 岁少年用电话回应民意调查和 25 岁的青年用电话回应民意调查一样容易。我不会小看候选人的支持者在辩论后的民意调查中反复投票的可能性——在 2007 年 10 月 22 日福克斯所作的辩论后民意调查中,用手机短信反复投票是有可能的。为了检测这样做可能会发生什么结果,我尝试投两次票——第二次投票没有被接受。当然,我可以在几部电话上投票,还可以用短信请朋友在他们的电话上为我的候选人投票。然而,如何解释罗恩·保罗在辩论后的电话民意调查中的成功与 Digg 上的成绩大体相同呢?无疑有博弈和操纵的因素,电话投票的人不到选举年龄也可能是很重要的因素。既然奥巴马在初选里的成绩与辩论后的电话民意调查的成绩一样好,电话民意调查的结果就不用再作解释了,虽然不到选举年龄的少年也可以打电话投票支持他。

8.2.4 真实世界和大屏幕上的 Reddit

Reddit 在真实世界里的影响增加了。在"占领华尔街"运动期间,它开通了 sub-Reddit,专事报道这一运动,到 2012 年 1 月,该"子网"的读者已逾 3 万;其与十来个其他"占领华尔街"的网站链接,与数以百计的每日新闻网站的首页链接,实际上,它成了报道"华尔街运动"新闻的互联网枢纽。

"占领华尔街"运动可以被视为直接民主的振兴,本书上文已有说明,本书最后一章将详细地予以探索。Reddit 对美国代议制民主也产生了直接的冲击。

2012 年 1 月,Reddit 读者投票把一个网上请愿书推向首页,这是为众议员保罗·赖安(威斯康星州众议员)的对手募款。原因是:在审议"防止网络侵权法案"时,他的立场暧昧。结果:赖安出面澄清,他并没有支持这一法案(法案后来被搁置)。此前一个月,Reddit 上还发起了一场类似的请愿,读者投票将其顶到首页,其诉求是要网民取消他们的 GoDaddy 账号,因为 GoDaddy 网支持"防止网络侵权法案"。结果是一样的:GoDaddy 收回对法案的支持。GoDaddy 公司销售互联网域名比如我的域名 InfiniteRegress.tv 和 PaulLevinson.net。Reddit 在有关 GoDaddy 和保罗·赖安的请愿中都大获全胜,说明它在网络世界和真实世界里都有影响力。

Reddit 一位用户正在把他在 Reddit 上的系列评论改编成电影。詹姆斯·欧文(James Erwin)在 Reddit 上提出一个问题:"如果我率领美国海军陆战队一个营去时光旅行,倒回到罗马帝国,我可以摧毁整个罗马帝国吗?"这个想法吸引了华纳兄弟,该公司正在把这个历史虚构故事拍成电影《甜蜜的罗马》(*Rome, Sweet Rome*)(Couts, 2011)。这就使新新媒介改编成影视节目的传统得到弘扬。改编的例子有:《朱莉与朱莉娅》(*Julie & Julia*, 2009),根据朱莉·鲍威尔(Julie Powell)的博客改编;CBS 电视网 2010—2011 年的连续剧《老爹如是说》(*My Dad Says*),根据贾斯廷·哈尔彭(Justin Halpern)的推文《倒霉的日子》("Shit My Dad Says"),其畅销书《妈的真倒霉》(*Shit My Dad Says*)也是根据其推文扩写的。这三种不同的名字正好是研究 21 世纪自由表达的好素材:新新媒介是最自由的,电视是最不自由的,因为它害怕广告商和联邦通讯委员会不赞成。

Reddit 用户还将其用于为自己的网上事业造势:推销 Reddit。2008 年 12 月 25 日,Reddit 首页有一条新闻进入前 20 名,顶它上首页的选票是 3 378 张,拉它下首页的选票是 1 170 张,净得分为 2 258 点,所得评论为 843 条。这篇文章题名为"还有谁离开 Digg 到 Reddit?"(IleftDiggforReddit, 2008)。评论的要点是,Digg 糟糕,Reddit 很棒,Reddit 业已埋葬或即将埋葬 Digg。

第一条评论关乎用户体验的历史:先用 Digg,接着 Digg 和 Reddit 并用,后来就转向 Reddit。那个评论人讨厌 Digg 那令人讨厌的规定,因为你要有许多 Digg 朋友,才有望使自己的帖子顶上首页。第二条评论是,Reddit 是聪明人用的,Digg 是笨蛋用的。如此评论,不一而足。

然而,和 Digg 相比,Reddit 在 Alexa 的排名相差悬殊。Digg 是第 294 位,

Reddit 的排名是第 5 122 位。2008 年 Reddit 远远落后。这就告诉我们一个截然相反的故事。但三年以后,2008 年的这条评论却证明有先见之明。三年以后的排名是:Reddit 飙升至第 115 位,Digg 排在第 189 位。不过,巴克(Rucker)说,Digg 2012 年可望再次崛起。Reddit 代表着另一个成功的故事:数字世界和真实的物质世界的整合,这是新新媒介越来越明显的标志。在 2008 年,这样的整合远不是那么显著。彼时,罗恩·保罗在 Digg 上的成绩在真实世界里没有类似的例子;Foursquare 才刚刚问世。

下一节将考虑完全沉浸于数字领域的一种新新媒介,它几乎没有什么线下关系。2008 年,它的重要性大大降低,这可能反映了我们这个时代数字世界和物质世界日益融合的趋势。

8.3 Second Life

2007 年 12 月初的星期天晚上,凄风苦雨,我在纽约市为罗马尼亚等国外读者和美国读者朗诵了一段我的科幻小说《拯救苏格拉底》。但我没有淋一滴雨,因为我不是在这个世界里朗诵,而是在 Second Life 里朗诵。

在 Second Life 里,"化身"(avatars)不仅为听众朗诵,而且做我们的肉身经常做的事情。化身做头发、买土地、购衣物、跳舞、做爱、做各种各样的事情,还能经营店铺。那天晚上之前,我刚在 Second Life 的书籍岛上开了一间虚拟书店,叫"软利器书店"。我用林登币(Linden-dollars)支付租金,用美元换林登币,租金大约是每月 5 美元。我的书店塞满了我 15 部著作的封面,访客可以点击封面看书评,还可以通过链接读到更多有关这些书的信息,并到 Amazon 书店去购买。我为四十来位化身朗诵《拯救苏格拉底》,他们站在"软利器书店"门前,我的化身坐在门廊里的摇椅上。

那是一家漂亮、老式的书店——在我们真实的世界里不可能存在;在物质世界里,书店一般开在小城镇的正街上。

那天晚上朗诵过后不久,我就把书店关闭了——我没有时间去打理。但如果这一书店还在营业,我这本《新新媒介》的封面无疑也会贴在书店的墙上。在 Second Life 网站上,一些作家朗诵自己的作品,创建两维度的办公室和书店,从事其他创作活动(关于这方面的介绍,见 Kremer,2008)。

生活里的一切均有先例,Second Life 亦不例外。人们在网上聊天已经有几十年的历史,早在 20 世纪 80 年代,法国人就在"迷你话屋"(Minitel)里聊天,那是在人们议论新媒介之前,如今有了新新媒介,网上聊天就更不用说了

（Levinson,1999）。文本对 Second Life 里的交流仍然必不可少,正如博客对大多数新新媒介来说必不可少一样(连 YouTube 上的视频也有文字题名和描写)。2007 年,Second Life 加上了语音聊天的功能。你可以找一位化身共舞,可以选择一篇文本,可以跳华尔兹、布吉舞或其他舞蹈,可以用文本或声音聊天,可以看见你的化身在屏幕上跳舞。

Second Life 的居民用林登币购买土地、物件、衣物,还可以购买使化身动起来的剧本。林登币(以林登实验室命名,2003 年由 Philip Rosedale 管理;继续发展,2011 年有 100 万用户上 Second Life),可以用美元购买,也可以通过 PayPal 银行兑换,亦可以在 Second Life 里去赚取。2008 年 12 月,1 美元兑换 250 林登元;2012 年 1 月,兑换率降到 1 美元兑 200 林登元。我决定只让 Amazon 书店经营我的书并只收美元,部分原因是,我对 Second Life 和真实生活的界面感兴趣,想要知道:两者的边界有多大的互渗透性,在 Second Life 里的成功多大程度上能转换为真实生活里的成功? 另一个原因是,作者最好是通过书店买书,书款流回出版社,作者从出版商得版税。如此,你就能从出版商得到预付款,如果图书的销售给出版商留下印象,重印和新书印行的合同就可能签署了。

在 Second Life 的虚拟书店里首次朗诵后一周,我在 Second Life 主持人阿黛尔·沃德(Adele Ward)的"与作者见面"的节目里再次朗诵我的《拯救苏格拉底》。这次朗诵在 Second Life 有线网(SICN. tv)上"直播",至今人人都可以在其互联网网址 SICN. tv 上看到这个节目。我还将这个视频的副本和摘要嵌入我的博客,并上传到 YouTube 上(见 Levinson, Reading from "The Plot to Save Socrates", 2007)。

Second Life 的生活在"离世"(off world)的情况下也可以看到。所谓"离世"是 Second Life 居民的用语,指的是真实生活里的电脑屏幕。这是 Second Life 和互联网的其余部分日益混合的表现之一。我还应埃斯特·德库尔(Esther DeCuir)的邀请出席访谈节目,谈 Second Life 里的虚拟报纸上关于我的"软利器书店"的一篇文章。与 Second Life 有线网那次访谈一样,Second Life 新闻网(SLNN)上的这次访谈也保存在互联网上,人人能看到(DeCuir,2007)。与我的 Amazon 书店链接一样,这些新闻和电视节目说明,Second Life 与其余的互联网世界已经纠缠不清了。

然而,在 Second Life 的虚拟书店里售书时,"墙"上贴着椅子、桌子和照片,使人更觉得是置身在真实书店里,虽然互联网页上的即时通讯网页上也贴着我的著作的封面照片,但相比而言,Second Life 的虚拟书店使人觉得更加真实。一天晚上,我的化身站在我那虚拟书店的门口。另一个人的化身走过来,留步,看第一个台阶上滚动映现的《拯救苏格拉底》书名。我们就《拯救苏格拉底》交谈了几分钟,不久,一位顾客点击 Amazon 链接,买下这本书。我告诉他,如果他想要我的签名,他可以把书寄到我的地址。我觉得这个虚拟书店很接近真实书店,我几乎可以感觉到那本书握在手里给我的质感。

Second Life 胜过本书检视过的其他新新媒介。化身、动画、声音使之更像生活的另一种选择,而不是生活的附属物。这是第三种生活的地方,不同于我们离开电脑的生活,同时又不同于我们凭借电脑和手机追求的生活及其乐趣。当然毫无疑问,Second Life 也是我们真实生活的一部分,像其他一切新新媒介一样,它也存在于互联网的母体中,并最终证明,它将改变我们真实生活里的乐趣、爱情、政治和商务活动。

8.3.1　Second Life 的历史和运行机制

Second Life 始于 2003 年 6 月 23 日,由菲利普·罗斯代尔(Philip Rosedale)主持的林登实验室创建。2009 年 5 月,它有 1 500 万用户;创建 5 年以后,许多用户不再积极。2011 年,只剩下 100 万活跃的用户,表明用户已大大减少。

与 Facebook、Myspace、Twitter 和一切成功的新新媒介一样,在 Second Life 注册以成为其居民是免费的。但与其他新新媒介不同的是,使用林登币是 Second Life 不可或缺的一部分。也许,在世界范围内不景气的时期,这样的花销是 Second Life 居民减少的原因吧。

其运行机制是:开户以后,你可以选择男性或女性化身,选择身段体型、五官和衣服,五官的选择可以细致到嘴唇的丰满、汗毛的粗细。这一切都是免费的。但衣服的性质连五官和发型都显示,这位新居民是"菜鸟"(newbie)。此后,花钱就开始了。居民几乎可以买任何东西,从最漂亮的耳饰到最漂亮的后背都可以买到,从需要很少林登币的小玩意到耗资不菲的奢侈品都可以买到。

从某种意义上说,林登币是游戏用的仿币,就像大富豪游戏里的假币。实际上,其居民常常称自己体验的"游戏"是 Second Life。但林登元能用美元和许多国际货币买,也可以按照汇率兑换成美元或其他国际货币。这就意味着,在 Second Life 里用林登币可能很快成为严肃的甚至重大的事情。据《商业周刊》(*Business Week*)报道,截止到 2006 年 5 月,化身名为安什·钟(Anshe Chung)的艾林·格拉夫(Ailin Graef)在 Second Life 里赚了 25 万美元(Hof,2006)。据路透社 Second Life 的分社报道,化身安什·钟宣告,截止到 2006 年 11 月,他在 Second Life 里的资产价值 100 万美元(Reuters,2006)。据路透社报道,58 位 Second Life 的居民"赚了 5 000 多美元",这是"Second Life 高端业务赢利的高潮"。然而,到了 2008 年 4 月,Second Life 的虚拟报纸《阿尔法维尔先驱报》(*Alphaville Herald*,不附属于林登实验室)报道,Second Life 在"2008 年第一季度的人均赢利触底"(Holyoke,2008)。在 2008—2009 年的全球经济危机中——无论这场经济危机持续多久,Second Life 商务活动的命运如何呢?这是个非常有趣的问题,值得注意。

但有一点是清楚的:既然林登币和非 Second Life 货币(即与真实国家相连的真实货币)很容易兑换,那么,从美国人的观点看问题,林登元与澳元或加元有何区别呢?从澳洲人的观点看问题,林登元与美元和加元又有何区别呢?从任何国家的任何人的观点看问题,林登元与任何外币没有区别——或者说,唯一真正的区别是林登元在虚拟现实里使用,只要用台式电脑、笔记本、智能手机或平板电脑,从任何国家都容易获得林登元,而且几乎是瞬间就可以得到。

8.3.2　Second Life 与真实生活界面

真实生活就是我们不与电脑或手机互动时在物质世界里的生活。我们在网上做一切事情时,真实生活或闪亮在前台,或潜隐在后台。mybarackobama.com 网站使巴拉克·奥巴马赢了更多选票吗?我们没有办法做受控条件下的实验;在没有奥巴马的网站和一切新新媒介的参与的情况下,我们不可能重演 2008 年的大选。

就其作为林登实验室开发的一个项目而言,Second Life 可以被认为是围绕网络世界和真实世界相互影响所做的一场实验。每当有人点击我在 Second Life 开的"软利器书店",然后转到 Amazon 书店去购买我的一部小说时,Second Life 的网民就从 Second Life 的新新媒介转入了 Amazon 的新媒介,那是用真实美元而不是虚拟林登元的互动。结果,我一部小说的精装本或平装本就会寄到购书人在真实世界里的家庭住址或办公地点。就我这方面而言,这样的数字世界/真实世界的界面不足以使我的书成为畅销书。Second Life 里的收入普遍下降说明,我不是唯一没有在"世界上"发财的人。

商务活动是 Second Life 与真实生活最容易量化的互动,但绝不是唯一的互动。在以下几节里,我们将考虑 Second Life 对真实世界产生影响的几种活动,包括教育讨论会和性行为。

8.3.3　Second Life 里的一次研讨会

因为 Second Life 有语音功能,所以我们可以说,当一位化身与一群集会的化身交谈时,他就在主持一场流动的音频讨论会,即在线讨论会。

第八章 地位稍次的新新媒介

但有些 Second Life 事件比其他一些事件更加明显的是在线讨论会。以我一次典型的 Second Life 作品朗诵会为例。我事前通告我的 Second Life 朋友,又向 Second Life 的各种社群发布公告。他们能在自己 Second Life 的邮箱里收到通知;如果他们用真实生活里的电子邮箱,还能够收到我的电子邮件。实际上,这些血肉之躯通过他们在 Second Life 里的化身参加我的朗诵会。然而,Second Life 的"游戏"或体验如此逼真,所以我们又有理由说,那些化身或人物在它们真实世界的电子邮箱里收到了邀请。

我还用电子邮件在我的"离世"(off-world)网络社群中通告朗诵会的消息。我在 Facebook、Myspace 和博客上邀请这些社交媒介里的朋友。我的邀请书包括以下内容:如何免费申请 Second Life 账户,朗诵会的场所或"坐标",抵达朗诵会的详细路线,如何在 Second Life 点击进入讨论会。你链接 Second Life 时,你的化身在他上一次显身的地方出现;如果是第一次上 Second Life,你就会发现自己身处一个创造并打扮自己化身的地方。

Second Life 的化身或居民选择的姓氏由 Second Life 提供,如 Eaon、Latte、Freenote 等很多的选择。如果某人想要在 Second Life 上完全掩盖自己离线的真实身份,那也不费吹灰之力,他可以编造一个与真名毫无关系的名字,Star Eaon 或 Tasty Latte,如此等等。实际上,这是 Second Life 居民化名的最常见方式。在本书介绍的种种新新媒介里,Second Life 是最匿名的媒介。如果你愿意,你可以在 Facebook、Twitter 上用化名。但在 Second Life,你必须要绞尽脑汁编造一个化身的名字,这个名字也可以包含你的真名。如果你在 Second Life 里遇见一个名为 PaulLevinson Freenote 的化身,那就是我。

2007 年 12 月 9 日下午,Second Life 两点钟(与太平洋时区相同),阿黛尔·沃德(Adele Ward)主持的"与作者见面"讨论会开场,出席这次讨论会的化身人数可观。场所很美,虚拟会场在名为"库基"的"市政厅"。我和应邀者都得到抵达"市政厅"的坐标。我们可以直接链接到那个虚拟会场,还可以从 Second Life 的任何一个地方瞬间移动(teleport)到会场。所谓 teleport 就是一瞬间从 Second Life 的此地到彼地。其他较慢的选择是飞行和步行。出席朗诵会的人分别以这三种方式抵达会场。

我朗诵之前,与会者纷纷到来,开始聊天,或用文本,或交头接耳。会场提供座位让化身就座,而且鼓励他们就座,不仅是出于礼貌,而且是因为计算机必须要有更大的功率才能使站立的化身的虚影(sim)清楚(在 2007 年那次《拯救苏格拉底》朗诵会上,你可以看到化身就座的情况)。朗诵会之前一个星期,阿黛尔(其真名是阿黛尔·沃德,其真实身份是诗人,家住伦敦)用其名为 Jilly Kid

的化身向我解释,市政厅会场只能容纳 45—50 个化身(其他场所可以支持数百位化身。Second Life 的"支持"指的是维持虚影的计算机功率。如果化身的人数超过了维持虚影的带宽,印象就会崩溃)。根据发出的邀请函数目,以及我在 Second Life 的其他讨论会出席的人数,我预计这次朗诵会能吸引 30 位化身。因此,当我在台上就座发现 36 位化身出席时,已感到很高兴。如果讨论会的场所不是 Second Life,与会者越多越好;但如果 Second Life 的讨论会人数太多,系统就会关闭(虽然不是整个系统关闭,但虚影的视听部分会关闭)。当然,实体书店吸引的顾客可能会超过书店的容量,但那种容量是指人的立足之地,过多的顾客并不会使实体书店关闭。

阿尔顿·特里普萨(Arton Tripsa,澳大利亚的历史小说家)、奥雷尔·迈尔斯(Aurel Miles,加拿大温哥华作家)、肯尼·哈勃(Kenny Hubble,加拿大教授——详见下文)、伊奥达克·冈博(Iodache Gumbo,罗马尼亚作家)、凯尔西·默特尔(Kelsey Mertel,旅居希腊的美国作家)、德里摩·戴斯提尼(Dreame Destiny,澳大利亚出版商)、波拉里斯·斯努克(Polaris Snook)、廷克勒·梅尔维尔(Tinkeer Melvill)、爱德华·卢瑟尔(Edward Russell)、托里尔·芒福德(Toria Mumford)和泽罗波音特·希尔特(Zeropoint Thielt)等,这些与会者都以虚拟的化身出现,真名实姓和真实住址我至今不知道,他们以步行、飞行和瞬间移动这三种方式到场。这是一场色彩、羽毛和服装的盛会,其宏富艳丽可能会超乎你在星际旅行里的期盼。然而,真实生活里的朗诵会和 Second Life 里的朗诵会有一个共同之处——与会者多半是作家,如果朗诵者是教授,还可能有教授和学生参加。

如上所示,Second Life 有线网的斯塔尔·索尼克(Starr Sonic)及其摄制组录制了这场朗诵会,我将其中的片段视频贴在 YouTube 上和 Blip.tv 网站上。四年以后,到 2012 年 1 月,访客业已超过 6 000 人。这充分说明了 Second Life 之外的互联网尤其 YouTube 的威力:Second Life 网上发生的事情转贴到 YouTube 上以后吸引的人数几乎是原来的 200 倍。YouTube 赋予真实生活里和 Second Life 里的事件永恒性,至少是持久性。

8.3.4　肯尼·哈勃,Second Life 里的天文学家

肯尼·哈德森在加拿大罗亚李斯特学院执教,主持虚拟世界战略革新实验室的工作,所以他对 Second Life 很感兴趣就不足为奇了。首先,他邀请我到他主持的 Second Life 媒介环境学研讨会去接受访谈(Levinson, Interview by Ken Hudson, 2007)。那是在 2007 年 11 月,我的化身 PaulLevinson Freenote 由此而

"诞生"。

肯尼·哈德森的另一爱好是天文学,因此他的 Second Life 名字叫肯·哈勃。2008 年,他在 Second Life 里创建了卡尔顿天文馆和卡尔顿天文学会。卡尔顿是一个虚拟地名或虚像,使人觉得像维多利亚时代的城市一隅,又像是查尔斯·狄更斯和查尔斯·达尔文可能在繁星满天的冬夜里散步的地方。他告诉我,他不仅喜欢天文学并凝视星空,而且以维多利亚人好奇的眼睛和头脑去仰望,怀着他们对科学进步的信仰和新发现的喜悦去观察天象(对维多利亚文化的这个方面,我和他怀有同样的钦佩之情)。卡尔顿天文学会的说明词里有这样一段话:学会"管理天文馆,为卡尔顿和 Second Life 的公民提供公共服务。学会定期主办朗诵会、讲演会、讨论会、展示会、社会活动和其他与天文学有关的活动"(Hudson/Hubble,2008;Merlot,2008)。

如果你想一想,天文馆的确是真实世界中建设 Second Life 的理想之地。你在纽约海登天文馆看到的正是这样的形象,精心设计的形象给人的感觉是,你看见的正是夜空的一部分。我们甚至可以说,以回眸的眼光看,我们凝望海登或任何其他真实世界天文馆的天穹时,仿佛看见了 Second Life 里的形象。以海登天文馆为例,其开馆时间是 1935 年,距我们今天在小小的电脑显示器上看见 Second Life 已经有 75 年了。我们透过哈勃望远镜看见的天象,包括未经整理的哈勃望远镜拍摄的照片,那是宇宙本身的面目。相反,肯·哈勃的卡尔顿天文馆与真实世界里的天文馆展示的都是艺术家描绘宇宙的版本。当然,哈勃望远镜拍摄的照片既可能有 Second Life 里的成分,也可能是真实天文馆里展示的形象,但这两种环境里的情景当然总是比照片展示的内容更丰富。

肯尼·哈德森告诉我(2008 年 12 月 26 日在 Facebook 上来信),卡尔顿天文馆"每周的访客逾 100 人——许多人借用这个空间仅仅是为了在群星环抱中放松……"而不是在"凝视星空中"放松。我在上一章末尾指出,这就是麦克卢汉所谓的"全身心浸淫"(Levinson,1999),当时的麦克卢汉当然不知道肯尼的 Second Life 为何物。

如果你想更多地浸淫在 Second Life 的星空里,你可以用瞬间移动的方式访问 Second Life 的凡·高博物馆,在其露台上漫步,仰望凡·高《星空》画作里那清冽的夜空。如果你不仅想看凡·高,而且想看歌手唐·麦克林(Don McLean)演唱的《星空》,你就可以看罗比·丁戈(Roobie Dingo)的"离世"网页,看那段《第二人生麦克林》视频(Dingo,2007)。你不必登录 Second Life 去看这段视频。丁戈解释说:"在 Second Life 里制作,然后上传到互联网上。你可曾看过自己喜欢的绘画,你是否希望身临其境去漫步?"这是丁戈、Second Life 和"照片共享"对《星空》的加工(丁戈后来删除了 YouTube 上的《星空》)(关于视频的制作,详见 Au,2007)。

丁戈的视频也活在 YouTube 上,那是最接近于永恒的媒介。如果要充分欣赏 Second Life 上的艺术,你就必须要上 Second Life 或另一种媒介比如 YouTube,尽管如此,数字艺术在 Second Life 复活的原理通过数字媒介业已迁移到真实世界中。松德罗·柯普(Sondro Kopp)通过 Skype 为远方的人画肖像。他在 CNN 新闻台上说(2012):"莫奈在 Skype 上完全发疯了",因为对凡·高、莫奈而言,印象派的实质并不是捕捉现实,而是捕捉给我们印象里的光线。

8.3.5 Second Life 里的性爱

并非 Second Life 里的一切都是天文学和印象主义。正如在真实生活里一样,性行为在 Second Life 也花样翻新。

无论是与妓女约会,酒吧里的艳遇,或在家里的壁炉边与 Second Life 的配偶做爱,虚拟空间里的性行为总是需要两个成分:肢体与剧本。

肢体当然是在意料之中。你购买乳房、臀部和外生殖器,各种形状、颜色和尺寸的都有。你"戴"上这些肢体,装饰你的化身,就像佩戴珠宝、穿上衣服一样。"你戴的屁股好看"这句话在 Second Life 里可能是直白的恭维,而不是比喻的说法。

你可以为自己和情人买肢体配件。我在 Second Life 里访问一位女性化身,她告诉我,她把一位男人带进她在 Second Life 里的卧室,给他一个做爱的"剧本"(见下一段)。

情人宽衣解带后,她发现情人的生殖器形如路易斯维尔棒球手的球棒,感到不快。她说:"我给他大小更合适的阴茎。"

和真实生活里一样,肢体仅仅是 Second Life 性事的开始或前提。Second Life 里的化身能完成一切异常的动作,超乎走路、挥手、飞行和瞬间移动(飞行和瞬间移动是 Second Life 固有的特征)的动作都可以完成,只要有特殊程序的"剧本"去控制和指引化身就行。一些剧本里有家具。如果你看见椅子,需要化身坐下,你就点击椅子里嵌入的"坐下"(Sit)程序,于是你的化身就坐下了。你还可以买其他的剧本,其他的化身也可能向你提供剧本。如果你的化身去夜总会,你可能会得到各种各样跳舞的剧本。你的化身及其伙伴能跳伦巴、华尔兹或扭摆舞,终夜不息。

有时,性事的剧本与卧床和其他"爱的家具"打包出售,也可能由一位潜在的性伙伴提供。这些家具由你性事的时间和规格来决定。剧本程序决定的动作,代表你选择的极限和性事的控制。你可以选择剧本。然而一旦你与伙伴被引入剧本,你再也不能改变你的体姿,也不能延长亲吻的时间。换句话说,所谓的自发性是剧本编好的。

这些虚拟的肢体和剧本甚至能提供逼真的肌肤、情侣沙发、配乐,旨在使 Second Life 的性体验尽可能正宗。价格从 550 林登元到 230 000 林登元不等。只需花 230 000 林登元就可以买到打包出售的上述产品,足够开零售店的产品。而 550 林登元才相当于 20 美元。

正如一切网络性爱一样,从法国人 20 世纪 80 年代的"迷你话屋"(Minitel)和短信传情的源头(Levinson,1992)算起,Second Life 性爱的一个好处是不会传播性病,不会怀孕。但它也有一切虚拟社交活动或网上社交活动的缺陷,性爱或其他活动都包括在内:除非你认识操作化身的血肉之躯的真人,你没有办法了解那个真人,无法了解他/她真实生活里的性别和年龄。

8.3.6 Second Life 网上的《迷失》剧讨论小组

真实生活、离世生活(包括离线生活和 Second Life 之外的网上生活)与 Second Life 的关系是双向流动的。Second Life 的居民不仅挣钱或试图挣钱,赚的钱还可以兑换成真正的货币,而且还把真实生活里的媒介和问题带进 Second Life。这些问题包括:本书介绍的问题,政治候选人支持者通过化身讨论如何在 Second Life 和真实生活里为他们的候选人造势的问题,以及 Second Life 里欣赏真实世界里的电视节目的讨论小组。

Second Life 里的《迷失》讨论组指的是一群电视剧《迷失》的粉丝,而不是指在 Second Life 里迷失的居民,虽然有人可能真的觉得,他们在 Second Life 的游戏里找到了最真实的生活。2007 年 5 月,在电视剧《迷失》第三季最后一集(我将其描绘为前所未有的优秀节目,见我的"'Lost'Season 3 Finale",2007)无与伦比的时刻,有些《迷失》的"粉丝"在 Second Life 里创建了一个虚拟的"迷失"岛。稍后,他们还在 Second Life 上创建了一个"Second Life '迷失'讨论组网站"(sl-LOST.com),这个网站介绍"迷失"岛的情况。这是一个"真实"的故事,惊奇跌宕,伤心欲绝,忏悔救赎,包括一个行将消失的岛屿。这个小组打造的故事几乎与电视连续剧《迷失》的故事不相伯仲。

我们看到,Second Life 最深层的真相是,一切都要花钱。无论你是想要开店卖书或创建一个岛屿去讨论电视剧《迷失》,你都得支付林登元,或付租金,或买资产,除非有人愿意替你付款让你免费使用那些资产。我在 Second Life 里的"普利策广场"附近的"书籍岛"上开办了我的第一家书店,租金大约是每月 5 美元。后来,有人让我免费在"艺术家之村"开书店。于是我关闭了第一家书店,把这第二家书店命名为"软利器书店"。四个月以后,"艺术家之村"的东家失踪,村里的书店包括我的"软利器书店"当然就随之关闭。当然我可以在 Second Life 的其他地方再开书店——将来某一天还可以开,但由于当时太忙(部分原因是忙于写这本书的第一版),所以就决定放弃了。

Second Life 里那个《迷失》小组也遭遇到类似的问题,"迷失"岛的岛主不再提供支持。小组的网址上解释说,2007 年 10 月,原岛主人间蒸发,事先没有任何通知,也未做任何解释。2007 年 11 月,"迷失"岛重新开放,但不是由原来的岛主出面,而是由 Second Life 的网管援手,但只开放"24 小时,以便让小组成员取走他们制作的东西"。无家可归的小组成员最后总算找到新的支持者和总部,这一真实的故事最终有了一个令人高兴的结局。故事充分显示了在 Second Life 之外拥有一个互联网网址的价值。在第二个"迷失"岛组建之前,这一网址成了小组不散伙的纽带。我认识这个小组,那是因为它于 2008 年 1 月发布了采访我的有关电视剧《迷失》的访谈录,采访我的人是小组负责人之一(具有讽刺意味的是,他后来从小组的互联网网址上消失了)。2008 年,我造访了他们的新总部。

然而,既然这个《迷失》小组在互联网上已经有了一个网址,既然他们很容易即时通讯,即使不上 Second Life 也能讨论连续剧《迷失》,为什么他们还这样迷恋 Second Life 呢?用自己的化身在 Second Life 里相会有什么重要意义呢?答案在于:与互联网的其余部分相比,Second Life 有"全身心浸淫"的魅力。进入 Second Life 以后,你觉得,你真正融入了那个社群,比其他非仿真的网址更使人全情投入。动漫的图像和语音结合在一起,你通过化身在那个环境里移动,强有力的幻觉由此而生,你真的觉得全身心融入其间,而不是在观看、聆听或阅读了。

在 Second Life 获得生命至少获得冒险经历的旧媒介电视剧绝不止《迷失》一部。你可以在 YouTube 上暂停,可以在 Wikipedia 上停止编辑;CBS 电视剧《犯罪现场调查》(*CSI-NY*)的特工进入 Second Life 去追杀谋害了一位 Second Life 居民的罪犯。在"真实生活"里,这就是网络盯梢。在那部电视剧里,被害人是虚拟的"有血有肉"的人物,他扮演 Second Life 里的化身。观众"应邀到 Second Life 里去调查罪案,链接到 CBS 网站去跟随剧情"。顿肯·赖利(Duncan Riley)解释说:"纽约刑警星期三进入 Second Life。"(Riley,2007)

由此可见,Second Life 是在新新媒介里全身心投入的典型。你可以在 YouTube 上暂停,可以在 Wikipedia 上停止编辑;上 Facebook 或 Myspace 时,你可以让你的自我介绍留在电脑显示器上，还可以走开去找一点吃的，你不会错过 Facebook 或 Myspace 上太多的信息。然而，如果你接入 Second Life 后离开屏幕，你就会使你的化身冻僵，或使之沉睡，在其他化身眼里，你的化身就是那个样子了。当然，你的化身就看不见其他化身做什么，也听不见其他化身说什么了。

相比而言，Twitter 和 Foursquare 使你在网上工作游戏，却不失去真实世界的滋味。同理，播客和一切有声媒介一样，旨在让你在做其他事情时能听到它。在下一节里，我们将检视播客这一处理多重任务的新新媒介。

8.4 Podcasting

从历史的角度看，形象的记录和传播走在声音的记录和传播之前。19 世纪 30 年代，路易·达盖尔（Louis Daguerre）发明了摄影术，而托马斯·爱迪生（Thomas Edison）发明电话机则要等到 1876 年。爱迪生还发明了电影，几乎与此同时，几乎各自独立发明电影的还有法国的卢米埃兄弟（Lumière Brothers）和英国的威廉·弗里斯-格林（William Friese-Greene）；电影走在无线电广播之前，差不多早了十年，无线电广播是由意大利的古列尔莫·马可尼（Guglielmo Marconi）发明的（详见 Levinson，1997）。实际上，就我们所知，如果把洞穴画当作记录形象的一种形式，这一视觉媒介就比声觉媒介大约早了 30 000 年（音乐盒比留声机早了不到 100 年）。

另一方面，1901 年的无线电广播显然比 1927 年发明的电视早，20 世纪 20 年代无线电广播的商业成功比电视的商业成功至少早了 20 年。

在数字时代的目前阶段——2012 这一年，记录、编辑和传播声音比较容易，相比而言，网络广播、YouTube 传播视频、新新媒介记录并传播视听节目还是要难一些。这是因为编辑声频比编辑视频容易，视频一般要避免画面的跳动。（录像和视频流比录音和流媒体容易。）

记录和传播声音（含音乐、访谈和独白）的新新媒介叫播客（podcasting）。其中的"casting"撷取自 broadcasting 一词，broadcasting 起初是声音的广播，接着是形象的广播，后来是声音借助电视的传播。其中的"pod"撷取自 iPod，这种播放器最初是用来听播客的。

如今，播客可以在电脑上收听，还可以在汽车里收听了，只需靠蓝牙与电话银行（phone bank）链接。自 20 世纪 20 年代车载收音机发明以来，自从在互联网上点击听播客以来，收音机上的广播节目与播客播放的节目相同，所以我们可以说,播客和无线电广播正在融合。

两者的唯一重要差异是,广播节目是专业人士生产的,而播客与其他一切新新媒介一样是任何人可以制作并传播的。

2008年12月,在Podcastalley.com这一播客网址和听众的社交网站上,有人问"是否有人能解释播客是什么?有何益处?"我作了这样的回答:"是一种音响节目或视听节目,可以到互联网上去免费获取。其优势是,播客节目直接来自播客人,不必满足广播电视制作商的任何要求。这就是说,播客节目可以更富有原创性,更具有个人色彩,其节目不必吸引到额定的人数就能继续办下去——是否继续办完全取决于播客人(podcaster)自己。"(Levinson,"Response to 'What Is a Podcast,'"2009)

8.4.1 如何制作播客?

制作播客需要一只麦克和一个音频编辑软件。与大多数新新媒介一样,音频编辑软件可以购买(比如我使用的"声音打造"/Sound Forge),也可以在网上免费下载(比如"勇敢"/Audacity)商业软件一般比免费软件多几种钟声和哨音,不过,免费软件就足以胜任。

录制好听的播客需要有一点才能,还要有比较好的嗓子(除非他特意要古怪的声音)。不过,错误、咳嗽和音响错误是很容易抹掉的;专业的和免费的(比如Levelator)软件可以用来改进音质,减轻嗓音高低的波动。

播客的长度从几分钟到几个小时不等。播客越长,储存它的文件就越大,在网上传送它就需要更大的带宽。录制好的播客可以用多种音频格式储存,从不压缩的WAV文件格式到高度压缩的MP3。MP3的压缩格式有64 kbs,其音质达到电台播音的水平,还有音质达到光碟清晰度的320 kbs格式。Kbs音频的压缩越大、越细腻,所需储存文件的空间也越多,所需的带宽也越大。

录制好的播客要上传到互联网上,以便向世人传播,凡是有电脑、iPod播放器的人,凡是汽车里安装了电话的人都可以接收到播客。

8.4.2 播客制作蓝图一例

播客的制作比撰写博客更费事。然而,与博客和一切新新媒介一样,播客的优势也是自己能制作,而不必要任何人批准。与电视连续剧总监或策划人不同,甚至和广播制作人不同,播客人从构想到完成制作只需要几小时、几天,也许只需要几分钟。

以我几年前制作的一集播客为例,这是我为《光照射光投射》制作的播客,以网络欺凌为主题。正如我在本章前面关于"Myspace"的部分里已经提及，2008年11月我在Myspace上发表一篇讲网络欺凌的帖子后，"地上真理"乐队的宣传员与我联系，想让我链接乐队的新歌《空枪射杀》。我立即意识到，这是互联网用音乐治疗网络欺凌伤痕的一个例子。

听了这首新歌以后，我考虑为推广这首歌做一点事情，所以我问她们是否愿意接受采访，让我做一集《光照射光投射》播客。她们欣然同意，我们用Skype软件接通网络电话（VOIP），声音还清楚，又不花钱。我有麦克和耳塞，这是我标准的播客设备。三位少女乐手瑟雷纳（Serena）、凯莉（Kiley）和苔斯（Tess）的Mac牌电脑有嵌入式麦克和喇叭。我用了另一款免费的"网络电话录制软件"（Recorder for VOIP），又用了"音频转换热录软件"（Audio Conversion for Hot Recorder），是早就买好的，花了15美元。把"热录"文档转换为播客所用的WAV文档，必须要用这个软件。

访谈历时15分钟，包括乐队为无家可归者演唱的一首新歌。访谈前她们已经用电子邮件把新歌《空枪射杀》的MP3发给我，让我放进这一集《光照射光投射》播客。我刚才向她们确认，这集播客的效果好。至此，整个制作过程花了45分钟。

我将录制一段导论，探讨网络欺凌问题，并录制我的博客文稿，在播客首尾加了一点我自己的音乐，选自我1972年的专辑《双重押韵》（Twice Vpon a Rhyme）的主打歌《清晨寻找夕阳》（In the Early Morning）的即兴重复段。我在播客里加了一点音响化絮，插入几则广告，推销我自己的小说《丝绸密码》（The Silk Code）和《拯救苏格拉底》（The Plot to Save Socrates）。（我没有插入别人的广告挣钱，本节稍后讲"播客广告"。）在播客末尾，我免费为他人的播客打几则广告。这集播客集成以后，我用免费软件"均平器"（Levelator），使各部分的音调和音量平均。一集播客有不同的成分，各部分的录制方式又不同时，用"均平器"加工尤为重要。以这集播客为例，其成分有：我的声音（导语），我对三位少女乐手的访谈，在录音间制作的新歌《空枪射杀》，还有她们"现场"表演的《今晚你何处安眠》（Where You Sleep Tonight）。

这一切花了不到一个小时。然后，这集播客就可以发行了。

8.4.3 播客的储存与流通：播客播放器、iTunes播放器和RSS阅读器

播客做好以后准备流通之前，即在笔记本电脑、iPod播放器和手机上收听前，必须要上传到互联网的储存网站上。除了音频播客的"帖子"之外，视频播客网站与文字博客网站类似。文字博客帖子也可以这种网站上与视频播客共

存,在视频播客播放前后和播放的过程中,访客可以阅读这些文字博客。如果视频播客流通时接入了 iTunes 等免费下载的播放器,那么访客就可以下载这些视频播客,用 iPod 播放器欣赏;同时,文字博客帖子"编码"以后,也可以与视频播客放在一起,访客就可以在播客网站上阅读文字博客了。一般地说,播客储存网站自动将文字博客与视频播客放在一起。

与文字博客网站一样,视频播客储存网站可能是免费的,或者是可"租用"的,你有几种选择。我的《莱文森新闻》(*Levinson News Clips*)播客起初播报 5—6 分钟的评论,评媒体和政治新闻,不久就发展成为简短的电视剧评论。《莱文森新闻》播客放在 Mevio 播客网上,我的《询问莱文森》(*Ask Lev*)播报放在 TalkShoe blogging 上,两者都是免费的。

有时候,这两个网站都在你播客的首尾插入它们自己的广告,也给播客人提供用广告挣钱的机会(见本章 8.4.8 节"播客广告")。它们还在你的播客网站上打广告,这是它们收入的渠道之一。我的《光照射光透射》播客每集 30 分钟,谈通俗文化和政治,储存在 Libsyn 播客网上。这是一家收费网站,每月收费 15 美元,但有浮动,可少至 15 美元,多至 75 美元(截止到 2012 年 1 月),收费的多少根据播客的数量、长度、压缩的信息量来决定根据制作并储存的播客数量而定。其他的播客网站还有五六家,有些免费,有些收租金。

为什么播客制作人租用播客储存网站而不用免费的播客储存网站呢?Libsyn 虽收费,但它为播客流传提供的数据要比免费网站详细得多,好得多。播客人感兴趣的不仅是其播客多少次被人收听,而且想知道其播客是通过什么方式传播的,他喜欢即时更新的或接近即时更新的信息。Libsyn 网站提供这两种信息,而且它还为帖子提供 blogging 环境,况且这样的环境还提供了超文本链接标示语(HTML)的设计水平,使播客人能比较好地控制他的播客给人的外观和感觉,用户可以插入 Google Adsense、Amazon 等广告(见第六章 6.10 节"写博客赚钱")。

将播客放进储存网站后,吸引听众的最直接的办法就是为你的播客提供链接,在互联网一切可能的地方链接,正如博客人为他的博客提供一切可能的链接一样。截止到 2012 年 1 月,我的《光照射光透射》(87 集)播客吸引了 210 000 听众,《莱文森新闻》播客(400 集)吸引了 600 000 听众,《询问莱文森》播客(68 集)吸引了 40 000 听众,逾 90% 的人都是通过其中的一个链接找到我的播客网页,我在网页上提供了几种"播客播放器"(podcast player)。

实际上,每一种播客播放器都是一种小配件,含有若干链接,能直达你储存在播客网站上的各集播客。Libsyn、Mevio 和 Talkshoe 这三家播客网站都提供自动链接,通达你储存的播客网页。与此同时,"大邂逅"(Big Contact)播客网站还提供"喂料播放器"(feed player),播客人可以将其植入任何播客网页和互联网网址,包括 Libsyn 播客网站。在我的 Libsyn 播客网页上和博客网页上,我都植入了这两种播放器和其他几种播放器。我对这些播客都有 HTML 超文本链接控制力(详见第六章 6.2 节"为他人写博客")。

在我的播客听众中,九成用 iTunes 播放器,一成用小型的集成或流通系统,比如 Juice、Zune 和 iPodder 等播客集成站。就这样,几乎 99% 的听众靠直接的链接,9% 的听众用 iTunes 播放器收听。

在一切情况下,播客对听众都是免费的,这无疑是其吸引力之一。实际上,iTunes 播放器是一种旧媒介,或嵌入互联网上新新媒介的旧媒介,那时,它播放的音乐是要收费的。然而,当它免费播放音频播客和视频播客时,它就更像新新媒介了。接收播客时,你可以直接用 iTunes 播放器,也可以在互联网上搜索,还可以订购 iTunes 上的播客。

播客制作好以后,如何从制作者的网址(Libsyn)上传递给 iTunes 播放器呢?实时同步订阅图标(Real Simple Syndication)帮助你上传。播客网站提供便利的路径把播客传递给 iTunes 播放器。网站发送 RSS 订阅图标,iTunes 播放器和 RSS 接收器都可以接收到这样的订阅图标。以 iTunes 播放器为例,播客人首先要向 iTunes 提供一段文字描述,加上自己特有的 RSS 订阅图标(由播客网站提供)。一旦被 iTunes 播放器接受,他的每一集播客就会在 iTunes 上自动生成——从未听说有的播客被 iTunes 拒绝的情况(对唱片商标和其他音乐销售人却严格守门)。其他播客流通系统以同样的方式工作运行,不过,在这些流通系统上,播客人不用经过正式提交播客的程序。

8.4.4 播客成功案例:语法女王

2006 年 7 月,蜜妮安・福格蒂(Mignon Fogarty)语法女王开通她的播客。"语法女王"(Grammar Girl)的官名叫无痛升级学习法(Quick and Dirty Tips for Better Writing)。那是播客这种新新媒介兴起的第一年。四个月以后,到 2006 年 11 月,"语法女王"被收听和下载的次数已经超过 100 万人次(Lewin,2006)。到 2012 年 1 月,这一数字已达 4 000 万,蜜妮安开始在 CNN 和"奥普拉-温弗瑞脱口秀"(Oprah Winfrey Show)露面(Wikipedia,2009)。"语法女王"常常进入 iTunes 播放器收听率排行榜的前五名。2008 年 8 月,她根据"语法女王"播客编辑的平装书《无痛升级学习法》(*Quick and Dirty Tips for Better Writing*)成了《纽约时报》畅销书排行榜的第九名。2012 年 7 月,她的《再也不会混淆的 101 个词》(*101 Misused Words You'll Never Confuse Again*)进了《华盛顿邮报》的畅销书榜单。她这些成就说明,新新媒介对传统模式的出版发行有定调子的威力。投身播客之前,福格蒂从事科学题材的写作,"语法女王"的走红使她成为明星。

然而,讲语法难点比如分裂不定式(split infinitive)和"addect"与"eddect"的区别——这样的播客为何如此大行其道呢? 诚然,塔克·麦克斯(Tucker Max)等著名的博客人(2006)曾有过出畅销书的成功,但那容易理解,因为麦克斯的书写性爱很生猛,但讲述细腻的语法差异的播客为什么能走红呢? 也许我们认为,几乎人人都对改进自己的语法感兴趣,所以这样的播客拥有潜在的受众大军,但那可能不是"语法女王"成功的原因吧,而且事实绝不是这样的。实际上,如果她把播客的想法向广播电台兜售,她可能不会得到一席之地的——我们没听说过有什么语法广播节目。"语法女王"的成功一定程度上是因为听播客好玩,因为播客是崭新的玩意(关于技术问世时具有玩具的性质,详见 Levinson,1977)。播客既有价值,又很好玩,换言之,你不仅在聆听风趣的语法讲解,而且可以在自己挑选的时间在 iPod、电脑或智能手机上收听。如今,播客在旧媒介比如电话和车载收音机上收听的现象已显露端倪。

8.4.5 在智能手机上、汽车里听播客

RSS 播放器还可以把播客上传到与 iTunes 播放器截然不同的网站上。以电话播客网站(Podlinez.net)为例,它授予每个系列播客一个电话号码。你拨那个号码时,它就会播放最新一集的播客(截止到 2012 年 1 月,这一服务对博客人及其听众都是免费的)。

电话上听播客为播客的传播和接受开辟了新的可能性。我的普锐斯牌车用蓝牙与智能手机链接,我的收音机喇叭同步播放通话人的声音。只要拨 Podlinez 授予我的电话号码,我就能收听到相应的播客。能这样听到的播客数以千计。

如果后退几步以审视这幅更加宏阔的媒介环境画面,我们看到的是:用车载收音机听播客是数字时代(播客)和广播时代(收音机)的整合或融合——也可以说是旧媒介(收音机)与新新媒介(播客)整合的又一例证。

结果,你在汽车里享受别具一格的"广播",传统的"广播"靠专业人员生产,用中央设备发射,时间固定。相反,车载收音机接收的播客却可以在休闲的摇椅里制作(我的播客常常就是这样产生的),然后上传到互联网网站上,这些网站制作 RSS 播放器。于是,收听者就可以任何时候拨号去收听他喜欢的节目。在这种播客的生产端和接收端,音频节目都在很大程度上实现了民主化。在很大程度上,这可能是新新媒介对旧媒介的整合,这类新新媒介包括客厅里电视机上

的YouTube(Orlando,2009)和车载收音机上的播客,美国网络电视服务公司(Aereo)为智能手机、平板电脑和笔记本提供广播电视节目(Carter,2012)。这是反向的整合,旧媒介寄生在新新媒介上。

传统的收音机和播客的确有一个耐人寻味的共同特征:两者都免费。但播客还提供另一种免费的声频媒介,收听人本来是要付费的。这就是免费的播客书(podiobook)。

8.4.6 播客书

播客书在出版业里至今只占很小的份额,但其销售量一直在增加。据2011年2月的数据报告,国内电子书的销售额为9.03亿美元(超过纸媒书的码洋),有声读物(audiobook)的销售额仅为690万美元(Ogasawara,2011)。但有声读物具有不可否认的优势:如果开车时想欣赏一本书,听有声读物无疑比看书阅读更可取、更安全;此时,无论电子书或纸媒书都不如有声读物。

有声读物有多种形制:纯朗读本,部分配有表演;有音响和音乐等形制;节本或全本。随长度和制作成本的变化,有声读物的定价和精装本或优质纸本的价格基本相当,一般在15—30美元。

梯·莫利斯(Tee Morris)和爱沃·特拉(Evo Terra)几年前推出了另一种有声读物:"播客书"是分集的有声读物,一两章一集。与一切播客一样,这些播客书是免费的。但制作者鼓励读者用PayPal给作者和朗读人捐助,而播客书网站(podiobook.com)则留下25%的捐款作为经营之用(关于梯·莫利斯等人的理念,又见"Podcasting for Dummies," 2nd edition,2008,by Morris, Tee; Tomasi, Chuck; Terra, Evo)。

2007年,肖恩·法雷尔把我的小说《丝绸密码》做成播客书,由他本人朗读。这个例子能给人启示。我那小说已广为人知,荣获科幻小说处女作的轨迹奖(Locus award),但再也没有什么比免费读物更吸引人的了,因为非有声读物都要花钱,所以免费读物尤其吸引人。2007年,《丝绸密码》播客书的下载率进入前20名(播客书网站未披露准确排名)。

表现不佳的经济使免费内容更加吸引人。2009年1月,《时代》杂志提出播客书是否是"出版业的下一个浪潮",同时指出,"书籍销售量下降;麦克米伦公司在裁员,兰登书屋及西蒙-舒斯特也在裁员,修顿·米弗林·哈克特已经暂停购买最新的书稿"。爱沃·特拉(Evo Terra)用电子邮件告诉《时代》杂志,到2012年2月,他们经营的网站被下载的播客书已经达到130万集(Florin,2009)。

8.4.7 播客与版权：播客音乐

然而,如果制作者必须要付版权费,他们向听众提供免费的有声读物(无论播客书或博客),就可能遇到困难。写博客时,这个问题一般不出现,因为你征用的引语可以嵌入博客,在合理使用的条件下,博客人可以不付费。如果播客内容只有播客人自己的谈话,付费问题肯定是不会出现的。但如果博客人想要播放一点音乐,那会不会有问题呢？一般情况下,你插入的是整段音乐。

这个问题在一百年前无线电广播问世时首次出现并得到了解决。美国音乐人、作家和出版商协会(ASCAP,1914年成立)为演唱会使用音乐作品颁发许可证,后来这种收费使用的制度推广到无线电广播。广播音乐公司(BMI,1940年组建)也颁发许可证。如今,ASCAP 和 BMI 都向广播电台和电视台收取音乐作品使用费。我以歌曲音乐人的身份加入了这两个协会。在 2010 年,ASCAP 向会员转付的版权费达 8.45 亿美元,BMI 向会员转付的版权费达 7.96 亿美元(BMI,2007)。

ASCAP 和 BMI 收取的费用成为"播放权"准许费,电台、电视台和网络都必须支付。鉴于广播电视每年的赢利以数十亿美元计,它们向 ASCAP 和 BMI 支付的使用费实在是小巫见大巫。

播客人的处境如何？他们可以用广告挣钱(见本章下一节"播客广告"),广告可以用来支付播客人使用音乐的权利,但如果播客人想播放音乐又不想打广告呢？他们播放人家的音乐而不给予补偿,是否就侵犯了音乐家和歌曲作曲家的知识产权呢？

播客人遇到的版权和补偿问题相当于我在第四章里所说的"YouTube 的阿喀琉斯脚踵"——YouTube 上的许多视频帖子侵犯了知识产权。我建议的解决办法是 YouTube 上的版权应该放松,只要不抹杀原创者的贡献,只要不在未经允许的情况下用帖子挣钱,就应该允许任何内容的帖子(颇像"知识共享领地"鼓吹者的主张)。

播客网站提出了另一个部分解决办法。2004 年,亚当·加利(Adam Curry)首创播客,被誉为"播客之父"(Jardin,2005)。此前,他任"流行音乐电视录像节目播放员"(veejay)。2005 年,他创建了"播客音乐特区"(Podsafe music)网站(Sharma,2005)。他的理念是,音乐家和歌曲作曲家自动将作品上传到他的"播客音乐特区"网上,既不放弃知识产权,又允许播客人免费使用,但免费使用只限于播客。在这个共生关系里,音乐家得到宣传,播客人获得免费音乐。我的十余件作品大约有五六种上了"播客音乐特区"网；我的一首很不知名的作品《雪花飘》("Snow Flurries", Levinson & Krondes, 1969)就被人用于播客。厄林·凯恩(Erin Kane)和克里斯廷·布兰特(Kristin Brandt)很受欢迎的播客《疯狂的妈妈》(*Manic Mommies*)用了我的《雪花飘》(2007年2月)。

但"播客音乐特区"仅仅是部分解决办法,因为播客人很可能想要播放披头士的作品,或播放收费的音乐作品。目前,这样的播客人有一个选择:要么侵犯知识产权,要么通过广告收入来支付使用费。

8.4.8 播客广告

在自己的播客上打广告,或者让别人在自己的播客上打广告更像传统的广播电视广告的路子,与第六章 Blog 检视的广告圣(Google AdSense)、亚马逊联营会员(Amazon Affiliate)等博客上的广告不同。

大多数播客人在播客上挣广告费的办法是与挣钱的广告社群联手,或者走更加传统的路子,那就是通过广告商和播客人之间的中介。这些中介可能是播客网站比如 Mevio,也可能是纯广告或多半经营广告的平台比如 Blubrry 播客广告平台,其经营者是 Raw Voice。两种平台都为播客人提供广告服务。这些经营者主要有两种。

(1) GoDaddy.com 域名注册商拥有大多数的注册域名,其广告带有众所周知的超级碗广告的咸湿味,其他支付广告佣金的著名公司还有不少,如汽车租赁公司和鞋袜销售公司。广告商向播客人提供广告词的要点,播客人根据要点来介绍广告商及其商品,时长30—60秒。推销词的结尾有一个独特的代码,比如"xxx Levin"或"podcast xxx"。听播客的人若要订货,就按指令使用这一独特的代码。广告商按成交的次数付酬,播客人每次成交所得的报酬是固定的,比如10美元、20美元等;或者是按照固定的分成计酬,付酬的方式由推销的性质决定。这样的广告宣传给播客人带来的收益可能达数千美元。

支付佣金还有另一种方式:广告商制作好广告交给播客人,或者广告商提供广告词让播客人读广告。但许多广告商更喜欢播客人用自己的语词和风格来制作广告,因为这赋予广告更多个性化的色彩,这样的广告对播客人的粉丝更有效。比如,纽约市的"龙·约翰·内贝尔"晚间广播谈话节目(Long John Nebel Show)多年来都用带有个人色彩的广告。但今天大多数的广播节目比如纽约市的 WCBS-FM 电台的鲍勃·香农(Bob Shannon)音乐节目的广告则根据广告商提供的广告词朗诵。

(2) 另一种广告酬金不是基于实际销售的佣金,而是基于收听广告的人数。

Mevio 和 Raw Voice 就以这种方式付酬。广告可能是预制的，播客人根据广告商提供的广告词要点去解说，或者即兴发挥——颇像受广告商委托而制作的广告，不像上述支付佣金的方式。播客人需要向广告商报告听播客的人数。就像报纸和广播等旧媒介上的广告一样，播客人得到的报酬以每千人的听众来计算。Mevio 网站自己记录听众人数。Blubrry 提供听众的计数（有时称为下载次数），只收听不下载也按下载次数计算。Blubrry 也接受其他播客平台比如 Libsyn 记录的数据（注意收听次数不等于收听人数，因为同一人可能不止听一次，但我这里把收听次数和收听人数交换使用，因为最好的计数是记录收听者的 IP 地址。如果愿意的话，一个人显然可以用不同的 IP 地址听多次）。如果按千人次计算，在给定时间里每 5 000 次的收听或下载所挣的广告酬金会超过 500 美元。

播客广告按收听次数向播客人支付酬劳的方式，大约与博客广告按读者印象或观点向博客人支付酬劳的方式相当，与按顾客点击次数向播客人支付酬劳的方式相比，这种付款方式显然比按实际销售计酬要更加可靠。那么，为什么还有播客人选择佣金计酬的方式呢？

部分答案在于，播客人通常没有选择余地。广告商不太愿意在播客人的身上浪费时间，因为一集播客只有区区少数的听众，他们不想浪费广告造势所需的时间，只想计算决定付款金额所需的时间。佣金付款的方式不需要计算收听人数，不需要播客人提供报告，只需要跟踪特别设计的销售代码就行了，因为这种代码与广告产生的销售量是如影随形的。

答案还在于，上述的收听人对佣金广告的回应率很高，广告商的收入比较高；相比而言，瞄准比较多听众的广告造势，以听众人数付酬，广告商的收入就比较低。比如，如果在 1 000 听众中，有 30 人购买了以佣金计酬的商品或服务，播客人得到的报酬是 600 美元。相反，如果以每千名听众计算 10 美元酬金，而听众人数高达 3 000，播客人的净收入只有 30 美元。换句话说，以佣金计酬的播客人的收入，即使佣金计酬的听众人数只有按人数计酬的听众人数的三分之一，前一种的收入也是后一种收入的 20 倍。当然，佣金计酬的方式多少带有赌博的性质，因为以佣金计酬的播客人甚至可能遭遇销售为零的局面。

这就引出了另一个问题，其答案有助于解释：为何播客人选择佣金或"千人次"计酬方式，为何听众很少的播客人还能找到以"千人次"计酬的广告商。这个问题就是：为什么播客人找中介或提供广告的网站，而不会直接找广告商？

首先，中间人拿走相当一部分酬金，30% 甚至更多；结成中介服务合约以后，播客人播放广告的一切收入中间人都能分享。这似乎有足够的理由使播客人直接去找广告商;然而大多数播客人对如何与广告商打交道几乎一无所知。

即使播客人知道如何与广告商打交道,中间人还是能提供额外的帮助,这对听众少的播客人尤其有利。广告中间人或播客网站负责与广告商谈判,而广告商感兴趣的是收听的总人次。比如,他想要的是对他的产品有价值的播客,他想要 10 000 人次收听率;"大片租售公司"(Blockbuster)就想要对影视片有价值的播客。至于这 10 000 人次收听率来自一集播客还是来自 1 000 集播客,广告商是不在乎的——重要的是,统计数字准确表明,收听或下载(或用 10 000 个 IP 地址)广告的人次达到了 10 000 就行。于是,在合同期里只有 100 人次收听率的播客人也可以分到一杯羹。如果 10 000 人次收听率挣 1 000 美元,只有 100 人次收听率的播客人也可以挣 10 美元(准确地说,扣除中间人的酬金以后,他得 7 美元)。

播客广告经纪人和提供广告的网站一般会要求,播客人不直接与广告商打交道,广告商要通过经纪人和网站通达播客人。这似乎是公平的安排,旨在保护经纪人。为何播客人直接与广告商打交道很罕见,这也是原因之一。一些广告经纪人也坚持,他们的播客人不再接受其他经纪人提供的广告。然而,倘若播客人很幸运,有广告商直接找上门,而新的广告又不与此前他和经纪人签订的协议冲突,播客人予以考虑还是明智的。

直接在你自己的播客里打广告没有不利之处,只是报告统计数字要花时间。不自己打广告时,统计收听人次只需几分钟;如果经纪人或网站提供统计数据,播客人就不必花时间去统计。

但自己打广告还有一个不容易看清楚的一面:有些听众和播客人可能认为是不利之处。除非你的广告是公益广告,否则,你的播客就成了纯粹的"商业广告"。当然,即使这样,你的播客仍然是免费的;在这个重要的意义上,无论它是否插入了广告,它仍然是非商业性的。但对有些人而言(我不苟同),如果把没有商业性的、不挣钱的创新作品本身当作理想,在完全免费的播客打广告就是背叛。

免费交换广告　　播客人交换并免费播放彼此的广告,这个意见对规避商业广告的人有吸引力。另一种安排是,播客可以而且经常与有偿广告一道播出。《迈克看新闻》(Mike Thinks News)播客两种广告都播放,有偿播放的广告和免费播放的广告都接收。我的《光透射》、《莱文森新闻》、《询问莱文森》都播放两种广告。播客进行免费交换并播放广告的工作原理与博客的互相免费链接是一样的。但既然你礼尚往来播放其他播客人的广告,你就需要确信,你接受的广告不至于喧宾夺主,压倒你自己的播客节目。

8.4.9 视频直播

播客可以被认为是一种出版形式,但它出版的是声音而不是文本。视频播客(vidcast,下一节讲)是音像出版。但声音在互联网上也可以实时"流动"("streamed" live),此时,播客就成了一种形式的广播,即互联网广播。

实际上,传统的无线电广播在网上视频直播(live streaming)已经有五年时光。2004年年底,纽约市的 WCBS(1924 年建台时名为 WANG)开始在网上"同步播送"(simulcasting)。这是旧媒介加入新媒介世界的最佳例子。传统的纸媒报比如《纽约时报》如今有了网络版,与广播电台的变化异曲同工。2006 年至 2008 年,我每个星期天上午都接受 KNX 电台(CBS 全新闻电台在洛杉矶的分台)的采访(见 Levinson,"The KNX 1070 Sunday Morning Interviews," 2007),谈媒介、政治和通俗文化,这些访谈全都是同步上网的。我收到的大多数电子邮件都不是来自洛杉矶地区。这种全球化是新媒介和新新媒介共同的特征之一,也是旧媒介同步上网的主要益处之一。另一个好处是,你可以在电脑上听,比在办公室里听收音机更容易、更清楚。但与真正的新新媒介不同,同步上网的无线电广播受制于自上而下的控制,和旧式的无线电广播如出一辙。

2008 年,KNX 决定改变政策,它想用 CBS 的新闻人和评论员,而不是外来的教授,于是,我的每个星期日的访谈节目也就取消了。相反,无论是预录后播的还是同步广播的,系列的播客集子是否结束则由播客人自己决定——在新新媒介的领域里,除了制作者本人,再也不存在老板。当然,作为有线电视或传统大众媒介节目副本或配件的播客又另当别论。以 CNN 的皮尔斯·摩根(Piers Morgan)或 MSNBC 的雷切尔·麦道为例,他们都制作播客,但如果他们效力的网络叫停这些播客,他们的播客就会寿终正寝。

2006 年 6 月启动的 Blog Talk Radio(博客交谈广播)提供直播和播客存档服务,凡是有一个念头、一只麦克和电脑链接的人都可以上网谈话或交谈。该网站目前的介绍词指出:"终于,俄亥俄州杰克逊堡一位 16 岁的女孩子也可以上网表达自己的思想感情了,她可以与名人平起平坐,享受同样优质的广播时间。"大卫·莱文(David Levine)说,这个广播平台"是最新形式的新媒介,是互联网文字博客的音频版本"(2008)。实际上,Blog Talk Radio 只比 Twitter 晚出 5 个月,2006 年 3 月才问世(到 2009 年,它并不比 Foursquare 晚,Foursquare 是莱文的文章发表一年后才问世的),它无疑是文字博客的"音频版本"。但音频播客也是文字博客的"音频版本",Blog Talk Radio 最鲜明的特色是视频直播,不是送上网的旧式无线电广播媒介比如 WCBS,而是新新媒介,就像实时的博客一样

（实时粘贴的文字博客,比如对直播的棒球实时评论）,Blog Talk Radio 具有消费者成为生产者的一切根本特征,这是本书始终考虑的特征。

Talkshoe 博客是"互联网交谈"广播平台的主要竞争对手。Talkshoe 的原型始于 2005 年 4 月,2006 年 6 月正式启动以后才具有如今的形态,所以它只比"互联网交谈"早两个月。两者的主要差异是,Talkshoe 按听众的每一次收听和下载给制作者支付一点报酬,不过,2008 年 6 月,它暂停运行这一"付酬"软件,到 2012 年 1 月,"暂停运行"成了永久停止。相反,Blog Talk Radio 在 2008 年 1 月启动了与制作者分享广告收益的计划。既包括插进直播和播客的广告,也包括网页上的横幅广告(Talkshoe 为播客提供广告收益的做法与 Blubrry 相似)。从财务底线看,Talkshoe 以收听/下载次数记分的方式是更加可靠的收入来源（详见 Talkshoe,2009）。

Talkshoe 是我储存《询问莱文森》播客的网站,我这一播客旨在帮助习作人。Blog Talk Radio 提供播客,将其视为视频直播的节目,Talkshoe 与之不同,上面的播客是各自独立的,不是视频直播（与 Libsyn 网站和 Mevio 网站一样）。《询问莱文森》播客是 10 分钟的网络教程,第一年收益的 10% 归 Talkshoe 网站。

到 2012 年 1 月,我没有把我的电视访谈节目托付给 Talkshoe 或 BlogTalk Radio。我只是以嘉宾的身份参加几个节目:2007 年秋,我上肖恩·奥马克（Shaun OMac）的《时光旅人》（Journeyman）节目;2009 年 5 月,我上"吉卜赛诗人"（"Gypsy Poet"）经营的 BlogTalk Radio 节目;2008 年 2 月,我上玛伊阿·怀塔克（Máia Whitaker）的 Talkshoe 节目。

我不想参加视频直播节目的原因是,我不想被锁定在特定的时间,我珍惜播客人自己挑选时间制作播客的权力。这突出说明一切新新媒介生产者一个首要的选择:实时博客还是"定期"博客,Twitter 上的实时会话还是简短的文字帖子,音频（和视频）的实时直播还是音频（和视频）的预制播客。

这种二选一的决策始于十多年前,即新新媒介初露端倪的 20 世纪 80 年代末和 90 年代初,始于即时通讯与电子邮件聊天各显优势的时期。当然,两者各有优势,正如电了邮件山现之前的面对面交谈和书信往各有优势一样。Facebook 既提供即时通讯,又提供类似电子邮件的短信,其原因就在这里。BlogTalk Radio 和 Talkshoe 实时节目的生产者可以预先制作节目,并不需要多费精力。不过,根据实时节目录制的播客有一个缺陷,它可能会缺乏预先制作的播客的音响效果和生产价值——就像舞台表演的纪录片与电影截然不同一样。这就意味着,你要权衡视频直播还是预先录制播客,需要判断哪一种更重要,或符合你希望制作的东西（关于视频直播是新新媒介的基本特征,见第十章中关于"占领华尔街"的内容）。

实时互动流对教育、在线研讨会也产生类似的影响。

8.4.10 在线研讨会与视频播客

实时流动的广播节目未必是互动的,它可以是流动的,却没有人拨打电话参与节目;除了制作者之外,没有人输入任何信息。然而,我所听见过的视频直播的新新媒介节目无不拥有听众打电话参与的要素。他们靠 VOIP 免费网络电话参与,或用手机打电话参与。与之相比,虽然广播电台可以且的确把打电话参与的听众纳入同步播送的节目中,然而,打入的电话是通过离线世界而不是通过互联网进入广播源头的。因此,新新媒介的视频直播与旧媒介在网上的视频直播有另一个差异:新新媒介容易整合世界各地打进的电话,而且不收费。

用电脑连线通话是在线讨论会的精髓。在线讨论会与网上的实时流动讲演不同,网上讲演会里的电话参与不是关键所在。典型的在线讨论会是这样的:借用 ReadyTalk 网站、Go To Meeting 网站或其他类似的组织,启动用电子邮件发给一人或许多参与者,规定赴会的时间和链接。与播客一样,在线讨论会可以用电脑喇叭和麦克;如果用耳机或耳塞和更加专业的麦克,则交谈更清楚,更容易保密。主持人或讨论会负责人可以看见谁接入了讨论会的网址,他可以检测链接的效果。

在线讨论会的主持人控制发言——这与 BlogTalk Radio 由主持人控制相同。但 BlogTalk Radio 和 Talkshoe 不同,在这两种广播节目中,网页地位次要,交谈地位首要。在线讨论会上的网页和交谈同等重要。在名副其实的多媒体讨论会上,主持人要巡视网页、播放视频、展示图表、演示议程。与会者在自己的电脑显示器上看见这一切,他们听主持人描绘视频和其他的多媒体,能够参与问答。一般还配有文字聊天室,以防音响效果不好,或者让主持人和与会者用更容易交流的文字符号比如一个 URL,而不是用口语。如果主持人和参与者有网络照相机,讨论会就可以用视频,不过视频不是不可或缺的要素,除非某种视觉特征比如与会者的穿戴对讨论会的主题密切相关。

如上所示,大多数播客兼有音频和视频,有些播客只有音频。惯用的名称略有不同,有些叫视频播客(vidcast),有些只叫播客(podcast)。其实"podcast"一词更有道理,因为其中的"pod"原本就没有音频或视频的意思,它是从"iPod"而来的逆生词。因此,最合乎逻辑的名字是"podcast",因为它既可以是视频播客,也可以是音频播客(audiocast)。然而,流行的术语未必是最合乎逻辑的。视频播客放在音频播客网站上,也放在"照片共享"(Blip.tv)之类的视频网站上。与 Mevio 和 Libsyn 等播客网站一样,视频网站容易把视频播客传送到 iTunes 播放器上(该播放器像提供播客一样提供免费视频播客)。YouTube 可以被认为是一种视频播客网站。

实际上,无论叫什么名字,在我们的文化里,上传到 YouTube 和 iTunes 上的视频播客越来越重要,胜过了声频播客;在播客媒介里,声频播客屈居第二位,视频播客独占鳌头,就像在广播媒介里,无线电广播屈居第二位,电视独占鳌头一样。

第四章介绍的梵蒂冈、英女王和美国总统的 YouTube 频道就不是预录(非实时流动)的声频播客。在比较业余、消费者变生产者的层次上,Mevio 之类的网站考虑广告交易时,喜欢接受视频播客,不喜欢声频播客。制作视频播客的蓝图和制作声频播客的蓝图基本相同,但视频播客需要更多的工作以及灯光、截图和编辑才能。

音频和视频的在线讨论会都可以用于商务和教育,也可以用于娱乐。如果用户的电脑储存量大,开会期间电脑的电子邮件功能和其他常用功能是可以顺利运行的。但与会者和主持人的笔记本电脑或台式电脑是在线讨论会里的薄弱环节。我参加过十余次在线讨论会(多半是在 Second Life 网站上,见上一节),几乎没有哪一次会不出问题,总是有一位或多位与会者因断线而不能说话,他们要恢复链接才能重新参与。

在线讨论会的软件也限定了与会人数。在线讨论会及其教育用途可以被认为是新新媒介最高尚的应用之一。当然,在线讨论会可以用来讨论任何主题,包括预谋的犯罪活动。在下一章里,我们转向"新新媒介的阴暗面"。

第九章

新新媒介的阴暗面

第九章 新新媒介的阴暗面

几十年来,我都在对历届学生作一个讲座,也在多种研讨会上作这一讲演:《枪械、刀子和枕头》(Guns, Knoives and Pillows),意在回答一个问题:是否有些技术固有的属性就是好的或坏的,在应用和对人的影响上就是非好即坏的。

我先讲枪械——它们杀人、伤人,是犯罪工具。事实上,枪械使有些重罪成为可能。可见枪械不好,对吧?枪械是武器;没有武器,我们的生活会更好。但如果有人把枪作为武器去制止犯罪呢?或者根本不把枪用作侵犯人的武器,而是用它来获取食物呢?或者将其作为运动的技术呢?再说它用作武器吧,我们用它来保卫祖国,抵御侵略该如何看呢?以上例子说明,虽然我们可以说,如果没有枪械,世界总体上会更好,但我们不能只将其视为邪恶的设备。

那么,枪械的另一面如何呢?我们能够认为,一种技术始终好,只有好的一面吗?是否有任何丝毫坏效应的设施呢?枕头如何?它柔软、舒适、催眠。就此而言,枕头好。但枕头也可以用来使人窒息至死。这就是说,枕头可以用来干不好的事情。正如枪械不能只被认为是"坏"技术一样,枕头也不能被认为是纯粹"好"的技术。实际上,枪械和枕头有许多共同之处,那就是,它们都可能被用于或好或坏的目的。

也许,我们正在审视的两个例子是说服力比较差的例子吧?更加强有力的技术又怎么样呢?核武器、原子能一开始就名声不好——原子弹和核武器。然而,即使这一点也有道义上模棱两可的成分。史学家还在继续争论,杜鲁门总统是否有权向日本两次扔原子弹。另一方面,在接下来的冷战时期,核武器使世界很快就走向核毁灭的边缘。一方面,原子弹杀戮了很多无辜的日本平民。另一方面,日本政府顽固地坚持战争,那就意味着,如果不投原子弹,有些美国士兵就会战死。而且,首先是日本不宣而战突袭美国发动了战争,而不是美国发动战争。何况,除了上述伦理争论外,核能已经被用作能源发电,放射治疗已用于医疗卫生,这是不容争辩的嘉惠予人的用途。可见,与枪械和枕头一样,核能对人类也同时产生利弊两种结果。

我们能想到"好"技术的更有说服力的例子吗?医学如何呢?医学能治病救人,减少疾病对人的伤害。然而令人遗憾的是,这一技术能够而且的确被变成武器,变成和核武器一样危险的细菌武器。第一次世界大战用了细菌武器,萨达姆·侯赛因也用细菌武器来对付伊朗人民和伊拉克人民。因为害怕细菌武器会被用来对付德国军队,所以第二次世界大战中希特勒也忍住不使用这种武器。在这个意义上,医疗技术还是可以与枪械、枕头和核能纳入同一范畴:它们都可以用于好的宗旨,也可以用于坏的目的。

事实上,就技术或好或坏的可能性来看,一切技术最好是被当作刀子来描绘。刀子可用来切割食物,这是好,也可以用来捅无辜的人,这是坏。刀子和任何技术是被用于好的宗旨还是被用于坏的目的,其决定因素不是技术,而是人,是使用技术的个人或群体。

迄今为止,我们多半是审视新新媒介的好处;在这一章里,我们将考察这些"刀子"的另一面,看看它们如何在错误的人手里被用于坏的目的。遗憾但也不足为奇的是,证据显示,新新媒介可能被用于坏的目的。有恶意的人理解新新媒介的好处后,反而将其用来伤害我们,我们将考察这是如何发生的。

9.1 前新新媒介的滥用:欺凌、攻击与煽动

互联网生活的误用和滥用早在新新媒介出现之前就已经存在,在比较旧的新媒介里,这种现象早已存在,而新新媒介就是从比较旧的新媒介里脱颖而出的。

与任何传播技术一样,电子邮件也可以用于骚扰和欺凌。洛丽·德鲁化名用 Myspace 发出欺骗人的短信,说"这个世界没有你会更好"。但这一短信用电子邮件也很容易。实际上,电子邮件就用来发送五花八门的垃圾信息和欺诈信息,无奇不有:如何轻易增强你的性资产;天涯海角一位绝望的寡妇委托你保管百万资产,其实是为了套取你的银行账号信息;接二连三敦促你立即链接到你的 PayPal 账号,旨在你不知不觉间暴露密码,结果却是他把你的账号储蓄洗劫一空。

当然,欺诈游戏在互联网之前就已经存在。也许,有些克罗马农人就能用自己的魅力骗一些幼稚的猿人献出自己最珍贵的贝壳和皮毛吧。不过,由于电子邮件能让人不露容貌和声色,所以它特别适合各种欺诈。

也许,史前的克罗马农人里就有恃强凌弱的现象——这显然是我们青少年学生令人沮丧的特征。网络上无面孔、无声音的名字使欺凌更容易实施了。

但校园里或其他物理空间里的恃强凌弱比网络欺凌更危险,因为动拳脚的恫吓可能升级为"打翻在地"。我们在第四章看到,遗憾的是,YouTube 给欺凌

第九章　新新媒介的阴暗面

提供额外的诱因,欺凌者把打人的视频上传到 YouTube 上,让满世界的人都能看到。

2008 年 3 月,佛罗里达州雷克兰有一位 16 岁的少女维多利亚·林赛(Victoria Lindsay)被人打伤住院。六位少女把她打得鼻青脸肿,而且将其录像。她们在警方做笔录时说,她们要报复她在 Myspace 的帖子里写的"垃圾"。据里奇·菲利普斯(Rich Phillips)报道:警方说,六位少女准备把打人的视频放到 YouTube 上(2008)。他指出:"这六位少女想痛打人并把视频放到网上,这个念头使人震惊,但这一现象正在日益成为司空见惯的一幕,这是专家们和新闻界人士共同的看法。"2008 年 11 月,检察官和法庭允许她们认罪协商减刑(Gear,2008)。

可见,YouTube 这种新新媒介可能会加速古已有之的欺凌现象。有一点对欺凌者不利,对潜在的受害者、实际的受害者和世人却有利,这就是:欺凌者一般容易被认出来。然而,这一点显然不足以阻止欺凌者,他们想在 YouTube 上看见自己打人,但视频却有助于警方抓捕嫌疑人。法哈德·曼约(Farhad Manjoo,2008)撰文指出,潜在的欺凌者可能会想到,警方可能在目击者制作的 YouTube 视频里看见他们,这可能会对他们起到威慑的作用(详见第四章中 YouTube 可能的有利效应)。遗憾的是,打人、网络欺凌、欺诈和一切恶习不仅上了 YouTube 视频,而且在网上长期存在,在匿名和化名的掩护下反而有泛滥之势了。

网上攻击(flaming)可以回溯到 20 世纪 80 年代网络传播滥觞的时候。1984 年 9 月,我在西部行为科学研究院开学的网上第一课就注意到这样的攻击。学生是商界主管和公职人员,还有几位将军。我们都用凯普罗 II 型(Kaypro II CP/M)的计算机以及 300—1200 比特/秒的调制解调器。这个班的同学都用真名交流。几个月前,我们见面开过一次讨论会。由于没有匿名的掩护,网上的攻击就受到了遏制。尽管如此,攻击并未绝迹。动怒的评论一般是在深夜发生,深夜时批评同学的调子要严厉得多。也许,这些商界主管、公职人员和将军多年前与同学面对面交流时从来没有如此严厉过;也许,他们深夜时比在网上上课时要严厉得多。那时我就意识到,用手指头敲键盘时,从怒动于中过渡到怒形于外的导火索显然要短得多,怒火爆发要快得多;相比而言,面对面交谈时,怒形于色的表现就不那么容易了(详见 Levinson,1997;Strate et al.,2003;Barnes,2012)。

当真名和真实身份不明时,动怒并攻击他人的导火索就更短,抨击就更严厉。试举一例说明网上攻击。2008 年 11 月,一位网民注意到网民众多的"密谋理论"(conspiracy theory)网站上匿名攻击的现象,并作了这样的评估:"你掩盖

207

你的平常身份,在匿名的掩盖下发泄怨恨,你抨击/指责/怒骂一个人,如果他用同样的伪装,他肯定会让你狗血喷头,体无完肤。"这段分析网络攻击的话赋予匿名的煽动性以双重的意义:为攻击者壮胆;使受害者克制,受害者难以以牙还牙(因为受害者没有"同样的伪装")。这一分析很有道理,事实的确令人遗憾。攻击者和被攻击者没有面对面,不在拳脚可达的攻击范围之内。这个距离对攻击者起到鼓动的作用,他可以大胆发泄怒气或怨气。相反,被攻击者用的是真名,所以他的评论或回敬就格外小心,因为他的话记录在案,可以直接追溯到他的真实身份。

煽动(trolling)也可以追溯到20世纪80年代网络传播滥觞之时,出于同样的原因,煽动者一般匿名。当然也有用真名进行煽动的人;政治煽动者的目的是要激怒政治意见向左或对立的人。2008年,我写了许多博客,支持巴拉克·奥巴马,就遭遇到许多共和党或保守派煽动者的刺激,他们骄傲地用自己的真名。

但煽动者的评论与真诚的不同意见包括政治的和其他的意见有何不同呢?有时,两者是难以区分的,但煽动者的言辞有一个区别性特征,那就是意在激起对方愤怒的反应,而不是提倡对话。"奥巴马将与伊斯兰恐怖分子的宗教联手,以摧毁美国",这样的话就像煽动者的话。马塔提亚·施密兹(Mattathias Schwartz)在《我们中间的煽动者》("The Trolls Among Us",2008)一文中指出:煽动者早已被人清楚界定为"故意在网络社群里制造混乱的人"。与此相反,"奥巴马坚持认为,在伊拉克投入的增加没有发挥作用,这使他完全不适合当总统",这可能就是试图发表意见继续对话的例子。

真诚对话者试图邀请理性的回应,希望回应者用逻辑或证据支持自己的观点,他们建议理性地回应不真实的煽动。许多网友在网上讨论时建议,"不要给煽动者提供炮弹",意在使制造混乱的评论者无话可说。既然煽动者的目的是搅乱网上讨论,使人的注意力脱离对话、转向煽动者,所以用"饥饿法"对付煽动者使之无人注意,这样的建议有道理(关于网络煽动尤其网络煽动在20世纪90年代的历史,详见Sternberg,2012)。

具有讽刺意味的是,有人在对话中发脾气时,攻击也可能在真诚对话的尝试中产生。相比而言,煽动是故意埋葬或搅乱对话,煽动者比攻击者更难以救药。我见过有些煽动者道歉,他们对引起和追求的煽动表示后悔,以后却不辞而别了。然而,皮尤研究中心发现,"至少对85%社交媒介的用户而言,负面行为比如煽动似乎是可以容许的例外"(Northendom,2012)。换句话说,至少85%的用户觉得,煽动不扰乱令人满意的新新媒介体验。

9.2 网络流言与网络欺凌

网络流言(gossip)扎根于早期的数字媒介和网络媒介,我们充分接触这样的事例则要等到新兴的社交媒介领域。网络欺凌往往由网民"结帮"欺负一个人,他们散布"流言蜚语",或者讥笑并骚扰受害者,网络欺凌为网上的闲言碎语提供谈资,网络攻击可能会煽动网络欺凌。梅根·梅尔案子其实不是网络欺凌,而是网络盯梢。媒体对这一案子做了广泛的报道,将其当作网络欺凌,所以我在本书里和网上写东西时也按惯例称之为网络欺凌。但更准确地说,这个案子是网络盯梢而不是网络欺凌,是一位成年人对一位少女的盯梢。下一节"网络盯梢"将予以辩证。

网络流言之根源五光十色,在报纸里萌生,至少可以追溯到20世纪20年代沃尔特·温切尔(Walter Winchell)等人的专栏。与新新媒介里的一切事务和现象一样,温切尔的闲话专栏与导致网络欺凌的网上流言是不同的。温切尔起初在《纽约每日画报》(*New York Daily Graphic*)开闲话专栏,后转战《纽约镜报》(*New York Mirror*)。与埃德·沙利文(Ed Sullivan)和卢埃拉·帕森斯(Louella Parsons)一样,他的专栏向读者和盘托出名流的流言蜚语。相反,网络流言常常是学童散布同桌同学的闲言碎语。2007年至2009年运行的"校园汁味"网站(JuicyCampus.com)吹嘘,其"帖子100%是匿名的",鼓动用户"给我们原汁原味的东西",即校园里原汁原味的小花絮。2008年一天,我在该网站首页上看到关于一个名校学生的帖子:"彻头彻尾的水性杨花。"搜索另一所大学的帖子时,我看到一条几天前的流言蜚语:"这个女孩如何?听说她在内裤裤脚处文了一只猫咪。"有7人参与这个帖子的投票,47%的人投赞成票表示帖子真实。

许多恶意的短信瞄准选定的对象,而受害者又认为它们有恶意时,或者一帮人联手有意无意地攻击一个人时,网络流言就恶化为网络欺凌。伊-塞弗(I-Safe, 2009)报道,在2003—2004学年里,42%的中小学生遭到网络欺凌。在2007—2008学年里,网络欺凌的也达到这个数字。全美预防犯罪研究中心的数字显示,在那一年,40%的上网青少年报告曾遭遇网络欺凌(Cyberbully Alert, 2008)。2003年10月,13岁的赖安·哈里根(Ryan Halligan)自杀,他受不了一连串当面和短信的欺凌(美联社,2007)。既然Myspace 2003年8月才问世,Facebook 2004年2月才开张,而2003—2004学年和2007—2008学年网络欺凌的受害者长期稳定的40%,这就意味着,这两个网站继承了早些时候社交媒介比如短信和聊天室的网络欺凌。实际上,伊-塞弗在2004年的调查中就指出,

"耍小聪明的学生用即时通讯、电子邮件、聊天室和自建的网站等网络工具去羞辱同龄人"。2008 年的"网络欺凌警报"（Cyberbully Alert）还包括 Myspace："聊天室、Myspace、电子邮件、即时通讯和其他网络工具都助长了网络欺凌，使之成为流行病。"这种流行病很快举要传播到其他新新媒介中。

2010 年 1 月，15 岁的菲比·普林斯（Phoebe Prince）自杀，她遭到无情的欺凌，即使去世以后，她的 Facebook 网页上还留着大量冷嘲热讽的评论（James, 2010）。2010 年 9 月，Twitter 和视频流上的欺凌导致另一场自杀，罗格斯大学 18 岁的新生泰勒·克莱门蒂同性恋邂逅被人偷拍上网，在 Twitter 和视频流中传播（Pitts,2010）。克莱门蒂的室友达伦·拉维（Dharun Ravi）被判有罪，罪名是侵犯隐私，带偏见的恫吓（Allen & Ali,2012）。

伊-塞弗提出的补救措施与对付传统校园欺凌的忠告无异：受害者要向学校负责人、家长或他们信赖的成人报告；如果受到人身威胁，你就要报警。他还提出特别适合网络欺凌受害者使用的其他手段，那就是封杀欺凌者的账号，保存一切骚扰短信。但泰勒·克莱门蒂根本就没有时间报警，视频一流动，损害就造成了。新新媒介世界的即时性利弊同在，大有裨益；但对利用其干坏事的人而言，即时性也助了一臂之力。

回应网络欺凌的目的之一是制止它，使之不至于升级为网络盯梢，因为网络盯梢可能把虚拟校园里的恶习带到危险得多的地方。以凯西·西埃拉（Kathy Sierra）为例，她在"培养热情的用户"（Creating Passionate Users）网站上的博客收到骚扰评论，起初的骚扰"从老一套贬低人的话到露骨的性垃圾"，然后就升级为暴力，这类帖子有"……我希望，有人会割你的喉咙……"（Walsh,2007）西埃拉停止写博客，"取消一切面谈的约会"，而且接着说，"我害怕走出校园"（BBC,2007）。她被迫终止写博客。"培养热情的用户"继续运行，上面对还留着对她博客的评论（Sierra,2007）。这是一个令人不安的案例，不仅有欺凌人的沉渣泛起，而且表明，网络欺凌还可能瞄准成年人和专业人士，而且升级为网络盯梢，使受害者不敢离开自己的家园。

9.3 网络盯梢

网络欺凌通常是一帮人所为，网络盯梢通常是一人单干，就像在真实世界里的精神病人、偏执狂或心理失调者的盯梢行为一样。"互联网词典"（NetLingo, 2009）的定义是："网络盯梢指的是，在网上对一个人死缠烂打，尤其是出于痴迷或错乱的纠缠。"就像真实世界里的盯梢比传统的校园欺凌危险得多一样，网络盯梢比网络欺凌的影响严重得多。洛丽·德鲁实际上在跟踪梅根·梅尔——开始用假装的温情,接着用凶恶的评语,她逼迫梅尔走上自杀的绝路(见第六章"Myspace")。

更常见的网络盯梢是真正的单相思,狂热的钟情。美国司法局在 2009 年的报告中披露:"在 2005—2006 年的 12 个月里,大约 340 万人自认为是网络盯梢的受害者。""在被盯梢的受害者中,每四个人里就有一个人报告,骚扰者用上了网络盯梢比如电子邮件(83% 的网络盯梢受害者受到电子邮件骚扰)、即时通讯(占 35%)。"这一年的网络盯梢出现时,Myspace 和 Facebook 才一两年的历史。与网络欺凌一样,网络盯梢从即时通讯和聊天室迁移到了高效、知名度高的社交媒介中了。

"加强儿童安全工作与网上技术:最终报告"是由互联网安全技术行动小组(Internet Safety Technical Task Force,2008)提出的。工作小组由 Facebook、Myspace、林登实验室(Second Life)、Google、Yahoo! 和及其他 25 家公司组建。报告突出说明,社交媒介容易诱发网络盯梢:"与普遍的假设相反,实名身份信息的帖子本身似乎不加重风险。相反,风险与互动联系在一起。"(p.20)网络盯梢的对象求助的办法与网络欺凌的受害者相同:如果受到人身威胁,那就要让负责任的、可以信赖的人包括警方知道真相。

遗憾的是,Foursquare 为那些想把网络盯梢带进真实世界的人提供了一个理想的工具。谷歌地图也可能是这样的工具,只是方式略为不同而已。许多人的住址一旦进入谷歌地图就会弹出一张照片,显示街道、门牌和门前车道等丰富而详尽的信息。所幸的是,并非每一幢住址都伴有一张对应的照片,然而凡是伴有照片的住址都暴露在全世界的众目睽睽之下,连他家的草坪是否有人修剪都看得清清楚楚。

而且,谷歌地图还可能会被恐怖分子利用……

9.4 Twitter 与恐怖主义

我们先不看新新媒介如何有助于恐怖分子,而是看其如何有助于我们反恐,有助于我们在真实世界里报道恐怖活动以及新新媒介的报道产生的影响。

在 2008 年 11 月 26 日孟买惨案的最早报道中,新新媒介起到了辅助的甚至关键的作用。CNN 的亚德里安·菲尼根(Adrian Finnegan)在第二天一早的报道中说,他在自己的 Facebook 账户里听见一位孟买的朋友报平安,这位朋友详细讲述了自己目击的情况。11 月 26 日,我的 Facebook 朋友詹姆斯·温斯顿

（James Winston）用即时通讯告诉我，他"最好的朋友几个星期前迁往孟买，现在住在离泰姬饭店两英里的地方。Facebook上的信息告诉我，他平安无事"。同时，菲尼根也报告，Twitter不断嗡嗡响，饭店附近的人们不断发出短信。

约翰·里贝罗（John Libeiro, 2008）也提供类似的新闻报道："Twitter也被用来传递信息，并表达对恐怖袭击的情感，有时对印度电视网对危机报道的不足表示不满。"这进一步证明，新新媒介提供了旧式的广播媒介所缺乏的一个维度。在这里，新新媒介对恐怖分子的屠杀提供了直接而个人的信息，让全世界和大众媒介都知道正在发生的事情。如此，Twitter和Facebook提供了亟需的窗口，让世人了解孟买发生的惨案。

在历时三天的危机中，电视这种旧媒介有时不提供任何新闻。2008年11月28日，即危机的最后一天，泰姬饭店还在燃烧，印度突击队还在作最后突击的准备，MSNBC却仍然在按部就班地播放其"集粹"，那是它几年的节目里积累起来的老掉牙的东西，与当下的危机毫无关系。福克斯新闻网在报道危机的过程中插播苏斯特伦（Greta Van Susteren）主持的"纪录"（On the Record）和奥雷里主持的"奥雷里脱口秀"。只有CNN一家提供不间断的直播（详见我2008年11月28日对MSNBC播放其"集粹"的评论；又见本书第二章对Facebook上小组"停止播放'集粹'"的讨论）。所幸的是，对孟买危机感兴趣的人可以上Twitter，现场目击者每分钟都在上传更新的帖子。

2008年11月28日纽约时间的清晨，我注意到一些微博帖子，它们彼此相隔的时间只以秒计："印度官员屁话冲天，结果很糟"……"我们的突击队用的什么枪支???"……"100人困在三叉戟饭店……""整个事情搞得很臭，我们的政府使我们坐以待毙，推翻团结进步联盟（UPA）政府"……"日本过去有恐怖袭击，中国有我们这样的邻国很幸运，我们不如中国幸运。"我浏览上述帖子花了30秒钟，Twitter显示的信息表明，216个新帖子上传所花的时间只有30秒钟。当然，谁也不敢肯定这些帖子是否都来自孟买——虽然Twitter上有其IP地址的记录。

然而，世间没有任何系统是完美无缺的。正如斯蒂芬尼·布萨里（Stephanie Busari）所言（CNN.com/asia, 2008）："一人发一条新闻标题，朋友看见后就回帖，于是就启动（Twitter上）无穷无尽的信息的反复循环。"

"阿拉伯之春"之初，我们感觉到，Twitter将发挥重要的作用。2009年伊朗不成功的绿色革命中，美国国务院要Twitter推迟几个小时关机维修的计划。在下一章里（第三章已有讨论），我们将进一步探讨Twitter在有些国家民主化里的作用；Twitter 2012年1月宣告，它将在有些国家里对推文进行审查。

回头说 Twitter 这种新新媒介被用于邪恶的目的,这是本章的主题。Twitter 也可能成为恐怖分子的有效工具。布萨里指出:"有人在 Twitter 上说,恐怖分子在用我们 Twitter 获取印度安全部队的动态。"布萨里这段话并没有回答新新媒介被利用的可能性——实际上这种可能性是很大的;Twitter 和其他社交性新新媒介完全有可能被恐怖分子用来策划和协调他们的袭击。

事实上,2008 年 10 月 16 日的美国陆军的报告就担心,从理论上说,"Twitter 可以被恐怖分子用来确定袭击目标"(Musil,2008)。然而,这个报告并没有指出,Twitter 并没有提供以前的群发邮件、即时通讯和聊天室所不能提供的数字信息。不过毫无疑问,Twitter 之迅捷,它创建事实上的"跟帖者"群体之高效,都使它动员和部署任何群体容易得多——其中自然包括恐怖分子群体。文明的光明面不仅在于执法和安全部门同样可以利用 Twitter,而且即使恐怖分子可以利用 Twitter,他们的通讯都记录在案,事后的追剿和定罪也有根据了。

如上所示,新新媒介可能被滥用,从虚拟校园的欺凌到世界范围的恐怖主义都包括在内。下一节将审视,新新媒介如何用于教唆一种比较常见的犯罪。

9.5 利用克雷格分类广告招募人打劫银行

这一节的标题像是电影名字吧?但这是真的,虽然克雷格网站并未直接参与打劫银行,但它被用来雇佣"五六个毫无戒心的受害者"(见 Kings.com,2008),这些无辜者被用来掩护真正的大盗,并使其逃之夭夭。这一劫案在 2008 年 9 月 30 日上演,被打劫的是美国银行的华盛顿州门罗县分行。

我和妻子常用克雷格分类广告(Craigslist)购物。上星期,我们就按图索骥买了一只乐至(La-Z-Boy)品牌的双人沙发,名牌,才 75 美元。不过,就像一切媒介都是刀子一样,这家无成本广告公司的经营范围无所不包,不仅包括双人沙发,而且直到不久前还在"拉皮条"(见 Lamport,2007;Abelson,2009),在那桩银行打劫案中,它还给劫匪介绍走卒马仔。

劫匪的策划相当精明。他们雇佣五六个就像你我的人,让受雇者站在银行外面。这就"稀释"了目击者证词的价值。一位被雇的无辜者在金五网站(King5.con)上解释说,"我看到一则广告,工资相当高,每小时 28.50 美元。"对他的要求是穿"黄背心、戴护目镜、呼吸面罩……可能的话,穿蓝色衬衫"——和劫匪的穿戴一模一样,所以劫匪很容易就从附近的小河湾逃遁了。

劫匪几个星期以后落网——DNA 让他无处遁形(详见 Cheng,2008)。我猜想这说明,生物密码比数字密码的力量大吧。我 1999 年的科幻小说《丝绸密码》的主人公是纽约重案组的侦探菲尔·达马托博士,他说:DNA 是终极的档案。《纽约时报》很喜欢这句话,杰拉德·乔纳斯(Gerald Jonas)1999 年的书评引用了这句话。

在新新媒介阴暗面这一章里插入这一可笑而真实的故事,使我们喘口气。但难以改变的、严峻的事实是,新新媒介被用于犯罪会增加死亡与毁灭。2009 年 4 月,"克雷格广告杀手"菲利普·马科夫(Philip Markoff)落网,罪名是谋杀一位女按摩师,他也是通过克雷格分类广告网站雇佣按摩师的。这件谋杀案充分说明新新媒介危险可怕的一面。然而,莱斯莉·哈里斯(Leslie Harris,2009)指出:"如果该罪犯是用报纸上的广告引诱受害者上门的呢?我们该不该叫他《波士顿环球报》杀手呢?"她的观点有相当说服力:杀人犯在媒介中搜寻受害者,这很难说是新手腕,也很难说是新兴社交媒介独特的后果。尽管如此。新新媒介的弊端,独有的也好,与旧媒介相同的也好,我们都必须要研究、理解,并尽可能防范。

9.6 网络垃圾

在本章巡视新新媒介阴暗面行将结束之际,我们介绍对网络系统破坏力最小却最普遍的劫掠者:网络垃圾(spam)的传送器。最常见的垃圾形式是:闲扯有关珠宝的废话,说的是与主题完全无关的东西,这些垃圾就像网上的蚊叮虫咬、数字涂鸦,它们分散读者的注意力,甚至使人厌烦,但其他的危害倒是没有。

实际上,网络垃圾的主要负面影响是,博客人和网管被迫做额外的工作去清除垃圾;博客人不得不采取阻遏与防止的措施,但这些措施却妨碍无垃圾的评论。我们在第六章里已经看到,反网络垃圾的常用措施是验证码(CAPTCHA),但验证码使合法的评论者不得不绕道发表评论。对无约束的政治讨论感兴趣的博客人也许宁可不监管自己的博客,以鼓励直接键入的评论和迅速的回应,但这种敞开大门的办法又可能招来与他的博客无关的评论。

Facebook、Twitter 和一切社交媒介都可能有类似的烦恼:垃圾 Twitter 可能闯入任何人的网页,兜售可疑的产品和服务。Twitter 容许用户报告这样的垃圾,自动删除垃圾,封堵垃圾客。Facebook 也允许用户带上标记,也就是说,用户的名字可以和任何文本、图像或视频链接。带标记的用户也可以删除标记,删除标记留在时间轴上的导航的痕迹。Facebook 的隐私设置允许用户标记"朋友"包括亲友,但这样的设置又可能使你无法接触你想要联系的人。Myspace 的用户简介网页允许评论,容易遭受入侵,但标记为垃圾的评论可以删去。YouTube 也设置了类似的评论网页,但视频上传者也可以选择不允许评论。

如果是攻击个别博客的垃圾帖子,只要这一博客不处在系统的核心位置,垃圾对系统本身并不构成危害。垃圾帖子对系统造成危害并使之脆弱时,Facebook 和其他网站可能而且的确要吊销含有垃圾的账号。开新账号很容易,但垃圾携带者至少被堵截一阵子了。

"博客垃圾"(blog spam)与上述的夹带垃圾有所不同。总体上说,"博客垃圾"是对博客帖子价值的贬义评估。至少在评估人眼里,这一帖子的目的是为了引诱读者,以便让发帖人靠广告圣和其他链接的广告挣钱,所以评估人才将其斥之为"博客垃圾"。Digg 还把另一种帖子称为"博客垃圾",从已经发过的帖子里拼凑出来的一则新闻,目的是吸引读者看新帖。这可以称为剽窃,不过新帖还要恬不知耻地感谢它"引用"的老帖子。

如果退后几步拉开距离以审视更加广阔范围里的人类传播,我们将会看到,网络垃圾只不过是"噪声"的数字对应语,是影响一切媒介的最常见的例子。在报纸之类的旧媒介里,"噪声"就是报纸刊印的错误信息。油墨污迹是"噪声",电视屏幕上的"雪花"也是"噪声"。博客里、Wikipedia 上的错误信息同样是"噪声"(关于香农-韦弗的通讯模式和噪声,见 Levinson,1988),网络系统或笔记本电脑遭遇到技术困难时,那也是"噪声"。Podcasting 上和 Wikipedia 的错误信息同样是"噪声",网络系统或笔记本电脑遭遇到技术困难时,那也是"噪声"。然而,新新媒介赋予其消费者力量,使其成为生产者,那也可能产生"噪声",即用户故意制作并上传的"噪声"。

在旧媒介世界里,实际上在物质世界里,人们早已承认,"噪声"是不可能完全压制、彻底根除的。你发明 MP3,这是改进音乐储存和传送的新系统,但这带来了新的知识产权问题。每一种矫正"噪声"的手段都为系统遭遇新的"噪声"敞开大门。网络垃圾是新新媒介"噪声"的新形式,也可能难以根绝。所幸的是,博客垃圾的代价一般并不高。

换句话说,新新媒介里一种新形式的垃圾尤其难以绝杀,甚至难以有效地控制,这就是数字垃圾的入侵。这是因为,如果要真正有效地根绝垃圾,新新媒介就必须要接受严防死守的控制,如果控制到那一步,新新媒介就不成其为新新媒介了(关于新新媒介识别和删除"噪声"的固有能力,见第五章"Wikipedia")。

9.7 旧媒介对新媒介的弊端反应过度:图书馆 vs. 博客人

本书自始至终追溯旧媒介与新新媒介既对立又依存的关系。敌视者认为,新新媒介没有资格与旧媒介竞争,也不应该替代旧媒介。报界和广播界非难博客,矛头不是指向博客的内容,因为其内容是公平竞争,而是指向博客程序本身。这是旧媒介敌视新新媒介的最典型的例子。第六章曾讨论守旧者对"穿睡衣的博客人"的批评,批评者的讥讽表明,播客人被当成替罪羔羊,那样的批评已超乎理性了。此外,新新媒介也有类似的内讧,第二章所述 Facebook 禁止妇女哺乳照的规定即为一例。

然而,新旧媒介深层的紧张关系很严重,所以每当新新媒介有任何不当之举时,这种紧张关系都会冒到表层。网络欺凌和网络盯梢在一切媒介里都是轰动新闻,旧媒介、新媒介和新新媒介都不例外,这是有道理的,因为这些弊端都可能造成生死攸关的严重局面,所以人人都必须了解这些弊端。但新新媒介并无不当之举时,这种紧张关系也可能爆发,只是因为人们的错觉而已。

在纽约市公共图书馆曼哈顿中城区分馆里,特瓦娜·海因斯(Twanna Hines)用笔记本"苦干了一天"。她在博客里写了这样一句话:"我是作家,我不是儿童色情作家。"(Hines, 2008)她喜欢在这里写作。可是她发现,自己的 blogging 被禁了。理由呢? 她在博客里写"约会、性与关系……穿丁字裤的男人、技术与性"。图书馆的"读者须知"规定,描写"对儿童有害的"色情、虐待儿童和题材的网址可以被封杀。

海因斯的网址上没有任何诸如此类的描写。实际上,一个人向图书馆抱怨不能上海因斯的网址以后,图书馆就解禁了,不再封杀她的网址。但她的网址曾经被封杀这一事实本身说明,图书馆在新新媒介世界里起什么作用呢?

早在 20 世纪 80 年代,就有人批评个人电脑(见 Levinson, 1997)。批评之一是,用电脑的人切断了与他人"真实的"、面对面的互动。比如,这种批评今天声称,在传统的巴恩斯-诺布尔书店(Barnes and Noble)购书比在 Amazon 网站上购书更好、更健康,因为在巴恩斯-诺布尔书店里购书时,你与活生生的售书人打交道,而不是与像素打交道。这些人认为,Myspace 和 Facebook 使他们感觉到的问题日益严重,因为这些网络提供替代面对面交流的社交方式。(实际上,正如第四章所示,梵蒂冈在教皇开通 YouTube 频道时发表声明,表达对这类社交媒介的关切。)

如果把海因斯这一个案例放进虚拟互动与面对面互动相对的语境中去考察,我们就可以看到,她在用新新媒介的博客技能时,正是在公共图书馆里寻求与血肉真人的互动。由于其博客内容,图书馆感到不舒服,这显然是因为,她没有用图书馆的电脑,而是用自己的电脑无线上网。如果我们同意图书馆的判断,认为海因斯的博客不适合儿童,保护儿童的更好办法难道不是预防儿童上她的网址,而不是封堵每个人包括成人和作者本人用这个网址的措施吗?难道要求特别密码上这个网址、只允许有成人身份证明的使用者不是更好的办法吗?

我们希望,这些措施是图书馆将来采取的解决办法。但在目前对新新媒介充满误解和怀疑的时代里,不仅旧媒介采取防范的姿态,而且自由社会里旧媒介令人尊敬的安身之地比如图书馆干脆就禁止和封杀新新媒介。遗憾的是,这是最简单易行的矫正办法。

至于海因斯,她说她仍然热爱图书馆,并引用T·S·爱略特一句话抒怀:"图书馆的存在本身就是最好的证据,足以说明,我们对人类的未来仍然抱有希望。"层出不穷的新新媒介日益与馆藏图书及其精神财富展开竞争,并有取代馆藏图书的趋势。有鉴于此,如果图书馆表现出对新新媒介更好的理解,它们的前途就会要好一些。

要让人去电影院而不是待在家里看电视,上餐馆而不是待在家里吃饭,电影院和餐馆就要有吸引人的地方。同理,图书馆的终极命运在于它拥有家里没有的社交好处,同时又提供家里所拥有的一切信息渠道,以便让"读者"带着智能手机和平板电脑上图书馆。图书馆将是任何可以舒舒服服坐下来看书的地方,可以是咖啡店或公园里的长排椅。

下一章是最后一章,我们将考察美国和世界各地的政治进程,看看新新媒介的优势与离线世界那种难舍难分的互动是如何结合在一起的。

第十章

政治与新新媒介

第十章 政治与新新媒介

《赫芬顿邮报》的创建人与总裁娅莉安娜·赫芬顿(Arianna Huffington)说,巴拉克·奥巴马之所以能赢得总统选举,那是因为互联网。对这一判断,谷歌的总裁兼主管埃里克·施密特(Eric Schmidt)立即表示赞同。2008年11月27日,即大选以后13天,施密特做客MSNBC的"雷切尔·麦道新闻述评",发表了上述观点。那天晚上,她临时顶替麦道主持这一节目。

自此,新新媒介在茶党的崛起和2012年美国的中期选举中发挥了重要的作用。在世界各地的"阿拉伯之春"运动中,Twitter、YouTube和Facebook继续发挥重要的作用。在美国和海外的"占领华尔街"运动中,新新媒介成了支柱;在本书撰写的此刻,在2012年如火如荼的美国总统竞选中,新新媒介成了民主党和共和党都采用的主要战略的组成部分。

10.1 巴拉克·奥巴马,新新媒介和2008年的大选

当然,有关"新新媒介"的前途,施密特和赫芬顿两人的判断是完全正确的。在2004年,历史最悠久的新新媒介blogging已牢牢扎根,但Facebook、Twitter和YouTube尚未出生。2004年,利用互联网的民主党总统候选人霍华德·迪恩在初选中败北;2008年,巴拉克·奥巴马在初选和大选中胜出。奥巴马获胜的原因无疑很多,但媒介的影响一清二楚,就像1960年肯尼迪对阵尼克松的辩论一样,看电视的观众多半认为,肯尼迪胜出,因为看电视的比听广播的人多。我们不能仅仅泛泛而论互联网,近来,新新媒介成了互联网上的主要玩家,它们对奥巴马大选胜出至关重要;在他任总统以后与美国人民以及与世界人民的关系中,新新媒介还将继续发挥核心的作用。

倘若2004年已经有了新新媒介,它们对霍华德·迪恩竞选有何帮助呢?那一年,艾奥瓦州民主党提名他为总统候选人。在提名后对支持者的一次演说中,他情不自禁叫了一声,所谓"迪恩尖叫"就成了他前功尽弃的开端。各电视网反复播放那一声"尖叫",主持人和专家极尽忠告和讽刺之能事。倘若那时就有YouTube播放那声尖叫的视频,让人人都能看到,而不是让电视网评头论足,结

果会怎么样呢？你现在能在 YouTube 上搜索到那段视频（2004）——真有那么糟糕吗？

新新媒介鼓励人们独立思考。在 2008 年的大选中，它们还鼓励人们动手——不只是一般的支持和投票，而是为候选人卖力。

1968 年，我自愿为尤金·麦卡锡（Eugene McCarthy）助选，支持他停止越战的主张。直到 2008 年，我才再次为大选候选人助阵。我在"我的奥巴马"网站上注册，偶尔上传一篇博客，并登录这个网站去了解竞选动态。2008 年 11 月 4 日大选前两天和大选当天，我链接上这个网站，但我做的是另外一件事情。我的妻子也上网助阵。我们携手为奥巴马助选，我们上一次为总统候选人助阵是 1968 年。

网站上提供了奥巴马支持者的名字和电话。你可以在地图上找到许多州的支持者。我们挑选宾夕法尼亚州助选，因为麦凯恩的竞选团队说，宾州是其"最后一站"——就是说，这一州的选举对麦凯恩的胜选至关重要。我们想挫败他。

我们两人大约用一个小时给 50 来个人打电话，请支持者投票选奥巴马。我们遇到一些有误的电话号码，也给许多不在家的人留下电话录音。我们和几十个支持者通话，从宾州东部的费城到宾州的西部——一切都在我们方便的客厅里进行，而我们远离宾州，位于纽约市北。每打一个电话以后，我们都在网站上填一张表，说明我们已进行联络，并填写交谈结果——注明支持者是否仍然准备选奥巴马，他或她是否知道投票站在哪里等信息。随后，我们又转战俄亥俄州，这是另一个关键州。

2008 年 11 月 6 日，奥巴马竞选团队的基斯·古得曼（Keith Goodman）向每一位打过电话吹票的支持者发出电子邮件："我想感谢大家，我们在选举日完成了 1 053 791 次令人吃惊的通话纪录。我知道这不容易，你们许多人疲惫不堪时还在坚持，你们的声音嘶哑，你们敦请支持者投票的努力在佛罗里达和俄亥俄等重要战场起到了决定性的作用。我们团结一致胜利啦！"

正如我们看到的，新新媒介把读者彻底变成了作者。通过代表奥巴马团队给支持者打了上百万的电话，"我的奥巴马"网站把读者和作者在短时间内变成了积极的辅选人。

10.1.1 用新新媒介公告副总统人候选人失策

回头一看，奥巴马在 2008 年的竞选中的举措全都是正确的，至少在新新媒介的使用上正确无误。但在这条事后诸葛亮的路上走得太远之前，我们需要注意,他在新新媒介的使用上并非无懈可击。最大的失策可能是 2008 年 7 月向世人宣告副总统竞选伙伴时,不仅只用了电子邮件,而且是按照奥巴马的通讯录发电子邮件,意在犒赏支持者,给他们一个特殊的预报;他没有用电视、广播和报纸,换言之,完全排除了旧媒介。这一点令人注目。

这种宣告方式不明智,原因有两个:首先,奥巴马的通讯录里显然有许多人是传统新闻界的人,他们在自己的旧媒介渠道里传送奥巴马挑选的竞选搭档应该是轻而易举的,而且刹那间就可以做到。其次,在新新媒介上发送电报式短信这样的策略与新新媒介的"病毒"式传播原理背道而驰;"病毒"式传播原理的优势是,它似乎是自然而然的,而不是高层发动的自上而下的策略(见 Levinson,"Announcing Obama's Choice Through Email Not Good Idea", 2008)。

如此,奥巴马挑选乔·拜登做副手的新闻先在旧媒介 CNN 上发布,支持者盼望首先靠电子邮件发布消息的方式却晚了几个小时。那就成了高潮之后的马后炮,不再是突发新闻了。

10.1.2 总统就职典礼及政府工作在互联网上的反响

据 CNN 报道,2009 年 1 月 20 日奥巴马就职典礼那一天,从上午到下午过半的 9 个小时里,观看实时视频流的人数达 21 300 000 万人,与 2008 年 11 月 4 日大选全天看实时视频流的 530 000 万人相比,增加了三倍。《纽约时报》也报道说:"奥巴马总统一讲话,人们就开始观看、阅读和评论,美国互联网的流量达到了创纪录的高峰,这是非营利的互联网数据监测机构(Packet Clearing House)的研究主管比尔·伍德科克(Bill Woodcock)提供的数据。"万斯一人提供了 CNN 视频收视的详细情况(Vance,2009)。据希伯德统计,观看奥巴马就职典礼的互联网流量和视频流量超过了观看 2009 年 7 月迈克尔·杰克逊葬礼的流量(Hibberd,2009)。

那天,互联网及其运营商费尽九牛二虎之力以求满足公众的需要,但许多人网上浏览和收看时还是觉得它慢如蜗牛,这丝毫不令人奇怪。这些问题是健康发展过程中的阵痛,也是硬件基础设施改进的最佳刺激,一切新新媒介都仰赖互联网这样的基础设施。

就职典礼正午时刻一过,奥巴马的新政府就控制了总统的网站 whitehouse. gov。白宫不仅换了总统,而且对新新媒介的态度也随之而变,这是新媒介和新新媒介差异的经典例证。在乔治·W·布什政府时期(2001—2009),这个网站提供的信息主要是链接新闻稿、讲演和宣传文件(Manjoo,2009)。无疑,白宫网站的新版本会少一点宣传味,多一点互动性。2009 年 1 月

20日,它的第一篇帖子称:政府网站新增加了一个重要的特点,这反映了总统的竞选承诺:凡是不紧急的法案,我们都将在网上连续发布5天,以便公众有时间阅览,然后才由总统签署。

未予说明又不为人知的是:总统多大程度上获悉这个网站上的评论,如果被告知公众的评论,他会在多大程度上认真对待这些意见。在最佳的情况下,这样一个系统听取公众意见,使总统决策时获得更多的信息。在最具宣传色彩的一面,白宫网站给人造成总统了解情况的幻觉。

然而,到2009年4月,在11件立法中,政府食言已达10次(Harper, 2009;共和党人2011—2012年众议院食言大概也是这个比例,见 Maddow, 2012)。和一切新新媒介里的事务一样,政府治理的互动和透明最好是做好,而不是开空头支票。

有人说,在民主体制下,民选官员应该做自己认为最好的事情,即根据自己的心智和良心决策,然后让人民在下一次选举中表示支持与否的态度。领袖的重要决策机制应该是他自己的心灵与头脑,而不是他的政治顾问和盖洛普民意测验(Messerli, 2006)。在我们这个经常察看民意测验的时代,即使曾经有人坚守过这种理想的总统决策机制,如今大多数人也已经将其抛弃了。新新媒介很可能将使这一原理进一步出局,不再起作用了,其后果孰好孰坏,殊难预料。

无疑,新新媒介促进民主,在本章"占领华尔街"那一节里,我们将会看到直接民主崛起,对一切代议制民主构成挑战,美国的民主党、共和党的代议制民主,世界各地的代议制民主,都面临这样的挑战。

10.1.3 总统与黑莓手机

并非每一位政府人员都喜欢新新媒介。奥巴马入主白宫11天以后,如果他继续用黑莓手机收发电子邮件,事情看来并不美妙(Zeleny, 2008)。黑客入侵总统电子邮件的问题提出来了,他还受到"总统记录法案"的约束,因为法案规定总统的一切交流信息最终都必须向公众开放。

当时,我在一篇 blogging 里说,我认为不让总统用电子邮件,尤其在当今时代,是不好的主意(Levinson, "Keeping Obama with His Email," 2008)。

总统与黑莓手机的故事分四步展开,结局令人高兴。

(1) 自动记录总统收发的一切电子邮件的系统能设计出来,这是肯定的。回头想一想,每一个 Google 邮箱和 Yahoo! 邮箱现在不是在研究保存邮件吗?

更重要的是，总统不应该用他认为最有效的方式交流吗？以他身居高位的身份，难道他不应该把最大限度的注意力用于思考和交流吗，难道他不应该摆脱旧式的报纸、电话等系统的束缚吗？在过去十年里，电子邮件以天文数字的速度迅猛增长，显然是有道理的：它具有书写的优势——持久性，然而它又有口语的即时性。而且，它可以通达全球，容易搜寻。（关于电子邮件的演化和优势，详见 Levinson，1997。）

再者，这还是一个心态问题：如果可能的话，难道总统不应该继续使用他感到舒服、早已习惯的传播系统吗？

这就提出了一切媒介演化和采用的根本问题。我们开始和继续使用任何新媒介或新新媒介时，我们会逐渐习惯依靠它，就像依靠我们的眼睛、耳朵、嘴巴和手指一样。正如马歇尔·麦克卢汉的明言所示（1964），媒介像我们的"延伸"一样发挥作用——成了我们参与交流的肢体和头脑的替代品。

（2）巴拉克·奥巴马本人主张继续使用黑莓手机，他为新新媒介的使用提出了很有见地的论点——简单地说就是用不受过滤的电子邮件与外界保持联系。2008 年 11 月 26 日，他以当选总统的身份接受芭芭拉·沃尔特斯（Barbara Walters）采访时如是说。他告诉沃尔特斯："我在摸索，除了白宫办公室的十来个人之外，如何从外界得到信息，因为我认为对总统而言最糟糕的事情之一就是脱离人们日常经历的东西。"（Obama，2008 年 11 月 26 日）2009 年 1 月 7 日，他接受 CNBC–TV 的约翰·哈伍德（John Harwood）的采访时，表达了同样的意思。他以硬汉演员查尔顿·赫斯顿（Charlton Heston）快枪手那样的姿态干脆利落地说：他们想拿走我手里的黑莓手机"还得绞尽脑汁"。

换句话说，当选总统不仅在组建外交内政的班子时，不仅要网罗劝谏他的对手，而且要网罗最精明的专家。此外，他还要努力保持通讯畅通，向外界非专家型的人们开放，换句话说，他要向博客、Wikipedia、Twitter 的逻辑开放，向非专家意见的革命举措开放。这就是新新媒介的民主化标志（"每一位消费者都是生产者"）。

实际上，"非专家"更准确的称谓的"非委任的专家"，因为公众不太可能获悉总统的黑莓手机号码，也不太可能直达他的电子邮箱。然而，"钦定"专家之外的某些专家或许也知道如何接触总统；如果这样的接触更容易、更直接，那肯定是正确方向上迈出的一步。而且，这也使总统容易发出信息，而不是只接收信息。

麦克·艾伦（Mike Allen）用另一种方式表达了同样的逻辑，他是"政治博客"网的首席记者。2008 年 11 月 26 日，他对 MSNBC 的主持人诺拉·奥唐奈说:"受聘的专家不情愿向老板讲实话……更不情愿对美国总统讲真话。"美国总统也好,纽约市格林堡的镇长保罗·费纳也好(我们在第六章看到,他发布blogging,依靠选民对他的匿名评论来了解情况)。我们的领袖和代表将要发现,通过新新媒介与受聘的顾问之外的人民保持联系,他们都会受益匪浅。

(3) 奥巴马就职前两天,2009年1月18日下午1:45分,MSNBC的主持人诺拉·奥唐奈报道说:"律师们"告诉奥巴马及其班子,他们可以保留黑莓手机,但不能将其用于即时通讯。律师们认为,即时通讯可能会使黑客看到"令人尴尬"的短信。如果他们担心的是粗俗的语言比如白宫办公厅主任拉姆·伊曼纽尔(Rahm Emanuel)的粗话,公众早已经听说这样的粗话,拉汉姆数据中心(rahmfacts.com)就搜集了有许多这样的例证。

(4) 2009年1月21日上午11:50分,马克·安宾德(Marc Ambinder)在《大西洋月刊》(*The Atlantic Monthly*)网络版上报道说,虽然有一种"超级保密的外包袋,奥巴马还是得到他的黑莓手机了",但只能用于"日常和个人的短信"。这个极好的例证,说明人类(在这个故事里是总统)要操纵技术,而不是由于担心出问题就让技术来驾驭我们。

10.1.4 开局顺当

如此,新政府2009年使用新新媒介的开局都不错。正如在前几章所见,总统将有一个活跃的Twitter账号,会定期在YouTube上传视频。他成功说服了态度谨慎和习于惯性的律师,保住了自己的黑莓手机。但入主白宫时,他的工作人员发现,其内部通信系统还困在"技术黑暗时代"(Kornblut, 2009; Patterson, 2009),尚未开通Facebook和Twitter,连Google邮箱都没有。

在拥抱新新媒介方面,法律总是速度最慢的要素。印刷术使文字标准化之前,口头君子协定比书面条约更具有约束力。几十年来,数字合约始终是一个问题:如果不是白纸黑字签名,什么才是有效力和约束力的签名始终要冒出来(关于初期出现的问题,详见Wright & Winn, 1988)。

然而,和大多数政界人士一样,法律或早或迟总是要赶上技术的。到2009年2月,新新媒介已经在各个领域尤其在政治领域取得突破,尤其在政界。共和党人与奥巴马总统会见时一边听一边写微博(Goddard, 2009)。约翰·麦凯恩不再是总统候选人,但仍然是亚利桑那州共和党参议员,他的Twitter用得很勤。在新新媒介的鼓舞下,共和党人实现中兴;茶党运动使共和党人势不可挡,成为众议院的多数党。

10.2 2010年的茶党和Twitter

2007年至2008年,罗恩·保罗在Digg和其他新新媒介上的成绩并没有转换为初选的选票,我们在第八章"Digg"那一节已作了分析。但网民对他的支持是真实的,那不是用新新媒介博弈的结果,说那是用新新媒介博弈结果——显然是旧媒介的误解。到2009年,对共和党的支持转换成了美国各地数以百计的茶党示威,大多数示威是抗议税收政策和奥巴马提议的医疗保健法。

Twitter促进了这些抗议活动(Nationwide Tea Party Coalition, 2010)。到2010年11月,中期选举时,不仅Twitter而且所有的新新媒介都对茶党的候选人助了一臂之力,换言之,持茶党观点、得到茶党支持的候选人成功当选。

比如在马萨诸塞州,美国参议员、民主党的英雄和偶像泰德·肯尼迪(Ted Kennedy)2009年夏天突然去世,需要补选参议员,茶党候选人斯科特·布朗(Scott Brown)在一个方面胜过民主党候选人玛莎·科克利(Martha Coakley):"他利用Facebook、Twitter和YouTube等新新媒介宣传造势,与支持者联系,策略更加有效",胜过科克利(Emerging Media Research Council study报告,Davis执笔,2010)。2010年1月,两位候选人使用新新媒介的差异大致如下:

Facebook粉丝:布朗(70 800),科克利(13 529);

YouTube浏览人次:布朗(578 271),科克利(51 173);

Twitter粉丝:布朗(9 679),科克利(3 385)。

任职的政界人士也表现出差异,同一报告中列举的另一种研究发现:"地共和党议员利用推特空间(Twitterverse)勤于民主党议员。在众议院,共和党议员发出的推文为民主党议员的529%。"

布朗迅速加入这些共和党议员的行列,他以52%对47%选票的优势在传统上民主党占优势的马萨诸塞州胜出,成为该州近40年来第一位共和党参议员,上一位共和党参议员是1972年当选的爱德华·布鲁克斯(Edward Brooke)。

2010年11月,中期选举到来,众议院的全体议员改选,共和党人利用他们Twitter的优势,以241席对192席成为众议院多数党,在2011年1月至2012年12月的会期,共和党人控制了众议院。66位共和党众议院组成茶党党团。奥巴马的医疗保健计划在国会通过了;"不要问,不要说"的方针废除,军中同性恋得到平等对待,两条法案由总统签署正是立法了。但这两条法律是奥巴马和民主党人在他前三年任内主要的开创性立法。新新媒介革命推进了他2008年的当选,如今,它们又推进对手的政策。

这是否对新新媒介过奖了？请考虑这样的轨迹和走向：在2000年（新新媒介诞生之前）众议院的选举中，选民票的得票率是：民主党人47%，共和党人47.3%；在2004年（Facebook尚在婴儿期，YouTube和Twitter尚未出生）的大选中，民主党人的得票率46.6%，共和党人的得票率是49.2%；在2008年的众议院选举中，奥巴马和民主党人占有新新媒介的优势，其得票率是53.2%。2011年，共和党人仅为42.5%，民主党人以压倒性多数票获胜。但两年以后的2010年，共和党人对新新媒介的掌握更得心应手，压倒性多数票几乎完全逆转，共和党人的得票率是51.6%，民主党人的得票率仅为44.5%。

在提供政治优势时，新新媒介被证明是机会平等的。

10.3 "阿拉伯之春"与媒介决定论

2010年，还有一场政治革命在一定程度上归因于新新媒介。实际上，这一年开始的不止一场革命，还有其他三场革命，以及五六种大大小小的抗议运动，它们发轫于2010年，导致2011年的三场革命，产生了新的政府。这三场革命不在美国，而是在阿拉伯世界，名为"阿拉伯之春"。

事实上，虽然伊朗不是阿拉伯国家，但2009年伊朗不成功的"白色革命"可以被视为"阿拉伯之春"的开端。美国国务院认为，Twitter太重要，正在把抗议活动的动态传递给外部世界，所以它请Twitter在德黑兰关键的一个晚上暂停关网，把例行的维修往后推（见第三章）。

2010年12月18日始于突尼斯的抗议活动被视为"阿拉伯之春"的正式开端，产生了比较好的结果。2011年1月14日，旧政权被推翻，警察被解散；2011年3月23日，制宪会议召开。至于Twitter和YouTube如何促进那场成功的革命，难以准确判定，尽管如此，大多数观察家赞同，它们在协调现场行动、实时向世界发布报告方面，发挥了重大的作用（Ingram，2011）。

没有人怀疑Facebook和Twitter在埃及革命里的作用。这场革命始于2011年1月25日，以胡斯尼·穆巴拉克（Hosni Mubarak）2月11日辞职告终。瓦埃勒·古奈德①的Facebook网页是这场革命的触发点和凝聚点。他告诉CNN，"这场革命始于互联网，始于Facebook"。穆巴拉克辞职后，抗议者手举阿拉伯文书写的标牌，感谢Facebook和Twitter（Evangelista，2011；又见Levinson，

---

① 瓦埃勒·古奈德（Wael Ghonim），谷歌工作人员，他通过Facebook页面纪念埃及当局暴力的一名受害者，曾被拘留十来天，旋即获释。

"Marshall McLuhan, North Africa, and Social Media", 2011)。不过,埃及抗议活动的成功时间短暂,不如突尼斯。一年以后,抗议者又回到街头,因为穆巴拉克倒台后,情况没有变化。一位在埃及生活的同事告诉我,埃及军方"把穆巴拉克扔下巴士后,继续往前开,一切照常"。他解释说,埃及的国内政策纹丝不动。

2011年2月15日开始的利比亚革命过程更凶险,但结果比埃及革命好。新新媒介不足以支持这场革命,抗议者的街头运动也不能聚集足够的力量,它还需要北约大规模的军事干预。穆阿迈尔·卡扎菲(Muammar Gaddafi)8月23日被推翻,2011年10月20日被处死。这场革命中的死亡人数大约在25 000到30 000之间,突尼斯革命的死亡人数为226,埃及革命的死亡人数为846(关于"阿拉伯之春"的抗议活动,详见Wikipedia,到2012年3月,叙利亚的政府和抗议者的冲突难分难解)。利比亚的结果和埃及不一样,那里的政府的彻底重建正在进行。

新新媒介在这些起义里的作用有多大?评价这个问题时,最好是记住"硬"决定论和"软"决定论的区分。在"硬"决定论里,A是产生B的一切必要条件。如果A把一桶水倒在B的头上,那就足以使B浑身湿透,这就是科学里所谓的"充足"条件。但以升降机和摩天大楼为例,两者的关系有所不同。没有升降机或类似的自动提升设备,摩天大楼是建不成的;但若要建成摩天大楼并使之运转,你还需要钢梁和其他建筑技术。换言之,升降机是摩天大楼的必要条件,却不是充足条件。我们将这种关系称为"软"决定论。当我们说媒介推进社会发展时,我们说的是软决定论。麦克卢汉说过这样一些话:没有无线电广播就没有希特勒;没有电视就没有肯尼迪1960年的当选(McLuhan,1964)。他心里想到的,就是这样的关系。我和其他人说,没有新新媒介就没有"阿拉伯之春",我们要表达的也是这样的意思(关于硬决定论和软决定论的区分,详见Levinson,1997)。国家广播公司(NBC)的记者哈里·史密斯(Harry Smith)也说,2011年夏天,俄国版的"阿拉伯之春"是"白雪革命"或"白色革命",他又说,"没有Facebook就没有革命"。他要表达的也说同样的意思(Smith,2012)。

新新媒介与世界各地的自由形成了这样的因果关系。2012年1月,Twitter宣告,它能"拦截特定国家Twitter用户获取的内容",使人吃惊和不安的正是这样的因果关系。Twitter还宣告,禁止法国和德国的"亲纳粹内容",这是它要去适应的政策,但乔恩·伯沙德(Jon Bershad)撰文指出(Mediaite,2012),无论出于什么原因,倘若Twitter关闭其网络,不让寻求自由的中东或其他地方的人民使用Twitter,结果又会怎么样呢?Twitter公司表示,世界各地能看到审查后的Twitter,但杰里·埃德林(Jerry Edling,2011)提倡的"链接的自由"。这充分表达了一个道理:新新媒介对今日世界政治自由是必要的——既能把信息传递给外部世界,又能使信息在争取自由的人们中间传递。

这个道理同样适用于"占领华尔街"运动。

10.4 "占领华尔街"汹涌澎湃,直选民主高潮再起

我隐隐约约感到,"阿拉伯之春"的影响将超越阿拉伯世界,它引起的抗议活动不仅会针对独裁者,而且会指向代议制民主产生的领袖。这种感觉最初萌生于2011年5月的巴塞罗那之行。我应邀到该市的当代文化研究中心举办的麦克卢汉百年诞辰研讨会去讲演。我和妻子到离中心几个街区的兰布拉大道去漫步,看见抗议者表达对经济状况的不满;像大多数欧洲国家和其他民主国家一样,西班牙深陷经济萧条。那天晚上,我问研讨会组织者克里斯蒂娜·米兰达·阿尔梅达(Cristina Miranda de Almeida),抗议者想要什么,是政府的更迭吗?是为反对党造势吗?我们被告知,这些都不是他们的目标。他们只不过要唤起人们注意不公平的经济政策。

愤怒的西班牙人在全国发起抗议,众多的记者用 Twitter 和 Facebook 向世界报告抗议活动。不久,到 7 月 13 日,加拿大的阿德巴斯特媒介基金会(Adbusters Media Foundation)提议用和平示威,抗议公司贪婪的破坏性后果,到华尔街去抗议;在许多意义上,华尔街是资本和公司弊端的象征(Berkowitz, 2011)。

两个月以后,即 2011 年 9 月,"占领华尔街"运动开始。随着运动的展开,有些情况越来越清楚了:

(1)旧媒介误解了这场运动。2011 年 10 月 27 日,我应邀上 Fox-NY TV 的访谈节目,主持人问,为什么抗议者没有用清单提出要求。我解释说,旧媒介的特征是需要大标题,需要头条新闻;相反,Twitter 和 Facebook 之类的新新媒介不受时空限制(报纸有版面限制,广播有时间限制),能表示更加实在的多种要求。以"占领华尔街"为例,这些要求的范围很广,从结束银行对学生贷款的高利率,帮助需要延期还款的学生,到帮助按揭没顶的贷款人(按揭欠账超过了物业的价值)。

(2)警察废掉了《第一修正案》赋予人民和平集会和言论自由的权利,一切报道"占领华尔街"的新闻自由都被破坏了(详见第六章)。

(3)"占领华尔街"运动没有兴趣推出候选人参加 2012 年的大选(详见 Seltzer,2012)。在这个方面,它和茶党截然不同。奥尔德斯对该运动与茶党

Twitter 行为的差异做了比较（Aldous, 2011），和"占领华尔街"运动相比，茶党的 Twitter 数量较少，频率较低，但互相跟帖的可能性更大，这使茶党成为更加"紧密团结"的群体。

我认为，关于选举的这一点比较抓住了占领华尔街运动最根本的特征，并给其他运动以激励。"占领华尔街"运动对 2012 年的大选并没有特别的兴趣，因为其核心理念是抗议选举和代议制民主本身。Wikipedia 上的一篇文章开篇引用了阿德巴斯特媒介基金会的卡尔·拉什（Kalle Lasn）的："金融'核灾难'爆发时，人们觉得，'哇，情况会变的。奥巴马将制定各种法律，我们会拥有一套迥然不同的金融体系，我们将把这些金融骗子抓起来绳之以法'。"（Eifling, 2011）这样的立法和执法并没有发生，"阿拉伯之春"和西班牙的愤怒者示威却爆发了，"占领华尔街"运动随之降生。哈森等三人详细分析了该运动的滥觞（Hazen, Lohan, and Parramore, 2011）；我为该运动编了大事记（Levinson, 2011, "Occupy Wall Street Chronicles"）；劳森梳理了"社交媒介与抗议"的论文，包括"阿拉伯之春"和"占领华尔街"的文献（Lawson, 2012, "Social Media and Protest"）。

回头看第一章探讨的视角。旧媒介不理解"占领华尔街"运动，不足为奇，因为新闻媒体是代议制民主的左右手，是在文艺复兴和继后的美国兴起的。但《第一修正案》坚持的新闻自由不是为了保护美国的代议制民主，甚至不是为了保护新闻机构，而是为了保护人民。杰斐逊、麦迪逊和门罗打人认为，人民总是处在被自己选举的政府危害的边缘之中，他们是对的。加利福尼业的警察喷胡椒水对付和平的示威者，纽约市的警察粗暴对待时为止和新闻记者，他们止是杰斐逊及其同僚最害怕的代议制民主。茶党尊重宪法，"占领华尔街"运动绕开代议制政府去纠正贪婪造成的损失；在害怕代议制民主造成损害这个重要的领域，茶党和"占领华尔街"运动的兴趣是相同的。

让公民在 Facebook 和 Twitter 上辩论和选举，而不是让众议员和参议员去辩论和立法——我们离这样的民主还有多远呢？一方面，我们在本书始终看到，和编辑及制作人控制的旧媒介相比，新新媒介容许个人输入的信息多得多。另一方面我们又看到，新新媒介归根结底不是控制在用户的手里，而是被 Facebook、Twitter、YouTube 等媒体的老板控制着。现在看来，新新媒介归根结底不适合用作直接民主的载体。最后，我们需要的或许是一个由政府管理的类似 Facebook 的系统，按照设计的宗旨，它特别适合最大化的讨论和投票。Facebook 和新新媒介兴起之前，斯特劳斯就思考过互联网直接民主的问题（Straus, 1991, 2001）。但任何由政府管理的系统都有自己的问题，按照美国宪法授权实施的目前的选举制就有这样的问题。

2011年,冰岛用新新媒介尝试直接民主。在新宪法制定的过程中,公民通过Facebook、YouTube和"直接民主网站"就草案发表意见,和议员交流也很容易(IceNews, 2011)。但正如索林·马泰(Sorin Adam Matei, 2011)所言,有关新宪法的最终决策不是通过Wikipedia上一致赞同达成的,而是靠行政决策达成的;这和2008年CNN在美国大选中的尝试相同,选民通过YouTube向候选人提问,CNN从选民到问题中选出一些要候选人回答(见第四章)。

在2012年的美国选举中,"美国选举"(Americans Elect)这个组织谋求在每个州都由选民在互联网上投票选举总统候选人,到2012年1月,该组织在30个州进行了这样的尝试(详见Heilemann, 2012)。这是初选的直接民主尝试,肯定是很好的一步,但还不是冰岛那样的大选中的直接民主,也不是政府实际运行过程中的直接民主。

与此同时,新新媒介本身的演化有了越来越多的直接民主,越来越少的自上而下的结构。2012年1月,我邀请蒂姆·普尔来我的课堂上做客,我借此机会做了采访,他在纽约市的"占领华尔街"运动中做了大量的视频直播(Timcast on UStream,亦见Levinson, 2012,"Timcast")。他指出,向公众报道的最佳方式是视频直播,而不是用旧电视媒介经过剪辑的播送。但普尔认为,"我们要摆脱编辑的念头"。这个观点也适用于YouTube网上的视频,它既不是直播,也不是未经剪辑的视频直播的记录。无论它是传统媒介生产者剪辑过的,或者是个人用手机的摄像剪辑过的,其结果都是:那都是摄像机前的真实事件掺了水分的表现。

然而,若要和YouTube竞争甚至取代YouTube,视频直播还有很长的一段路要走。2012年,YouTube网站拥有5亿用户,而美国流视频网站(UStream)只有区区200万用户。在2012年美国总统竞选中,YouTube无疑将是新新媒介里的视频大玩家,代议制民主将是选举的主流。

10.5 2012年的美国大选

到2012年4月,米特·罗姆尼几乎以完胜的姿态获得共和党总统候选人提名。但在此之前,很多人认真地猜想,2012年共和党全国代表大会只能是"撮合"的总统候选人提名大会;换句话说,在初选中,没有足够的代表投票支持一位候选人在第一轮投票中胜出。在2012年前,共和党全国代表大会以"撮合"方式提名总统候选人是在1940年。

在1940年的初选中,托马斯·杜威(Thomas Dewey)得到49.9%的选票,提名为候选人的是温德尔·威尔基(Wendell Willkie),他的支持者用当时的新媒介广播造势,以传递全国代表大会上支持者声势浩大的印象(Gizzi, 2012; Peters, 2005)。在许多方面,罗姆尼是新新媒介候选人的对立面。在初选中,他在大众媒介上挥霍了大量的广告费,是对手广告费的10倍,又犯了一连串的错误,引人注意他的财富,这些失误都成了Twitter和YouTube上攻击他的炮弹。然而,到2012年4月底,米特·罗姆尼却似乎要稳操胜券,获得共和党总统候选人提名了。

对新新媒介在2012年美国政治里的作用,这一变化能向我们透露什么信息呢?占领华尔街运动的任何同情者都不会选罗姆尼,他也不受茶党的青睐。唯一的结论是,在2012年美国共和党的初选中,新新媒介的作用不是决定性的。

但新新媒介的作用也不可忽视。犹他州的共和党参议员奥林·哈奇(Orrin Hatch)在初选里的得票不够,第二轮投票在所难免,这使他1976年担任参议员以来的第一次受挫。他的对手是茶党推选的候选人。他的同僚印第安纳州参议员迪克·卢格尔(Dick Lugar)却没有那么幸运,卢格尔也是1976年起的资深参议员,他惨败在茶党支持的候选人手下,成为1952年以来在初选中败北的参议员的六朝元老。

此间,2012年即将造成重大政治冲击的"占领华尔街"运动在5月取得了一场重大的胜利:曼哈顿刑事法庭宣判,2012年元旦被捕的一位公民记者无罪;在"占领华尔街"运动中,他曾在元旦堵塞交通。亚历山大·阿布柯尔(Alexander Arbuckle)无罪获释的证据由美国流视频网站提供,提供者正是蒂姆·普尔,这是《第一修正案》的胜利(Robbins, 2012)。正如1991年黑人青年罗德尼·金(Rodney King)被警察殴打的录像成为证据一样,公民手握的录像机成了制衡公权滥用的有效手段。

至少,在2012年秋美国的总统大选中有两点似乎是清楚的。共和党人将继续很好地利用新新媒介,就像他们2010年用好了新新媒介一样,但此前的2008年,他们没有充分利用新新媒介。一方面,较早的媒介尤其有线电视和无线电广播继续维持其影响。另一方面,新新媒介赋予均等的机会,民主党人和共和党人、进步人士和保守人士、奥巴马和罗姆尼都享有均等的机会;实际上,即使没有政党关系的人都能受益。这是因为Facebook、Twitter、YouTube甚至更新的媒介都与旧媒介一道运行,在政治世界里是这样,在我们生活的各个方面都是这样的。

补记　2012年美国大选的借鉴意义

在2012年的美国大选中,巴拉克·奥巴马以压倒性优势战胜米特·罗姆尼,连任总统成功。我们从中有何借鉴意义呢?卡尔·波普尔(Karl Popper)常常指出,你从失败中得到的收获超过你从成功里得到的收获。让我们看看这两位候选人形势最严峻的时刻,看看什么媒介把那样的时刻呈现给我们。

巴拉克·奥巴马最糟糕的时刻显然是第一次辩论中黯然失色的表现。从言语攻防看,大多数时候他都没有进行辩驳。在电视这种传统的大众媒介上,奥巴马显然不知所措,6 000万之多的观众看到了他的表现。

在第一次辩论后的民调中,罗姆尼的选情高涨。在随后的两场辩论中,奥巴马的表现略好,弥补了第一次辩论后的损失。但以后的选情中咬得不紧,奥巴马领先。奥巴马得到50%以上的普通票,并在选举人投票中获得压倒性多数。

罗姆尼最糟糕的时刻显然是他那段关于47%民众的制作粗糙的视频,那一段录像上了YouTube,旋即又在有线电视和电视网上进一步传播。他说,47%的美国民众只对免费的施舍感兴趣,不值得共和党人在竞选中去追求。那是选举开始前6个月的录像。和候选人辩论不同的是,千百万人没有看见那一段录像,也没有看见上传到互联网上的视频。像一切社交媒介(我把社交媒介称为"新新媒介",以别于iTunes和Amazon之类的新媒介)一样,任何消费者都能成为生产者,那段病毒视频后来以几何级数蔓延开来。

那段视频不是专业新闻记者或设备录制的。相反,正如本·史密斯(Ben Smith,2012)在响闪网(Buzzfeed)上所言:"那段视频的出现使我们窥见当代媒介的运行机制:由匿名爆料者驱动,因而无序;无所不在的录制设备,力量强大。"

像2006年参议员乔治·艾伦的"马咔咔"(猴子)录像一样,罗姆尼那段47%民众碌碌无为的录像成了他2012年前功尽弃的象征。在罗姆尼和艾伦两个人败北的案例中,传统媒介的煽风点火起了关键的作用。两个故事本身是录像设备捕捉的,这是当代世界的典型特征:人人都成了潜在的生产者,每一个集会的参与者、每一个受众都能成为新闻记者,他上传到YouTube的帖子激起涟漪,通过大众媒介传播开来。最后,罗姆尼的YouTube视频吸引了数以百万计的观众,还有百万计的观众在有线电视和电视网上看到了这段视频。

至于艾伦和罗姆尼相比,谁对新新媒介运行机制更一无所知,则殊难断定。艾伦出错是在2006年,彼时,YouTube年方一岁,iPhone要在一年后才降生,但他应该知道,即使在那时的媒介环境中,公开场合、公众集会上说的任何话到头来全国人民都能听见,都能看到。罗姆尼对艾伦说错话的后果必定是知道的,但为了讨好为共和党慷慨解囊的富豪,就说出他们需要他说的话;之所以不怕被泄露,那是因为那个场合是非常私密的。但事实证明却不够私密。在我们这个智能手机和YouTube的时代,没有任何东西的私密性是可靠的。罗姆尼应该知道,面对社交媒介时,即使最豪华的私密场所也是脆弱的。

政治继续受新新媒介的形塑和驱动,深受影响;如果忽视新新媒介在竞选里的作用,政治受到的影响会更加深刻。

由此可见,2012年的美国大选不仅是奥巴马和罗姆尼的较量,而且是社交媒介和大众媒介、崭新的媒介和旧媒介的竞争。社交媒介帮助奥巴马,伤害罗姆尼。大众媒介的作用相反,至少在两人的第一场辩论中,向数以千万计的人传播的是大众媒介,结果就倒过来了:罗姆尼胜出。马歇尔·麦克卢汉说,在1960年的辩论中,肯尼迪在电视冷媒介上的"冷"表现使他比尼克松略胜一筹,尼克松在电视上的"冷"表现则显得蹩脚——电视是那时的新媒介。半个世纪以后,罗姆尼在电视上的表现很强劲,但如今的电视已是旧媒介,不足以使他赢得大选,这是因为更新、更强大的社交媒介拉动的方向和电视的方向刚好相反。

然而,不考虑大众媒介也会铸成大错。如果没有第一场辩论的出色表现,罗姆尼的结局可能会更加糟糕。如上所示,他说47%的人企盼免费施舍的视频在YouTube上亮相以后,大众媒介成了YouTube的关键伙伴,与新新媒介携手广泛传播那段视频。在《基地》三部曲里,伊萨克·阿西莫夫①(Isaac Asimov)以戏剧手法探索一个衰落的帝国(可读为今天的大众媒介),他显示,衰落的帝国在新时代(可读为社交媒介)仍然产生强大的影响。

但毫无疑问,大众媒介对政治产生主导影响的时代已走上穷途末路。总统候选人辩论也好,数以百万计的美元用于政治广告也好,电视上的声频和视频都退居老二的地位,不敌YouTube上的声频和视频了,Twitter加速了它们的流动,Facebook刷新了它们的地位。

---

① 伊萨克·阿西莫夫(Isaac Asimov,1920—1992),美国最著名的科幻小说家、文学评论家。著作数以百计,要者有《基地系列》、《银河帝国三部曲》和《机器人系列》,获科幻界最高的雨果奖和星云终身成就奖。——译者注

参 考 文 献

Note: URLs listed in this Bibliography were confirmed as working as of February 2012.

Aasen, Adam (2009). "ABC's *Lost* is required viewing for students in UNF course," *Florida Times-Union*, 12 May. http://www.jacksonville.com/lifestyles/2009-05-11/story/abcs_lost_is_required_viewing_for_students_in_unf_course

Abelson, Jenn (2009). "Craigslist drops erotic services ads," *Boston Globe*, 14 May. http://www.boston.com/business/technology/articles/2009/05/14/craigslist_drops_erotic_services_ads/

Ahmed, Mural (2008). "Apple threatens to shut down iTunes over royalty hike," (London) *Times Online*, 1 October. http://technology.timesonline.co.uk/tol/news/tech_and_web/article4859885.ece

Aldous, Peter (2011). "Occupy vs. Tea Party: what their Twitter networks reveal," *New Scientist*, 17 November. http://www.newscientist.com/blogs/onepercent/2011/11/occupy-vs-tea-party-what-their.html

Allen, Jonathan, and Ali, Aman (2012). "Dharun Ravi found guilty of hate crimes for spying on gay Rutgers roommate," Reuters, 16 March. http://www.reuters.com/article/2012/03/16/us-crime-rutgers-idUSBRE82F0VP20120316

Allen, Lily (2005). Myspace music page, 7 November. http://www.myspace.com/lilymusic

Allen, Mike (2008). Interview by Norah O'Donnell, MSNBC-TV, 26 November.

Alter, Jonathan (2008). Conversation with Keith Olbermann about YouTube, *Countdown*, MSNBC, 9 June.

Ambinder, Marc (2009). "Obama will get his BlackBerry," *The Atlantic*, 21 January. http://marcambinder.theatlantic.com/archives/2009/01/obama_will_get_his_blackberry.php

Anderson, Chris (2008). "Free! Why $0.00 is the future of business," *Wired*, 25 February. http://www.wired.com/techbiz/it/magazine/16-03/ff_free

Arnold, Gin (2008). "Missing in action—Olbermann and Maddow," *Op-Ed News*, 17 November. http://www.opednews.com/maxwrite/diarypage.php?did=10837

Arthur, Charles (2008). "Censor lifts UK Wikipedia ban," *The Guardian*, 9 December. http://www.guardian.co.uk/technology/2008/dec/09/wikipedia-iwf-ban-lifted

―― (2011). "iPad to dominate tablet sales until 2015 as growth explodes, says Gartner," *The Guardian*, 22 September. http://www.guardian.co.uk/technology/2011/sep/22/tablet-forecast-gartner-ipad

参 考 文 献

ASCAP (American Society of Composers, Authors, and Publishers) (2008). *2007 Annual Report*. New York: ASCAP. http://ascap.com/about/annualReport/annual_2007.pdf

Associated Press (2005). "Wikipedia, Britannica: a toss-up," 15 December. http://www.wired.com/culture/lifestyle/news/2005/12/69844

—— (2007). "States pushing for laws to curb cyberbullying," 21 February. http://www.foxnews.com/story/0,2933,253259,00.html

—— (2008). "Network television viewership plunges by 2.5 million people, data shows," 9 May. http://www.foxnews.com/story/0,2933,270965,00.html

—— (2008). "Thomson Reuters reports lower profit on costs of a merger," *The New York Times*, 12 August. http://www.nytimes.com/2008/08/13/business/13thomson.html

—— (2011). "Let journalists work, city police are ordered," *The New York Times*, 23 November. http://www.nytimes.com/2011/11/24/nyregion/new-york-police-are-ordered-to-let-journalists-work.html?_r=1

Au, Wagner James (2007). "Remake the stars," *New World Notes* blog, 18 July. http://nwn.blogs.com/nwn/2007/07/remake-the-star.html#more

Baez, Joan (1966). Performance of Bob Dylan's "With God on Our Side," in Stockholm, Sweden, video. http://www.youtube.com/watch?v=Pih1hVdflnQ

Baird, Derek E. (2008). "Youth vote 2008: how Obama hooked Gen Y," *Barking Robot* blog, 1 December. http://www.debaird.net/blendededunet/2008/12/youth-vote-2008-how-obama-hooked-gen-y.html

"Barack Obama (One Million Strong for Barack)" (2007). Facebook group. http://www.facebook.com/group.php?gid=2231653698

"Barack Obama (Politician)" (2012). Facebook page. https://www.facebook.com/barackobama

Barlow, Perry (1955). "Another Radio to the Attic," *The New Yorker*, cover, 22 October. http://www.tvhistory.tv/1955_Oct_22_NEW_YORKER.JPG

Barnes, Susan (2012). *Socializing the Classroom: Social Networks and Online Learning*. Lanham, MD: Lexington Books.

Bennett, Shea (2011). "Twitter: the fastest-growing social network," *MediaBistro*, 8 September. http://www.mediabistro.com/alltwitter/twitter-growth-july-2011_b13482

Berkowitz, Ben (2011). "From a single hashtag, a protest circled the world," *Brisbane Times* (Australia), 19 October. http://www.brisbanetimes.com.au/technology/technology-news/from-a-single-hashtag-a-protest-circled-the-world-20111019-1m72j.html

Bershad, Jon (2012). "#Betrayal: Twitter announces that it will begin letting governments censor tweets," *Mediaite*, 27 January. http://www.mediaite.com/online/betrayal-twitter-announces-that-it-will-begin-letting-governments-censor-tweets/

Big Love (2009). Season 3, Episode 6, HBO TV series, 22 February.

Blechman, Robert (2012). *Executive Severance* (novel). Houston, TX: NeoPoiesis Press.

BlogTalkRadio (2009). "About BlogTalkRadio." http://www.blogtalkradio.com/about.aspx

BMI (Broadcast Music, Inc.) (2007). "Broadcast Music Inc. announces record-setting royalty distributions," 4 September. http://www.bmi.com/press/releases/BMI_revenues_release_2007_final_9_4_07.doc

Bodnar, Kipp (2011). "The ultimate Google+ cheat sheet," *Hubspot* blog, 30 August. http://blog.hubspot.com/blog/tabid/6307/bid/23765/The-Ultimate-Google-Cheat-Sheet.aspx

Boskar, Bianca (2012). "The secret to Pinterest's success: we're sick of each other," *The Huffington Post*, 14 February. http://www.huffingtonpost.com/2012/02/14/pinterest-success_n_1274797.html

British Broadcasting Company (BBC) (2007). "Blog death threats spark debate," 27 March. http://news.bbc.co.uk/1/hi/technology/6499095.stm

_____ (2009). "Pope launches Vatican on YouTube," 23 January. http://news.bbc.co.uk/2/hi/europe/7846446.stm

Buggles, The (1979). "Video Killed the Radio Star," recording, Island Records.

Bureau of Justice Statistics (2009). "3.4 million people report being stalked in the United States," U.S. Department of Justice, 13 January. http://www.ojp.usdoj.gov/bjs/pub/press/svuspr.htm

Busari, Stephanie (2008). "Tweeting the terror: how social media reacted to Mumbai," CNN.com/Asia, 27 November. http://edition.cnn.com/2008/WORLD/asiapcf/11/27/mumbai.twitter/index.html

Butler, Samuel (1878/1910). *Life and Habit*. New York: Dutton.

Carpenter, Hutch (2009). "Karl Rove is on Twitter," *I'm Not Actually a Geek* blog, 9 January. http://bhc3.wordpress.com/2009/01/10/karl-rove-is-on-twitter

Carr, David (2005). "Why you should pay to read this newspaper?" *The New York Times*, 24 October. http://www.nytimes.com/2005/10/24/business/24carr.html

Carter, Beth (2012). "Introducing Aereo: one small step for cord cutting, one giant leap of faith," *Wired*, 14 February. http://www.wired.com/epicenter/2012/02/aereo-cord-cutting/

Catch Up Lady blog (2007). "Dick in a box grabs Emmy nod, NBC's YouTube mea culpa complete," 23 July. http://catchupblog.typepad.com/catch_up_blog/2007/07/dick-in-a-box-g.html

Chansanchai, Athima (2012). "Pope to debut personal Twitter account," *Digital Life on Today*, 27 February. http://digitallife.today.msnbc.msn.com/_news/2012/02/27/10517820-pope-to-debut-personal-twitter-account

Cheng, Jacqui (2008). "Crowdsourcing Craigslist bank robber nabbed on DNA evidence," *ars technica*, 7 November. http://arstechnica.com/tech-policy/news/2008/11/crowdsourcing-craigslist-bank-robber-nabbed-on-dna-evidence.ars

Chittum, Ryan (2011). "Audit notes: Newsstand success, Paywalls and tacos, *WSJ* on debt collectors," *Columbia Journalism Review*, 23 December. http://www.cjr.org/the_audit/audit_notes_newsstand_success.php

Chozick, Amy (2012). "2 Pulitzers for Times; Huffington Post and Politico win," *The New York Times*, 16 April. http://www.nytimes.com/2012/04/17/business/media/2012-pulitzer-prize-winners-announced.html

Cohen, David (2007). "Hunting down Digg's Bury Brigade," *Wired*, 1 March. http://www.wired.com/techbiz/people/news/2007/03/72835

Cohen, Noam (2008). "Delaying news in the era of the Internet," *The New York Times*, 23 June. http://www.nytimes.com/2008/06/23/business/media/23link.html

Collins, Barry (2008). "IWF lifts Wikipedia ban," *PCPro*, 10 December. http://www.pcpro.co.uk/news/242013/iwf-lifts-wikipedia-ban

Comenius, Johann Amos (1649/1896). *Didactica Magna*. Translated by M. W. Keatinge as *The Great Didactic*. London: Adam and Charles Black.

Constine, Josh (2012). "Congratulations Crunchies winners!" *TechCrunch*, 31 January. http://techcrunch.com/2012/01/31/crunchies-dropbox/

Couts, Andrew (2011). "Warner Brothers to film screenplay that started as a Reddit comment," *Digital Trends*, 14 November. http://www.digitaltrends.com/movies/warner-brothers-to-film-screenplay-that-started-as-a-reddit-comment/

Crocker, Chris (2007). "Britney fan crying ('Leave Britney Alone')," 11 September, video. http://www.youtube.com/watch?v=LWSjUe0FyxQ

Cyberbully Alert (2008). "Cyber bullying statistics that may shock you!" 27 August. http://www.cyberbullyalert.com/blog/2008/08/cyber-bullying-statistics-that-may-shock-you

Dahl, Melissa (2008). "Youth vote may have been key in Obama's win," MSNBC.com, 5 November. http://www.msnbc.msn.com/id/27525497/

Davis, Susan (2010). "Atwitter in Mass.: Brown's social media strategy tops Coakley's," *The Wall Street Journal*, 19 January. http://blogs.wsj.com/washwire/2010/01/19/atwitter-in-mass-browns-social-media-skills-top-coakleys/

Dawkins, Richard (1976). *The Selfish Gene*. New York: Oxford University Press.

―――― (1991). "Viruses of the mind" in *Dennett and His Critics: Demystifying Mind*, ed. Bo Dahlbom. Cambridge, MA: Blackwell, 1993. http://modox.blogspot.com/2007/12/memes-viruses-of-mind-or-root-of.html

Dean, Howard (2004). "Howard Dean's scream," 19 January, video. http://www.youtube.com/watch?v=D5FzCeV0ZFc

DeCuir, Esther (2007). "Soft Edge bookstore to showcase works of Paul Levinson," *Second Life News Network*, 4 December. [Site defunct.]

Deneen, Sally (2011). "The Facebook age," *Success*, 1 April. http://www.successmagazine.com/the-facebook-age/PARAMS/article/1287/channel/22

Dewey, John (1925). *Experience and Nature*. Chicago: Open Court.

"Dick in a Box" (2006). Featuring Justin Timberlake and Andy Samberg; written by Andy Samberg, Akiva Schaffer, Jorma Taccone, Asa Taccone, Justin Timberlake, Katreese Barnes; produced by The Lonely Island for *Saturday Night Live*; 16 December, video. http://www.youtube.com/watch?v=WhwbxEfy7fg

Dickinson, Tim (2006). "The first YouTube election: George Allen and 'Macaca'," *Rolling Stone*, 15 August. http://www.rollingstone.com/politics/blogs/national-affairs/the-first-youtube-election-george-allen-and-macaca-20060815

"Digg Terms of Use" (2012). http://digg.com/tou

Dingo, Robbie (2007). "A Second Life machinima," *My Digital Double* blog, 16 July. http://digitaldouble.blogspot.com/2007/07/watch-worlds.html
Video: http://blip.tv/file/get/RobbieDingo-WatchTheWorlds570.mov
Video: http://www.youtube.com/watch?v=vV1YbWBSXS8

Donnelly, John M. (2009). "Congressman Twitters an Iraq security breach," *CQ Politics*, 6 February. http://www.cqpolitics.com/wmspage.cfm?docID=news-000003026945

Drummond, David (2010). "A new approach to China: an update," *The Official Google Blog*, 22 March. http://googleblog.blogspot.com/2010/03/new-approach-to-china-update.html

Dumbach, Annette E., and Newborn, Judd (1986). *Shattering the German Night*. Boston: Little, Brown.

Dunlop, Orrin E., Jr. (1951). *Radio & Television Almanac*. New York: Harper & Bros.

Edling, Jerry (2011). "Freedom to connect," *Mountain Runner*, 28 January. http://mountainrunner.us/2011/02/freedom_to_connect/

Eifling, Sam (2011). "Adbusters' Kalle Lasn talks about Occupy Wall Street," *The Tyee*, 7 October. http://thetyee.ca/News/2011/10/07/Kalle-Lasn-Occupy-Wall-Street/

Eisenstein, Elizabeth (1979). *The Printing Press as an Agent of Change*. New York: Cambridge University Press.

Elba, Idris (2006). Private messages to Paul Levinson, on Myspace, 28 October and 7 November.

Ellis, Justin (2012). "Is the AP suing an aggregator or a search engine in the Meltwater case?" *Nieman Journalism Lab*, 15 February. http://www.niemanlab.org/2012/02/is-the-ap-suing-an-aggregator-or-a-search-engine-in-the-meltwater-case/

Evangelista, Benny (2011). "Facebook, Twitter and Egypt's upheaval," *SF Gate*, 13 February. http://www.sfgate.com/cgi-bin/article.cgi?f=/c/a/2011/02/12/BUGN1HLHTR.DTL

Feiner, Paul (2009). Interview with Paul Levinson, *The Greenburgh Report*, WVOX Radio, 9 January. Also included in Levinson, Paul (2009), "Conversation."

Ferraro, Nicole (2012). "Feeling disinterest for Pinterest," *Internet Evolution*, 14 February. http://www.internetevolution.com/author.asp?doc_id=239237

_____ (2012). "Google+ defenses get childish, illogical," *Internet Evolution*, 28 February. http://www.internetevolution.com/author.asp?doc_id=239855

Finin, Tim (2008). "Mobile texting now more popular than calling in US," *UMBC ebiquity*, 29 September. http://ebiquity.umbc.edu/blogger/2008/09/29/mobile-texting-now-more-popular-than-calling-in-us/

Finnegan, Adrian (2008). Report on November 2008 Mumbai massacre and Facebook, CNN International, 27 November.

Fleetwoods, The (1959, 2007). "Come Softly To Me" and "Mr. Blue," originally released in 1959 on Dolphin Records, performance on *American Bandstand* 1959, live performance 2007, videos. http://www.youtube.com/watch?v=DgJwm9erBaQ http://www.youtube.com/watch?v=vclkm6nsnWY http://www.youtube.com/watch?v=AgQl6Rxk_uM

Florin, Hector (2009). "Podcasting your novel: publishing's next wave?" *Time*, 31 January. http://www.time.com/time/arts/article/0,8599,1872381,00.html

Fogarty, Mignon (2008). *Grammar Girl's Quick and Dirty Tips for Better Writing*. New York: Holt.

_____ (2011). *Grammar Girl's 101 Misused Words You'll Never Confuse Again*. New York: St. Martin's Griffin.

Fouhy, Beth (2008). "Obama to pioneer Web outreach as President," *USA Today*, 12 November. http://www.usatoday.com/news/topstories/2008-11-12-1697755942_x.htm

Friedman, Josh (2007). "Blogging for dollars raises questions of online ethics," *Los Angeles Times*, 9 March. http://articles.latimes.com/2007/mar/09/business/fi-bloggers9

Frith, Holden (2008). "So iTunes won't be closing after all," (London) *Times Online*, 3 October. http://timesonline.typepad.com/technology/2008/10/itunes-wont-clo.html

Fuller, Buckminster (1938). *Nine Chains to the Moon*. Carbondale, IL: Carbondale University Press.

Fund, John (2004). "I'd rather be blogging," *The Wall Street Journal*, 13 September. http://www.opinionjournal.com/diary/?id=110005611

Geary, Jason (2008). "Plea deals offered in video beating case," *The Ledger*, 18 November. http://www.theledger.com/article/20081118/NEWS/811180269

Gergen, David (2008). Guest on CNN, election night coverage, 4 November.

Giles, Jim (2005). "Special report: Internet encyclopaedias go head to head," *Nature*, 14 December. http://www.nature.com/nature/journal/v438/n7070/full/438900a.html

_____ (2008). "Do we need an open Britannica?" *The Guardian*, 20 June. http://www.guardian.co.uk/technology/2008/jun/20/wikipedia

Gill, Andy (2007). "Famous five: why the Traveling Wilburys are the ultimate supergroup," *The Independent,* 19 June. http://www.independent.co.uk/arts-entertainment/music/features/famous-five-why-the-traveling-wilburys-are-the-ulimate-supergroup-453788.html

Gizzi, John (2012). "The last time Republicans had a 'brokered convention'," *Human Events*, 21 February. http://www.humanevents.com/article.php?id=49657

Gladkova, Svetlana (2008). "Barack Obama uses the power of social media noticed by mainstream media," *profy*, 25 August. http://profy.com/2008/08/25/barack-obama-uses-power-of-social-media/

Glater, Jonathan D. (2008). "At the uneasy intersection of bloggers and the law," *The New York Times*, 15 July. http://www.nytimes.com/2008/07/15/technology/15law.htm

Goddard, Taegan (2009). "Republicans Twitter meeting with Obama," *Political Wire* blog, 28 January. http://politicalwire.com/archives/2009/01/28/republicans_twitter_meeting_with_obama.html

Gold, Matea (2008). "Obama's 30-minute ad attracts 33 million viewers," *Los Angeles Times*, 31 October. http://articles.latimes.com/2008/oct/31/entertainment/et-obama31

Golijan, Rosa (2012). "The Pope explains the power—and danger—of Twitter," *Digital Life on Today*, 24 January. http://digitallife.today.msnbc.msn.com/_news/2012/01/24/10225535-the-pope-explains-the-power-and-danger-of-twitter

Golobokova, Yulia (2008). "YouTube as an alternative medium of political communication," final paper for "Media Research Methods," Graduate School of Arts and Sciences, Fordham University, Paul Levinson, professor, Dec. 17. http://sites.google.com/site/ygolobokova/youtube-research-proposal-paper

Goodale, Gloria (2011). "WikiLeaks: is there a future for the website without Julian Assange?" *The Christian Science Monitor*, 24 February. http://www.csmonitor.com/USA/2011/0224/WikiLeaks-Is-there-a-future-for-the-website-without-Julian-Assange

Greene, Brian William (2012). "Steven Spielberg's KONY 2012 connection." *US News & World Report*, 9 March. http://www.usnews.com/news/blogs/washington-whispers/2012/03/09/steven-spielbergs-kony-2012-connection

Grimes, Sara (2008). "Campus Watch: statistics support youth vote turnout," *The Daily* blog, 12 November. http://dailyuw.com/news/2008/nov/12/campus-watch-statistics-support-youth-vote/

Grossman, Lev (2006). "Time's Person of the Year: You," *Time*, 13 December. http://www.time.com/time/magazine/article/0,9171,1569514,00.html

_____ (2009). "Iran Protests: Twitter, the medium of movement," *Time*, 17 June. http://www.time.com/time/world/article/0,8599,1905125,00.html

Gumpert, Gary (1970). "The rise of mini-comm," *Journal of Communication, 20*, pp. 280–290.

Guynn, Jessica (2011). "Google+ may reach 400 million users by end of 2012," *Los Angeles Times*, 27 December. http://latimesblogs.latimes.com/technology/2011/12/google-may-reach-400-million-users-by-end-of-2012.html

Hafner, Katie (1999). "I link, therefore I am: a Web intellectual's diary," *The New York Times*, 22 July. http://www.nytimes.com/library/tech/99/07/circuits/articles/22lemo.html

Hall, Edward T. (1966). *The Hidden Dimension*. New York: Doubleday.

Hannity, Sean and Colmes, Alan (2007). Different interpretations of Ron Paul's first-place finish in post-debate poll, Fox News, 22 October, video. http://www.youtube.com/v/hDwDIj5ahuY&rel=1

Harper, Jim (2009). "The promise that keeps on breaking," CATO Institute, 13 April. http://www.cato.org/pub_display.php?pub_id=11449

Harris, Leslie (2009). "Because 'Classified Ad Killer' doesn't have the same ring," *The Huffington Post*, 24 April. http://www.huffingtonpost.com/leslie-harris/because-classified-ad-kil_b_190965.html

Harrison, George (1971, 2002, 2006). Performances of George Harrison's "While My Guitar Gently Weeps" at Concert for Bangladesh, 1971, George Harrison, Eric Clapton; at Memorial Concert for George, 2002, Eric Clapton, Paul McCartney, Ringo Starr, Dhani Harrison; at Rock 'n' Roll Hall of Fame Induction (Posthumous) of George Harrison, 2006, Tom Petty, Jeff Lynne, Prince. (See also McCartney, Paul.)
Videos: http://www.youtube.com/watch?v=T7qpfGVUd8c
http://www.youtube.com/watch?v=zNp45m92e1M
http://www.youtube.com/watch?v=cYl942_l3Wo

Hawthorne, Nathaniel (1851/1962). *The House of the Seven Gables* (novel). New York: Collier.

Hayes, Michael (2012). "'Obama Girl' releases new video for 2012 election, tells President: 'You'd better step up'," *Mediaite*, 15 February. http://www.mediaite.com/online/obama-girl-releases-new-video-for-2012-election-tells-president-youd-better-step-up/

Hazen, Don; Lohan, Tara; and Parramore, Lynn (Eds.) (2011). *The 99%: How the Occupy Wall Street Movement Is Changing America*. San Francisco, CA: Alternet Books.

Heil, Bill, and Piskorski, Mikolaj Jan (2009). "New Twitter research: men follow men and nobody tweets," *Conversation Starter*, Harvard Business Publishing, 1 June. http://blogs.harvardbusiness.org/cs/2009/06/new_twitter_research_men_follo.html

Heilemann, John (2012). "The third-party rail," *New York Magazine,* 22 January. http://nymag.com/news/politics/powergrid/americans-elect-2012-1/

Hibberd, James (2009). "MSN gets record traffic during Jackson memorial," *The Hollywood Reporter*, 7 July. http://www.hollywoodreporter.com/blogs/live-feed/msn-record-traffic-jackson-memorial-51842

_____ (2011). "Nielsen report: TV ownership declines," EW.com (*Entertainment Weekly*), 30 November. http://insidetv.ew.com/2011/11/30/tv-ownership-declines/

Hines, Twanna A. (2008). "I'm a writer, not a child pornographer," *The Huffington Post*, 31 December. http://www.huffingtonpost.com/twanna-a-hines/im-a-writer-not-a-child-p_b_154584.html

Hof, Robert D. (2006). "My virtual life," *Business Week*, 1 May. http://www.businessweek.com/magazine/content/06_18/b3982001.htm

Hoffman, Auren (2008). "It takes tech to elect a President," *Business Week*, 25 August. http://www.businessweek.com/technology/content/aug2008/tc20080822_700775.htm?campaign_id=rss_tech

Holyoke, Jessica (2008). "Lowest profit per capita growth ever in Q1 2008," *The Alphaville Herald*, 29 April. http://foo.secondlifeherald.com/slh/2008/04/state-of-the-ec.html

Horn, Leslie (2012). "Super Bowl 2012 breaks two Twitter records," *PC Mag*, 6 February. http://www.pcmag.com/article2/0,2817,2399868,00.asp

Hudson, Ken ("Hubble, Kenny") (2008). "Caledon Astronomical Society." http://agni.sl.marvulous.co.uk/group/CaledonAstronomical20Society [Site defunct.]

_____ (2008). Facebook message to Paul Levinson, Dec. 26.

Hunter, Mark (2009). "Twestival, swearing, and Cameron Reilly," *Podcastmatters Social Media* podcast, 6 February. http://socialmediapodcast.tumblr.com/post/76150739/edition-2-twestival-swearing-and-cameron-reilly

IceNews (2011). "New direct democracy website opens in Iceland," 19 November. http://www.icenews.is/index.php/2011/11/19/new-direct-democracy-website-opens-in-iceland/

ILeftDiggforReddit (2008). "So who else here left Digg for Reddit?" *Reddit*, 25 December. http://www.reddit.com/r/reddit.com/comments/7ll45/so_who_else_here_left_digg_for_reddit/

Ingram, Mathew (2011). "Was what happened in Tunisia a Twitter revolution?" *Gigaom*, 14 January. http://gigaom.com/2011/01/14/was-what-happened-in-tunisia-a-twitter-revolution/

Innis, Harold (1951). *The Bias of Communication*. Toronto: University of Toronto Press.

Internet Safety Technical Task Force (2008). "Enhancing child safety & online technologies: final report," Berkman Center for Internet & Safety at Harvard University, 31 December. http://cyber.law.harvard.edu/pubrelease/isttf/

Ironic Pentameter blog (2006). "How old is Digg's median user?" 14 September. http://ironic-pentameter.blogspot.com/2006/09/how-old-is-diggs-median-user.html

I-Safe (2009). "Cyber bullying: statistics and tips." http://www.isafe.org/channels/sub.php?ch=op&sub_id=media_cyber_bullying

"I've Got a Crush on Obama" (2007). Video featuring "Obama Girl" Amber Lee Ettinger, produced by Ben Relles for BarelyPolitical.com, song written and sung by Leah Kauffman, 13 June, video. http://www.youtube.com/watch?v=wKsoXHYICqU

James, Susan Donaldson (2010). "Immigrant teen taunted by cyberbullies hangs herself," ABC News, 26 January. http://abcnews.go.com/Health/cyber-bullying-factor-suicide-massachusetts-teen-irish-immigrant/story?id=9660938#.TyLcRsVA8wU

James, William (1890). *The Principles of Psychology*. New York: Henry Holt.

Jardin, Xeni (2005). "Audience with the Podfather," *Wired*, 14 May. http://www.wired.com/culture/lifestyle/news/2005/05/67525

Jarvis, Jeff (2008). Interview about investigative journalism in peril, *On the Media*, National Public Radio (NPR), 15 August, transcript. http://www.onthemedia.org/transcripts/2008/08/15/01

Johnson, Peter (2005). "'Times' report: Miller called her own shots," *USA Today*, 16 October. http://www.usatoday.com/life/columnist/mediamix/2005-10-16-media-mix_x.htm

Johnson, Steven (2009). "How Twitter will change the way we live," *Time*, 15 June, pp. 32–37.

Jonas, Gerald (1999). Review of *The Silk Code* by Paul Levinson, *The New York Times*, 28 November. http://www.nytimes.com/books/99/11/28/reviews/991128.28scifit.html

Jones, Alex (2007). "Ron Paul beats Digg Bury Brigade," *Prison Planet*, 21 May. http://www.prisonplanet.com/articles/may2007/210507paulbeats.htm

Jordan, Tina (2008). "Domestic book sales see slight decline in May," AAP (The Association of American Publishers), 11 July. http://www.publishers.org/main/PressCenter/Press_Issues/May2008SalesStats.htm

Kane, Erin, and Brandt, Kristin (2007). "Welcome to Hollywood," *Manic Mommies* podcast, 18 February. http://www.manicmommies.com/2007/02/welcome-to-hollywood/

Kaplan, Benjamin (1966). *An Unhurried View of Copyright*. New York: Columbia University Press.

Kells, Tina (2009). "Wikipedia ponders editorial reviews after Kennedy death post," *Now Public*, 26 January. http://www.nowpublic.com/tech-biz/wikipedia-ponders-editorial-reviews-after-kennedy-death-post

Kennedy, Dan (2012). "In New Haven, a crisis of confidence over user comments," *Nieman Journalism Lab*, 15 February. http://www.niemanlab.org/2012/02/in-new-haven-a-crisis-of-confidence-over-user-comments/

Kenski, Kate; Hardy, Bruce; and Jamieson, Kathleen Hall (2010). *The Obama Victory: How Media, Money, and Message Shaped the 2008 Election*. New York: Oxford University Press.

Kerry, John (2008). Speech at Democratic National Convention, Denver, CO, 27 August, video. http://www.youtube.com/watch?v=dO2PAm4iCtE

King, Rachel (2011). "Smartphone sales growth sluggish as Samsung soars" (survey), *ZDNet*, 4 November. http://www.zdnet.com/blog/btl/smartphone-sales-growth-sluggish-as-samsung-soars-survey/62664

King5.com (2008). "Armored truck robber uses Craigslist to make getaway," 1 October. http://www.king5.com/topstories/stories/NW_100108WAB_monroe_robber_floating_escape_TP.ce3930c1.html [New URL: http://www.king5.com/news/local/60055547.html]

Kingston, Sean (2006). Myspace music page, 7 July. http://www.myspace.com/seankingston

_____ (2007). "Kingston's MySpace success," contactmusic.com, 6 September. http://www.contactmusic.com/news.nsf/article/kingstons%20myspace%20success_1042855

Kirk, Jeremy (2008). "Wikipedia article censored in UK for the first time," *PC World*, 8 December. http://www.pcworld.com/article/155112/wikipedia_article_censored_in_uk_for_the_first_time.html

Kopp, Sondro (2012). Interview on CNN about painting through Skype, 19 February.

Kornblut, Anne E. (2009). "Staff finds White House in the technological Dark Ages," *The Washington Post,* 22 January. http://www.washingtonpost.com/wp-dyn/content/article/2009/01/21/AR2009012104249.html

Kremer, Joan (2008). "The start of a central information source for writers in Second Life," *Writers in the Virtual Sky* blog, 31 December. http://www.writersinthevirtualsky.com/the-start-of-a-central-information-source-for-writers-in-second-life/

Krieger, Lisa M. (2008). "Protesters to Facebook: breast-feeding does not equal obscenity," *San Jose Mercury News*, 26 December.

Krupp, Elysha (2008). "Wikipedia, Britannica battle over credibility," examiner.com, 10 August. http://washingtonexaminer.com/local/2008/08/wikipedia-britannica-battle-over-credibility/75050

Kurtz, Howard (2007). "Jailed man is a videographer and a blogger but is he a journalist?" *The Washington Post*, 8 March, p. C01. http://www.washingtonpost.com/wp-dyn/content/article/2007/03/07/AR2007030702454.html

_____ (2009). "Online, Sarah Palin has unkind words for the press," *The Washington Post*, 9 January, p. C01. http://www.washingtonpost.com/wp-dyn/content/article/2009/01/08/AR2009010803620.html

Lambert, Bruce (2007). "As prostitutes turn to Craigslist, law takes notice," *The New York Times,* 4 September. http://www.nytimes.com/2007/09/05/nyregion/05craigslist.html

Lavigne, Avril (2007). "Girlfriend," 27 February, video. http://www.youtube.com/watch?v=cQ25-glGRzI

Lawson, Sean (2012). "Social media & protest: a quick list of recent scholarly research," 27 January. http://www.seanlawson.net/?p=1425

Layton, Julia, and Brothers, Patrick (2007). "How MySpace works," *HowStuffWorks*. http://computer.howstuffworks.com/myspace.htm

Leibovich, Mark (2008). "McCain, the analog candidate," *The New York Times*, 3 August. http://www.nytimes.com/2008/08/03/weekinreview/03leibovich.html

Leitch, Will (2009). "How tweet it is," *New York Magazine*, 8 February. http://nymag.com/news/media/54069/

Levine, David (2008). "All talk," Condé Nast Portfolio.com, 26 February. http://www.portfolio.com/culture-lifestyle/goods/gadgets/2008/02/26/Internet-Talk-Radio

Levinson, Paul (1972). *Twice Upon a Rhyme*, music recording, LP, HappySad Records; CD reissue, Seoul, South Korea: Beatball Music, 2008; vinyl reissue, UK: Whiplash Records, 2010.

_____ (1977). "Toy, mirror, and art: the metamorphosis of technological culture," *Et Cetera* journal, June. Reprinted in *Technology and Human Affairs*, L. Hickman & A. al-Hibris (Eds.), St. Louis, MO: Mosby, 1981; *Philosophy, Technology, and Human Affairs*, L. Hickman (Ed.), College Station, TX: Ibis, 1985; *Technology As a Human Affair*, L. Hickman (Ed.), New York: McGraw-Hill, 1990; Levinson, Paul, *Learning Cyberspace: Essays on the Evolution of Media and the New Education*, San Francisco: Anamnesis Press, 1995.

_____ (1979). *Human Replay: A Theory of the Evolution of Media*, PhD dissertation, New York University (University Microfilms Int. #79 18,852).

_____ (1985). "Basics of computer conferencing, and thoughts on its applicability to education," excerpted from "The New School Online," unpublished report, January. Reprinted in Levinson, Paul (1995). *Learning Cyberspace*. San Francisco: Anamnesis Press.

_____ (1986). "Marshall McLuhan and computer conferencing," *IEEE Transactions of Professional Communication*, 1 March, pp. 9–11

_____ (1988). *Mind at Large: Knowing in the Technological Age*. Greenwich, CT: JAI Press.

_____ (1992). *Electronic Chronicles: Columns of the Changes in our Time*. San Francisco: Anamnesis Press.

_____ (1997). *The Soft Edge: A Natural History and Future of the Information Revolution*. New York and London: Routledge.

_____ (1998). "The Book on the Book," *Analog Science Fiction and Fact*, June, pp. 24–31.

_____ (1999). *Digital McLuhan: A Guide to the Information Millennium*. New York and London: Routledge.

_____ (1999). *The Silk Code* (novel). New York: Tor.

_____ (2003). Interview about Jayson Blair and *The New York Times*, *World News Now*, ABC-TV, May 11.

_____ (2003). *Realspace: The Fate of Physical Presence in the Digital Age, On and Off Planet*. New York and London: Routledge.

_____ (2004). *Cellphone: The Story of the World's Most Mobile Medium*. New York: Palgrave/Macmillan.

_____ (2004). Interview by Bill O'Reilly about journalists having private lives, *The O'Reilly Factor*, Fox News, 23 January, video. http://www.youtube.com/watch?v=uSOytS96YhI

_____ (2005). Interview by Joe Scarborough about Dan Rather and "Docu-Gate," *Scarborough Country*, MSNBC, 16 February, transcript: http://www.sff.net/people/paullevinson/scar021605.html
video: http://www.youtube.com/watch?v=VmvzYfY_gJA

_____ (2005). "The Flouting of the First Amendment," Keynote Address, Sixth Annual Media Ecology Conference, Fordham University, New York City, June 23. Reprinted in *Explorations in Media Ecology* (Vol. 5, No. 3), 2006, pp. 199–210, and in *Paul Levinson's Infinite Regress* blog, July 12, 2007. http://paullevinson.blogspot.com/2007/07/flouting-of-first-amendment-transcript.html

_____ (2006). Debate on *Squawk Box* with Jack Thompson about violence and videogames, CNBC-TV, 22 June, video. http://www.youtube.com/watch?v=-XtWV-tIeVg

_____ (2006). *The Plot to Save Socrates* (novel). New York: Tor.

_____ (2006). "*The Wire* and *The Wealth of Nations*," *Twice Upon a Rhyme* Myspace blog, 13 August. http://blogs.myspace.com/index.cfm?fuseaction=blog.view&friendID=17346415&blogID=155375148

_____ (2006). "*The Wire* without Stringer," *Light On Light Through* podcast, 4 November. http://paullev.libsyn.com/index.php?post_id=148095

_____ (2007). "First YouTube/CNN Presidential debate," *Paul Levinson's Infinite Regress* blog, 23 July. http://paullevinson.blogspot.com/2007/07/first-youtubecnn-presidential-debate.html

_____ (2007). "Free Josh Wolf," *Light On Light Through* podcast, 10 March. http://paullev.libsyn.com/index.php?post_id=190952

_____ (2007). "Good for Dan Rather: CBS deserves to be sued," *Paul Levinson's Infinite Regress* blog, 19 September. http://paullevinson.blogspot.com/2007/09/good-for-dan-rather-cbs-deserves-to-be.html

_____ (2007). "Hannity & Colmes split over Ron Paul's 1st place in Fox's latest post-debate poll," *Paul Levinson's Infinite Regress* blog, 22 October. http://paullevinson.blogspot.com/2007/10/hannity-colmes-split-over-ron-pauls-1st.html

_____ (2007). Interview by Ken Hudson (Kenny Hubble), "Media Ecology seminar in Second Life," 5 November, video. http://blip.tv/file/475397

_____ (2007). Interview by Mark Molaro, *The Alcove*, 27 November, video. http://www.youtube.com/watch?v=aqZNGYit3kY

_____ (2007). Interview with Rich Sommer, *Light On Light Through* podcast, 28 October. http://paullev.libsyn.com/index.php?post_id=271587

_____ (2007). Interview with Stanley Schmidt, *Light On Light Through* podcast, 1 December. http://paullev.libsyn.com/index.php?post_id=283468

_____ (2007). "Marshall McLuhan as micro blogger," *Paul Levinson's Infinite Regress* blog, 9 October. http://paullevinson.blogspot.com/2007/10/marshall-mcluhan-as-micro-blogger.html

_____ (2007). "My four rules: the best you can do to make it as a writer," *Light On Light Through* blog, 26 August. http://paullev.libsyn.com/index.php?post_id=249175

_____ (2007). "Now Obama's poll results are denigrated by a professional pollster," *Paul Levinson's Infinite Regress* blog, 1 November. http://paullevinson.blogspot.com/2007/11/now-obamas-poll-results-are-denigrated.html

_____ (2007). "Obama Girl applauded in my class at Fordham this afternoon," *Paul Levinson's Infinite Regress* blog, 21 September. http://paullevinson.blogspot.com/2007/09/obama-girl-applauded-in-my-class-at.html

_____ (2007). "Open letter to CNBC about taking down post-debate poll won by Ron Paul," *Paul Levinson's Infinite Regress* blog, 12 October. http://paullevinson.blogspot.com/2007/10/open-letter-to-cnbc-about-taking-down.html

_____ (2007). Phone-in guest on Shaun OMac's BlogTalkRadio show, *TV Talk*, 23 October. http://www.blogtalkradio.com/stations/bc/SHAUNOMACRADIO/blog/2007/10/24/Journeyman-rocks-Shaun-OMac-Radio

_____ (2007). "Rating the news networks in their campaign coverage," *Paul Levinson's Infinite Regress* blog, 21 September. http://paullevinson.blogspot.com/2007/09/rating-news-networks-in-their-election.html

_____ (2007). Reading from *The Plot to Save Socrates* at *Meet the Author*, with interview by Adele Ward, Second Life, SLCN.tv (Second Life Cable Network), 9 December, video. http://blip.tv/paul-levinson-on-media-writing-science-fiction-and-freedom/talking-about-media-philosophy-and-the-plot-to-save-socrates-in-second-life-543073

_____ (2007). "Republican YouTube/CNN debate in Florida," *Paul Levinson's Infinite Regress* blog, 28 November. http://paullevinson.blogspot.com/2007/11/republican-youtubecnn-debate-in-florida.html

_____ (2007). "Republicans now thumb their noses at YouTube as well as evolution," *Paul Levinson's Infinite Regress* blog, 27 July. http://paullevinson.blogspot.com/2007/07/republicans-now-thumb-noses-at-youtube.html

_____ (2007). Review of *Brotherhood,* Season 1 finale, *Paul Levinson's Infinite Regress* blog, 3 December. http://paullevinson.blogspot.com/2007/12/brotherhood-season-2-finale.html

_____ (2007). Review of *Lost*, Season 3 finale, *Paul Levinson's Infinite Regress* blog, 23 May. http://paullevinson.blogspot.com/2007/05/lost-season-3-finale-flashforwards.html

_____ (2007). Review of *Mad Men* 1.12, *Paul Levinson's Infinite Regress* blog, 12 October. http://paullevinson.blogspot.com/2007/10/mad-men-11-admirable-don.html

_____ (2007). "RIAA's monstrous legacy," *Paul Levinson's Infinite Regress* blog, 13 July. http://paullevinson.blogspot.com/2007/07/riaas-monstrous-legacy.html

_____ (2007). "The KNX Sunday morning interviews," *Paul Levinson's Infinite Regress* blog, 30 June. http://paullevinson.blogspot.com/2007/06/knx1070-sunday-morning-interviews.html

_____ (2007). "The secret riches of the panda," *Light On Light Through* blog, 30 July. http://paullev.libsyn.com/index.php?post_id=240416

_____ (2008). "Announcing Obama's choice through email not good idea," *Daily Kos*, 11 August. http://www.dailykos.com/storyonly/2008/8/11/154117/227/164/566307

_____ (2008). "Cyberbullying mom on MySpace got just what she deserved," *Twice Upon a Rhyme* Myspace blog, 27 November. http://blog.myspace.com/index.cfm?fuseaction=blog.view&friendID=17346415&blogID=452143917

_____ (2008). "George's guitar gently weeps through the ages," *Paul Levinson's Infinite Regress* blog, 15 June. http://paullevinson.blogspot.com/2008/06/harrisons-my-guitar-gently-weeps-ala.html

_____ (2008). Interview by KnitWitch (Máia Whitaker), *KnitWitch Zone* podcast, 26 February. http://www.talkshoe.com/talkshoe/web/talkCast.jsp?masterId=28497&cmd=tc

_____ (2008). "Katie Couric, Hero of the Revolution," *Paul Levinson's Infinite Regress* blog, 13 November. http://paullevinson.blogspot.com/2008/11/katie-couric-hero-of-revolution.html
cross-posted on *Open Salon*: http://open.salon.com/content.php?cid=43629

_____ (2008). "Keeping Obama with his email," *Paul Levinson's Infinite Regress* blog, 16 November. http://paullevinson.blogspot.com/2008/11/keeping-president-obama-with-his-email.html

_____ (2008). "MSNBC runs canned doc bloc as Mumbai burns," *Paul Levinson's Infinite Regress* blog, 28 November. http://paullevinson.blogspot.com/2008/11/inane-msnbc-programming-on-friday-eve.html

_____ (2008). "Obama should reject McCain's call to postpone Friday debate," *Paul Levinson's Infinite Regress* blog, 24 September. http://paullevinson.blogspot.com/2008/09/mccains-to-postpone-fridays-debate-i.html
cross-posted on *Open Salon*: http://open.salon.com/content.php?cid=21963

_____ (2008). Review of *Mad Men*, 2.4, *Paul Levinson's Infinite Regress* blog, 18 August. http://paullevinson.blogspot.com/2008/08/mad-men-24-betty-and-dons-son.html

_____ (2008). "Superb speeches by Bill Clinton and John Kerry," *Paul Levinson's Infinite Regress* blog, 27 August. http://paullevinson.blogspot.com/2008/08/superb-speeches-by-bill-clinton-and.html

cross-posted on *Open Salon*: http://open.salon.com/blog/paul_levinson/2008/08/27/superb_speeches_ by_b_clintonkerry_-_tv_shows_just_bills
Daily Kos: http://www.dailykos.com/storyonly/ 2008/8/28/577065/-The-Cable-All News Networks-Diss-John-Kerry

_____ (2008). "Take It from a college prof: Obama's 'missing' paper is another Conservative red herring," *Daily Kos*, 25 July. http://www.dailykos.com/storyonly/2008/7/25/16275/4548/308/557010

_____ (2008). "Unburning Alexandria" (novelette). *Analog Science Fiction and Fact*, November, pp. 116–133.

_____ (2008). "Where have Olbermann and Maddow disappeared to?" *Paul Levinson's Infinite Regress* blog, 19 November. http://paullevinson.blogspot.com/2008/11/where-have-olbermann-and-maddow.html

_____ (2009). "Conversation with Greenburgh NY Town Supervisor Paul Feiner about blogging, Obama, and Caroline Kennedy," *Light On Light Through* podcast, 16 January. http://paullev.libsyn.com/index.php?post_id=423351

_____ (2009). Interview by The Gypsy Poet, *Gypsy Poet Radio*, BlogTalkRadio, 17 May. http://www.blogtalkradio.com/Gypsypoet/2009/05/17/Gypsy-Poet-Radio-Presents-Paul-Levinson

_____ (2009). "New new media vs. the mullahs in Iran," *Paul Levinson's Infinite Regress* blog, 16 June. http://paullevinson.blogspot.com/2009/06/new-new-media-vs-mullahs-in-iran.html

_____ (2009). Response to "What is [a] podcast," PodcastAlley.com, 8 January. http://podcastalley.com/forum/showthread.php?t=145349

_____ (2009–12). "What's newer than *New New Media*," *Paul Levinson's Infinite Regress* blog. http://newnewmediabook.com

_____ (2011). "First Presidential Twitter press conference," *Paul Levinson's Infinite Regress* blog, 11 July. http://paullevinson.blogspot.com/2011/07/first-presidential-twitter-press.html

_____ (2011). Interview by Janet Babin, "NYT online: from free to fee," *Marketplace Tech*, 24 January. http://www.marketplace.org/topics/tech/nyt-online-free-fee

_____ (2011). "Marshall McLuhan, North Africa, and social media," lecture at St. Francis College, Brooklyn, NY, 23 February, video. http://blip.tv/paul-levinson-on-media-writing-science-fiction-and-freedom/marshall-mcluhan-north-africa-and-social-media-4862814

_____ (2011). "Occupy Wall Street Chronicles, Part 1," *Paul Levinson's Infinite Regress* blog, 30 November. http://paullevinson.blogspot.com/2011/11/occupy-wall-street-chronicles-part-1.html

_____ (2011). "Occupy Wall Street Panel," *Good Day Street Talk*, Fox-NY TV, 22 October. video: http://www.youtube.com/watch?v=_MgQEVFHhS4

_____ (2011). Quoted about WikiLeaks in Goodale (2011).

_____ (2012). "In defense of KONY 2012," *Paul Levinson's Infinite Regress* blog, 9 March. http://paullevinson.blogspot.com/2012/03/in-defense-of-kony-2012.html

_____ (2012). "Is Wikipedia wrong to go dark for SOPA protest?" *Mediaite*, 17 January. http://www.mediaite.com/columnists/is-wikipedia-wrong-to-go-dark-for-sopa-protest/

_____ (2012). "Rick Santorum's Wikipedia page is locked," *Paul Levinson's Infinite Regress* blog, 19 February. http://paullevinson.blogspot.com/2012/02/rick-santorums-wikipedia-page-is-locked.html

_____ (2012). "Timcast on UStream doing great covering NYPD violation of First Amendment tonight," *Paul Levinson's Infinite Regress* blog, 1 January. http://paullevinson.blogspot.com/2012/01/timcast-on-ustream-doing-great-covering.html

_____(2012). "Why The Monkees are important," *Mediaite*, 29 February. http://www.mediaite.com/online/why-the-monkees-are-important/

Levinson, Paul, and Krondes, Jim (1969). "Snow Flurries," Lady Mac Music, demo recording by Louis Caraballo, Paul Levinson, and Peter Rosenthal. Played on Kane and Brandt (2007).

Lewin, James (2006). "Podcast goes from zero to one million downloads in four months," *Podcasting News*, 28 November. http://www.podcastingnews.com/2006/11/28/podcast-goes-from-zero-to-one-million-downloads-in-four-months/

Lieberman, David (2011). "In a renaissance for radio, more listeners are tuning in," *USA Today*, 21 March. http://www.usatoday.com/money/media/2011-03-21-Radio-listeners-growing.htm

Liza (2008). "Netroots' bloggers boycott of Associated Press is working," *culturekitchen* blog, 16 June. http://culturekitchen.com/liza/blog/netroots_bloggers_boycott_of_associated_press_is_w

Lloyd, M. Paul (2010). "Oldest 'writing' found on 60,000-year-old eggshells," *Focus Magazine*, 4 March. http://sciencefocus.com/forum/oldest-writing-found-on-60-000-year-old-eggshells-t700.html

MacBeach (2008). Comment to Alex Chitu's "The unlikely integration between Google News and Digg," *Google Operating System* blog, 23 July. http://googlesystem.blogspot.com/2008/07/unlikely-integration-between-google.html

MacManus, Richard (2012). "Top ten YouTube videos of all time," *Read Write Web*, 9 January. http://www.readwriteweb.com/archives/top_10_youtube_videos_of_all_time.php

Maddow, Rachel (2012). "John Boehner is bad at his job," MSNBC-TV, 24 February.

Madison, Lucy (2011). "Brownback apologizes after Twitter dust-up," CBSNews.com, 28 November. http://www.cbsnews.com/8301-503544_162-57332320-503544/brownback-apologizes-after-twitter-dust-up/

Madrigal, Alexis (2011). "Should employers be allowed to ask for your Facebook login?" *The Atlantic*, 19 February. http://www.theatlantic.com/technology/archive/2011/02/should-employers-be-allowed-to-ask-for-your-facebook-login/71480/

Maeroff, Gene (1979). "Reading achievement of children in Indiana found as good as in '44," *The New York Times*, 15 April, p. 10.

Malkin, Bonnie (2008). "Pakistan ban to blame for YouTube blackout," *The Daily Telegraph*, 25 February. http://www.telegraph.co.uk/news/uknews/3356520/Pakistan-ban-to-blame-for-YouTube-blackout.html

Manjoo, Farhad (2008). "Don't blame YouTube, MySpace for teen beating video," *Machinist* blog, Salon.com, 4 April. http://machinist.salon.com/blog/2008/04/08/myspace_beating/

_____ (2009). "I do solemnly swear that I will blog regularly," *Slate*, 20 January. http://www.slate.com/?id=2209275

Marder, Rachel (2007). "Two students sued for illegal downloading," *The Justice*, 12 July. http://www.thejusticeonline.com/home/index.cfm?event=displayArticle&ustory_id=7461e8a8-4bea-4883-af39-1ee5a8ac8fb2&page=1

MarketingProfs (2012). "What's driving Pinterest's amazing growth," 21 February. http://www.marketingprofs.com/charts/2012/7173/whats-driving-pinterests-amazing-growth

Masterson, Michele (2008). " 'Cyberbully' mom closer to learning her fate," *ChannelWeb*, 26 November. http://www.crn.com/software/212200723

Matei, Sorin Adam (2011). "Why Iceland's new draft constitution was not written by crowdsourcing and why this is a good thing, too," *I Think*, 30 July. http://matei.org/ithink/2011/07/30/why-icelands-new-draft-constitution-was-not-written-by-crowdsourcing-and-why-this-is-a-good-thing-too/

mavrevmatt (2008). Comment on Alex Chitu's "The unlikely integration between Google News and Digg," *Google Operating System* blog, 23 July. http://googlesystem.blogspot.com/2008/07/unlikely-integration-between-google.html

Max, Tucker (2006). *I Hope They Serve Beer in Hell*. New York: Citadel.

McCain, John (2008). Speech delivered in Louisiana, *Politico*, 13 June, transcript: http://www.politico.com/news/stories/0608/10820.html video: http://www.youtube.com/watch?v=A7RuX4pQPLY

McCarthy, Caroline (2008). "Who will reign over Digg: Obama or Jobs?" *The Social*, CNET News, 12 May. http://news.cnet.com/8301-13577_3-9942496-36.html

McCartney, Paul (2004). Performance of George Harrison's "All Things Must Pass" in Madrid, Spain, video. (See also Harrison, George.) http://www.youtube.com/watch?v=cYl942_I3Wo

McCullagh, Declan (2007). "Ron Paul: the Internet's favorite candidate," CNET News, 6 August. http://news.cnet.com/Ron-Paul-The-Internets-favorite-candidate/2100-1028_3-6200893.html

McCullagh, Declan, and Broache, Anne (2007). "Blogs turn 10—who's the father?" CNET News, 20 March. http://news.cnet.com/2100-1025_3-6168681.html

McKeever, William A. (1910). "Motion pictures: a primary school for criminals," *Good Housekeeping*, August, pp. 184–186.

McLuhan, Marshall (1962). *The Gutenberg Galaxy*. New York: Mentor.

_____ (1964). *Understanding Media*. New York: Mentor.

_____ (1977). "The laws of the media," with a preface by Paul Levinson, *Et Cetera* journal, *34*, 2, pp. 173–179.

McLuhan, Marshall, and Fiore, Quentin (1967). *The Medium Is the Massage*. New York: Bantam.

Merlot, Miss (2008). "The Caledon Astrotorium grand opening party," 21 March. http://merlotzymurgy.blogspot.com/2008/03/caledon-astrotrorium-grand-opening.html

Messer-Kruse, Timothy (2012). "The 'undue weight' of truth on Wikipedia," *The Chronicle of Higher Education*, 15 February. http://chronicle.com/article/the-undue-weight-of-truth-on/130704/

Messerli, Joe (2006). "Why polls shouldn't be used to make decisions," *Balanced Politics*, 25 January. http://www.balancedpolitics.org/editorial-the_case_against_polls.htm

Meyrowitz, Joshua (1986). *No Sense of Place*. NY: Oxford University Press.

Milian, Mark (2009). "Digg: Don't shout, use Twitter and Facebook instead," *Los Angeles Times*, 26 May. http://latimesblogs.latimes.com/technology/2009/05/digg-shout-share.html

Miller, Judith (2005). U.S. Senate Committee on the Judiciary, Hearing on Reporters' Shield Legislation, 16 October. http://judiciary.senate.gov/hearings/testimony.cfm?id=1637&wit_id=4698

_____ (2008). Appearance on *Fox News Watch*, 6 December.

Milton, John (1644). *Areopagetica*.

Mintz, Jessica (2009). "iTunes price cut: Apple announces tiered system, DRM-free tunes," *The Huffington Post*, 6 January. http://www.huffingtonpost.com/2009/01/06/itunes-price-cut-apple-an_n_155660.html

Mirkinson, Jack (2011). "Occupy Wall Street November 17: journalists arrested, beaten by police," *The Huffington Post*, 17 November. http://www.huffingtonpost.com/2011/11/17/occupy-wall-street-nov-17-journalists-arrested-beaten_n_1099661.html

"Mitt Romney (Politician)" (2012). Facebook page. https://www.facebook.com/mittromney

Morris, Tee; Tomasi, Chuck; and Terra, Evo (2008). *Podcasting for Dummies*, 2nd edition. New York: For Dummies/Wiley.

Mumford, Lewis (1970). *The Pentagon of Power*. New York: Harcourt, Brace, Jovanovich.

Musil, Steven (2008). "U.S. Army warns of Twittering terrorists," *CNET News*, 26 October. http://news.cnet.com/8301-1009_3-10075487-83.html http://www.fas.org/irp/eprint/mobile.pdf

"My Box in a Box" (2006). Featuring Melissa Lamb, written and produced by Leah Kauffman and Ben Relles, song performed by Leah Kauffman, 26 December, video. http://www.youtube.com/watch?v=3xElIik0Ys0

Nadelman, Stefan (2008). "Food Fight," written, directed, animated by Nadelman, 27 February, video. http://www.youtube.com/watch?v=e-yldqNkGfo

Nash, Kate (2007). Myspace music page, 18 February. http://www.myspace.com/katenashmusic

Nathan, Stephen (2007). "The Glowing Bones in the Old Stone House," *Bones*, Season 2, Episode 20, directed by Caleb Deschanel, Fox-TV, 9 May.

Nationwide Tea Party Coalition (2010). "About us." http://www.nationwidechicagoteaparty.com/about.php

Nature magazine, editors (2006). "Encyclopaedia Britannica and Nature: a response," *Nature*, 23 March. http://www.nature.com/press_releases/Britannica_response.pdf

NeoPoiesis Press (2009). Myspace page. http://www.myspace.com/neopoiesispress

NetLingo (2009). "Cyberstalker." http://www.netlingo.com/word/cyberstalker.php

Newitz, Analee (2007). "I bought votes on Digg," *Wired*, 1 March. http://www.wired.com/techbiz/people/news/2007/03/72832

Nissenson, Marilyn (2007). *The Lady Upstairs: Dorothy Schiff and the* New York Post. New York: St. Martin's.

Northerndom (2012). "Troll essay: Internet attitudes and personal EXP," *Adventures with Media of the Social Variety* blog, 18 February. http://northerndom.wordpress.com/2012/02/18/troll-essay-internet-attitudes-and-personal-exp/

Obama, Barack (2008). Interview by Barbara Walters, *Barbara Walters Special*, ABC-TV, 26 November.

———— (2009). Interview by John Harwood, CNBC-TV, 7 January.

O'Brien, Terrence (2008). "Teen lands in jail after posting baby-tossing video on YouTube," *Switched*, 3 July. http://www.switched.com/2008/07/03/teen-lands-in-jail-after-posting-baby-tossing-video-on-youtube/

O'Connor, Mickey (2008). "*Fringe*: our burning questions answered!" Interview with Jeff Pinker, *TV Guide*, 11 November. http://www.tvguide.com/News/Fringe-Burning-Questions-58392.aspx

O'Donnell, Lawrence (2012). Coverage of 2012 Republican South Carolina primary, MSNBC, 21 January.

O'Donnell, Norah (2009). Report about Barack Obama and BlackBerry, MSNBC, 18 January.

Ogasawara, Todd (2011). "eBook sales up 202%. Audio book sales up 36.7%," *Social Times* 18 April. http://socialtimes.com/ebook-sales-up-202-audio-book-sales-up-36-7_b58151

Olander, Eric (2011). "#ASKOBAMA: The US President's first ever Twitter news conference," *France 24*, 11 July. http://www.france24.com/en/20110711-2011-07-11-twitter-obama-facebook-internet

Orlando, Carlos (2009). "'YouTube for Television' to launch via Sony and Nintendo," *infopackets*, 27 January. http://www.infopackets.com/news/business/google/2009/20090127_youtube_for_television_to_launch_via_sony_and_nintendo.htm

Orlowski, Andrew (2006). "Nature mag cooked Wikipedia study," *The Register*, 23 March. http://www.theregister.co.uk/2006/03/23/britannica_wikipedia_nature_study/

Palin, Sarah (2008). Interview by Greta Van Susteren, Fox News, 11 November. http://www.foxnews.com/story/0,2933,449884,00.html

_____ (2008). Interview by Katie Couric, *CBS Evening News*, 30 September, video. http://www.youtube.com/watch?v=xRkWebP2Q0Y

Pash, Adam (2008). "Wikipanion brings Wikipedia to your iPhone or iPod Touch," *lifehacker*, 20 August. http://lifehacker.com/400664/wikipanion-brings-wikipedia-to-your-iphone-or-ipod-touch

_____ (2008). "Wikipedia officially launches mobile version," *lifehacker*, 15 December. http://lifehacker.com/5110289/wikipedia-officially-launches-mobile-version

Patterson, Ben (2009). "White House stuck in 'technological Dark Ages'," *The Gadget Hound*, 22 January. [Site defunct.]

Pepitone, Julianne (2012). "Encyclopedia Britannica to stop printing books," *CNN Money*, 13 March. http://money.cnn.com/2012/03/13/technology/encyclopedia-britannica-books/index.htm

Percival, Ray (2012). *The Myth of the Closed Mind: Understanding Why and How People Are Rational*. Chicago, IL: Open Court.

Perez-Pena, Richard (2008). "Newspaper circulation continues to decline rapidly," *The New York Times*, 27 October. http://www.nytimes.com/2008/10/28/business/media/28circ.html

_____ (2009). "Keeping news of kidnapping off Wikipedia," *The New York Times*, 28 June. http://www.nytimes.com/2009/06/29/technology/internet/29wiki.html

Pershing, Ben (2009). "Kennedy, Byrd the latest victims of Wikipedia errors," *The Washington Post,* 21 January. http://voices.washingtonpost.com/capitol-briefing/2009/01/kennedy_the_latest_victim_of_w.html

Peters, Charles (2005). *Five Days in Philadelphia: The Amazing "We Want Willkie!" Convention of 1940 and How It Freed FDR to Save the Western World*. Jackson, TN: Public Affairs.

Petroski, Henry (1999). *The Book on the Bookshelf*. New York: Knopf.

Pham, Alex (2011). "Spotify's plan: get users hooked, then ask them to pay for music," *Los Angeles Times*, 10 November. http://articles.latimes.com/2011/nov/10/business/la-fi-ct-facetime-spotify-20111110

Phillips, Rich (2008). "Suspects in video beating could get life in prison," CNN.com, 11 April. http://edition.cnn.com/2008/CRIME/04/10/girl.fights/index.html

Pitts, Byron (2010). "Gay student's death highlights troubling trend," CBS News, 30 September. http://www.cbsnews.com/stories/2010/09/30/eveningnews/main6916119.shtml

Polipop (2012). "Glease," Obama Girl parody of *Grease* and *Glee*, 14 February, video. http://www.youtube.com/watch?v=CLDvv7S5qMA&list=PL58EBB4E12AD8688C

Popkin, Helen A. S. (2009). "Activism evolves for the digital age," MSNBC.com, 19 June. http://www.msnbc.msn.com/id/31432770/ns/technology_and_science-tech_and_gadgets/

Powell, Colin (2008). Interview by Fareed Zakaria, *GPS*, CNN, 14 December, transcript. http://transcripts.cnn.com/TRANSCRIPTS/0812/14/fzgps.01.html

Rahm Emanuel Facts (2009). Website. http://rahmfacts.com

Raphael, J. R. (2008). "Wikipedia censorship sparks free speech debate," *PC World*, 10 December. http://www.washingtonpost.com/wp-dyn/content/article/2008/12/08/AR2008120803188.html

Reardon, Marguerite (2009). "Smartphones offer hope in declining cell phone biz," CNET News, 4 February. http://news.cnet.com/8301-1035_3-10156897-94.html

"Reuters, Adam" (2006). "Surge in high-end Second Life business profits," Reuters, 5 December. http://secondlife.reuters.com/stories/2006/12/05/surge-in-high-end-second-life-business-profits/

Rheingold, Howard (2003). *Smart Mobs: The Next Social Revolution*. New York: Basic.

Ribeiro, John (2008). "In Mumbai, bloggers and Twitter offer help to relatives," *PC World*, 27 November. http://www.pcworld.com/article/154621/in_mumbai_bloggers_and_twitter_offer_help_to_relatives.html

Richards, I. A. (1929). *Practical Criticism*. London: K. Paul.

"Rick Santorum (Politician)" (2012). Facebook page. https://www.facebook.com/ricksantorum

Riley, Duncan (2007). "CSI: NY comes to Second Life Wednesday," *TechCrunch*, 20 October. http://www.techcrunch.com/2007/10/20/csiny-comes-to-second-life-wednesday/

Roark, James L.; Johnson, Michael P.; Cohen, Patricia Cline; Stage, Sarah; Lawson, Alan; and Hartmann, Susan M. (2007). *The American Promise*. Boston: Bedford/St. Martin's Press.

Robbins, Christopher (2012). "Citizen journalist arrested during OWS march fights city & wins," Gothamist, 15 May. http://gothamist.com/2012/05/15/journalist_arrested_during_ows_marc.php

Rose, Carl (1951). "What's That, Mama?" cartoon, about a radio in the attic, *The New Yorker*, 28 July.

Rove, Karl (2009). "Back in Washington..." Twitter, 14 February. http://twitter.com/karlrove

Rucker, J. D. (2012). "Why Digg's rebound is significant to every social media site today," *Fast Company*, 25 February. http://www.fastcompany.com/1819997/why-diggs-rebound-is-significant-to-every-single-social-media-site

Russell, Jason (2012). *Kony 2012*, video. http://www.youtube.com/watch?v=Y4MnpzG5Sqc

Ryan, Jenny (2008). "The virtual campfire: an ethnography of online social networking," thesis, Master of Arts in Anthropology, Wesleyan University.

Ryan, Paul (2012). "Paul Ryan opposes SOPA after Reddit pressure," RT.com (Russian television), 10 January, video. http://www.youtube.com/watch?v=qIzA_UItA8g

Saffo, Paul (2008). "Obama's 'cybergenic' edge," abcnews.com, 11 June. http://abcnews.go.com/Technology/Politics/Story?id=5046275

Sagan, Carl (1978). *The Dragons of Eden*. New York: Ballantine.

Saleem, Muhammad (2006). Interview by Tony Hung, "Insights from an elite social bookmarker," *BloggerTalks*, 14 November. http://www.bloggertalks.com/2006/11/muhammad-saleem-insights-from-an-elite-social-bookmarker/

_____ (2007). "Ron Paul supporters need a lesson in social media marketing," *Pronet Advertising*, 6 July. http://www.pronetadvertising.com/articles/ron-paul-supporters-need-a-lesson-in-social-media-marketing34389.html

_____ (2007). "Ruining the Digg experience, one shout at a time," *Social Media Strategy for New Entrepreneurs*, 31 October. http://muhammadsaleem.com/2007/10/31/ruining-the-digg-experience-one-shout-at-a-time/

_____ (2007). "The Bury Brigade exists, and here's my proof," *Pronet Advertising*, 27 February. http://www.pronetadvertising.com/articles/the-bury-brigade-exists-and-heres-my-proof.html

_____ (2007). "The Social Media Manual—read before you play," *.docstoc*, 20 November. http://www.searchengineland.com/the-social-media-manual-read-before-you-play-12738

Sansone, Ron (2007). "Digg dirt: exposing Ron Paul's social media manipulation," *iAOC* (International Association of Online Communications) blog, 3 July. http://www.iaocblog.com/blog/_archives/2007/7/3/3068799.html

Sawyer, Miranda (2006). "Pictures of Lily," *The Guardian / The Observer*, 21 May. http://www.guardian.co.uk/music/2006/may/21/popandrock.lilyallen

Schmidt, Eric (2008). Guest on "The Rachel Maddow Show," MSNBC-TV, 17 November.

Schonfeld, Erick (2009). "Twitter surges past Digg, LinkedIn, and NYTimes.com with 32 million global visitors," *TechCrunch,* 20 May. http://www.techcrunch.com/2009/05/20/twitter-surges-past-digg-linkedin-and-nytimescom-with-32-million-global-visitors/

Schwartz, Mattathias (2008). "The trolls among us," *The New York Times,* 3 August. http://www.nytimes.com/2008/08/03/magazine/03trolls-t.html

Scorsese, Martin (2005). *No Direction Home,* movie documentary about Bob Dylan. Paramount.

Seltzer, Sarah (2012). "Occupiers aren't running for office. They have their sights set higher," *The Washington Post,* 13 January. http://www.washingtonpost.com/opinions/occupiers-arent-running-for-office-they-have-their-sights-set-higher/2012/01/12/gIQA0rPwwP_story.html

Shapiro, Phil (2011). "Should I protect my tweets?" *PC World,* 22 February. http://www.pcworld.com/article/220287/should_i_protect_my_tweets.html

Sharma, Dinesh C. (2005). "Podcast start-up creates music network," *CNET News,* 23 August. http://news.cnet.com/Podcast-start-up-creates-music-network/2100-027_3-5841888.html

Sharp, David (2008). "Audio book sales are booming—what makes them so great?" *LinkSnoop,* 26 December. http://www.linksnoop.com/more/181076/Audio-Book-Sales-Are-Booming-What-Makes-Them-So-Great/

Shawn, Eric (2008). Report about Facebook groups, Fox News, 1 December.

Sierra, Kathy (2007). "My favorite graphs…and the future," *Creating Passionate Users* blog, 6 April. http://headrush.typepad.com/

Silversmith, David (2009). "Google losing up to $1.65M a day on YouTube," *Internet Evolution,* 14 April. http://www.internetevolution.com/author.asp?id=715&doc_id=175123&

Sinderbrand, Rebecca, and Wells, Rachel (2008). "Obama takes top billing on U.S. television," CNN.com, 29 October. http://edition.cnn.com/2008/POLITICS/10/29/campaign.wrap.spending/index.html

Sirota, David (2008). "The Politico's Jayson Blair," *Open Salon,* 7 December. http://open.salon.com/content.php?cid=57773

Sklar, Rachel (2007). "A crush on Obama, and an eye on the prize," *The Huffington Post,* 16 July. http://www.huffingtonpost.com/2007/07/16/a-crush-on-obama-and-an-e_n_53057.html

Smith, Harry (2012). Report on "The Revolution of the White Snow" in Russia, *Rock Center,* NBC-TV, 29 February.

Smith, Justin (2008). "Facebook infrastructure up to 10,000 Web servers," *Inside Facebook* blog, 23 April. http://www.insidefacebook.com/2008/04/23/facebook-infrastructure-up-to-10000-web-servers/

Smith, Shepard (2008). *Fox Report with Shepard Smith,* Fox News, 2 December.

Socialmediatrader (2008). "What would happen if the US elections were held on Digg?" 18 January. http://socialmediatrader.com/what-would-happen-if-the-us-elections-were-held-on-digg/

Spiegel, Brendan (2007). "Ron Paul: how a fringe politician took over the Web," *Wired*, 27 June. http://www.wired.com/politics/onlinerights/news/2007/06/ron_paul

Staples, Andy (2012). "For top football recruits, behavior on social media has consequences," *Sports Illustrated*, 24 January. http://sportsillustrated.cnn.com/2012/writers/andy_staples/01/24/recruits.social.media/index.html

Stelter, Brian (2011). "News organizations complain about treatment during protests," *The New York Times*, 21 November. http://mediadecoder.blogs.nytimes.com/2011/11/21/news-organizations-complain-about-treatment-during-protests/

Stelter, Brian, and Baker, Al (2011). "Reporters say police denied access to protest site," *The New York Times*, 15 November. http://mediadecoder.blogs.nytimes.com/2011/11/15/reporters-say-police-denied-access-to-protest-site/

Sternberg, Janet (2012). *Misbehavior in Cyber Places: The Regulation of Online Conduct in Virtual Communities on the Internet*. Lanham, MD: University Press of America, in press.

Stirland, Sarah Lai (2007). "News recommendation site launches 'Digg the Candidates': Ron Paul & Obama end up on top," *Wired*, 21 November. http://blog.wired.com/27bstroke6/2007/11/news-recommenda.html

"Stop the 'Doc Bloc' on MSNBC" (2008). Facebook group. http://www.facebook.com/group.php?gid=49254779160

Storm, Darlene (2011). "Army of fake social media friends to promote propaganda," *Computer World*, 22 February http://blogs.computerworld.com/17852/army_of_fake_social_media_friends_to_promote_propaganda

Stranahan, Lee (2008). "Markos, John, & Elizabeth: how *Daily Kos* keeps swallowing the Kool-Aid," *The Huffington Post*, 12 August. http://www.huffingtonpost.com/lee-stranahan/markos-john-elizabeth-how_b_118343.html

Strate, Lance (2007). *BlogVersed*, Myspace blog. http://blogs.myspace.com/index.cfm?fuseaction=blog.view&friendID=176504380&blogID=284027048

Strate, Lance; Jacobson, Ron; Gibson, Stephanie (Eds.) (2003). *Communication and Cyberspace*. Cresskill, NJ: Hampton.

Straus, Donald B. (1991). "Intuition—a human tool for generalizing," *Journal of Social and Biological Structures*, 14/3, pp. 333–352.

―――― (2001). "Referenda: can this crippled citizen voice be converted into an educated roar?" *Loka Alert*, 1 February. http://www.loka.org/alerts/loka_alert_8.1.htm

Stuart, Sarah Clarke ("swampburbia") (2009). "The infinite narrative: intertextuality, new media and the digital communities of *Lost*," syllabus, University of North Florida course, Spring. http://lostlit.wordpress.com

Suellontrop, Chris (2008). "The Kerry surprise," *The New York Times*, 28 August. http://opinionator.blogs.nytimes.com/2008/08/28/the-kerry-surprise/

Sullivan, Andrew (2008). "The Kerry speech," *The Daily Dish*, 28 August. http://andrewsullivan.theatlantic.com/the_daily_dish/2008/08/the-kerry-speec.html

Szalai, Georg (2012). "Facebook files for IPO, looks to raise $5 billion," *The Hollywood Reporter*, 1 February. http://www.hollywoodreporter.com/news/facebook-files-ipo-5-billion-financials-mark-zuckerberg-profit-286384

Talamasca, Akela (2008). "Second Life on an iPhone," *Massively*, 13 February. http://www.massively.com/2008/02/13/second-life-on-an-iphone/

Talkshoe (2009). "New to Talkshoe?" http://www.talkshoe.com/se/about/TSAbout.html

Teachout, Zephyr; Streeter, Thomas; et al. (2008). *Mousepads, Shoe Leather, and Hope: Lessons from the Howard Dean Campaign for the Future of Internet Politics*. Boulder, Co., and London: Paradigm.

Techradar (2008). "Facebook, MySpace statistics," 11 January. http://techradar1.wordpress.com/2008/01/11/facebookmyspace-statistics/

Tedford, Thomas (1985). *Freedom of Speech in the United States*. New York: Random House.

Terdiman, Daniel (2008). "AMC decides to allow fans' 'Mad Men' Twittering," CNET News, 27 August. http://news.cnet.com/8301-13772_3-10027152-52.html

Terminator: The Sarah Connor Chronicles (2008). Season 2, Episode 10, Fox TV, 24 November.

_____ (2008). Season 2, Episode 13, Fox TV, 15 December.

The New Millennium: Science, Fiction, Fantasy (2000). Fox News special, 1 January.

Themediaisdying (2009). http://www.twitter.com/themediaisdying

Time (2008). Magazine cover, 24 November.

TMZ staff (2006). "'Kramer's' racist tirade caught on tape," *TMZ*, 20 November. http://www.tmz.com/2006/11/20/kramers-racist-tirade-caught-on-tape/

Tossell, Ivor (2008). "Teeny-tiny Twitter was the year's big story," *Globe and Mail*, 25 December. http://www.theglobeandmail.com/servlet/story/RTGAM.20081225.wwebtossell1226/EmailBNStory/Technology/home

Trippi, Joe (2004). *The Revolution Will Not Be Televised: Democracy, the Internet, and the Overthrow of Everything*. New York: William Morrow.

Truth on Earth Band (2008). "Shot with a Bulletless Gun," recording. http://www.truthonearthband.com/song_bulletlessgun.html

Valéry, Paul (1933). "Au sujet du cimetière marin," reprinted in *Oeuvres de Paul Valéry*, Paris: Gallimard, La Pléiade, 1957.

Vamburkar, Meenal (2012). "How Kony 2012 is raising awareness, but also raising questions," *Mediaite*, 8 March. http://www.mediaite.com/online/how-kony-2012-is-raising-awareness-but-also-raising-questions/

Van Grove, Jennifer (2009). "One giant leap for Twitterkind; Mike Massimino tweets from space," *Mashable*, 12 May. http://mashable.com/2009/05/12/first-tweet-from-space/

Vance, Ashlee (2009). "Online video of inauguration sets records," *The New York Times*, 20 January. http://www.nytimes.com/2009/01/21/us/politics/21video.htm

VanDenPlas, Scott (2007). "Ron Paul, Barack Obama, and the digital divide," *morefishthanman* blog, 21 May. http://www.morefishthanman.com/2007/05/21/ron-paul-barack-obama-and-the-digital-divide/

Vargas, Jose Antonio (2007). "On Wikipedia, debating 2008 hopefuls' every facet," *The Washington Post*, 17 September. http://www.washingtonpost.com/wp-dyn/content/article/2007/09/16/AR2007091601699_pf.html

Vedro, Steven (2007). *Digital Dharma*. Wheaton, IL: Quest Books.

Wales, Jimmy (2009). Interview by Mark Molaro, *The Alcove*, 26 May, video. http://www.youtube.com/watch?v=e1t88Bul5is

Walsh, Joan (2007). "Men who hate women on the Web," *Salon*, 31 March. http://www.salon.com/opinion/feature/2007/03/31/sierra/

_____ (2008). Comment on Paul Levinson's "Obama should reject McCain's call to postpone Friday's debate," *Open Salon*, 24 September. http://open.salon.com/content.php?cid=21963

Washington Post, The (2008). "President-elect Obama's first YouTube address," 15 November. http://voices.washingtonpost.com/44/2008/11/15/president-elect_obamas_first_y.html

Wastler, Allen (2007). "An open letter to the Ron Paul faithful," *Political Capital with John Harwood* blog, CNBC.com, 11 October. http://www.cnbc.com/id/21257762

Weeds (2009). Season 5, Episode 1, Showtime TV series, 8 June.

Weiner, Anthony (2011). Transcript of resignation speech, 16 June. http://www.nbcnewyork.com/news/local/Weiner-Admits-Confesses-Photo-Twitter-Relationships-123268493.html

Weist, Zena (2009). "Twitterers: how old are you?" *Nothin' but SocNET*, 21 February. http://nothingbutsocnet.blogspot.com/2008/02/twitterers-how-old-are-you.html

Wellman, Barry (2008). "I was a WikiWarrior for Barack Obama," *CITASA*, 8 November. http://list.citasa.org/pipermail/citasa_list.citasa.org/2008-November/000057.html

Wertheimer, Linda (2008). "Age likely to be key factor in Presidential campaign," National Public Radio, 24 June. Also, quoted in full in Liasson, Mara (2008), "Parsing the generational divide for Democrats," National Public Radio, 1 May. http://www.npr.org/templates/story/story.php?storyId=91853809

White House Blog, The (2009). "Change has come to WhiteHouse.gov," 20 January. http://www.whitehouse.gov/blog/change_has_come_to_whitehouse-gov/

Wikipedia (2012). "Category: Wikipedia behavioral guidelines." http://en.wikipedia.org/wiki/Category:Wikipedia_behavioral_guidelines

_____ (2012). "Kate Nash." http://en.wikipedia.org/wiki/Kate_Nash

_____ (2012). "Lily Allen." http://en.wikipedia.org/wiki/Lily_Allen

_____ (2012). "Sean Kingston." http://en.wikipedia.org/wiki/Sean_Kingston

_____ (2012). "The Arab Spring." http://en.wikipedia.org/wiki/The_Arab_Spring

_____ (2012). "The Traveling Wilburys." http://en.wikipedia.org/wiki/The_Traveling_Wilburys

_____ (2012). "Virgin Killer" (Scorpions album, with nude girl on cover). http://en.wikipedia.org/wiki/Virgin_Killer

_____ (2012). "Wikipedia." http://en.wikipedia.org/wiki/Wikipedia

_____ (2012). "Wikipedia: Conflict of interest." http://en.wikipedia.org/wiki/Wikipedia:COI

_____ (2012). "Wikipedia: Identifying reliable sources." http://en.wikipedia.org/wiki/Wikipedia:Identifying_reliable_sources

_____ (2012). "Wikipedia servers." http://en.wikipedia.org/wiki/Wikipedia#Software_and_hardware

Winfield, Nicole (2009). "Vatican 2.0: Pope gets his own YouTube channel," Associated Press, 23 January. http://seattletimes.nwsource.com/html/businesstechnology/2008662245_apeuvaticanyoutube.htm

Wortham, Jenna (2008). "'Puppy Torture' video sparks outrage, military investigation," *Wired*, 4 March. http://blog.wired.com/underwire/2008/03/puppy-torture-v.html

Wright, Benjamin, and Winn, Jane K. (1998). *The Law of Electronic Commerce*, 3rd edition. Aspen, Co.: Aspen Law & Business.

Young, Neil (2009). "Fork in the Road," song. http://www.youtube.com/watch?v=m7L7XsHKCVs

Zeleny, Jeff (2008). "Lose the BlackBerry? Yes he can, maybe," *The New York Times*, 15 November. http://www.nytimes.com/2008/11/16/us/politics/16blackberry.html

Zenter, Kim (2008). "Experts say MySpace suicide indictment sets 'scary' legal precedent," *Wired*, 15 May. http://blog.wired.com/27bstroke6/2008/05/myspace-indictm.html

_____ (2008). "Lori Drew not guilty of felonies in landmark cyberbullying trial," *Wired*, 26 November. http://blog.wired.com/27bstroke6/2008/11/lori-drew-pla-5.html

Ziegler, John (2009). "Media Malpractice," film documentary, videoclip. http://www.youtube.com/watch?v=qXnG8rxOdvQ

Zunes, Stephen (2009). "Iran's history of civil insurrections," *The Huffington Post*, 19 June. http://www.huffingtonpost.com/stephen-zunes/irans-history-of-civil-in_b_217998.html

Zurawik, David (2008). "Is Obama the first 'cybergenic' candidate?" *Baltimore Sun*, 12 August. http://www.mediachannel.org/wordpress/2008/08/12/is-obama-the-first-cybergenic-candidate/

第一版译后记

对我而言,《新新媒介》的思想并不陌生,然而其具体内容却胜过"天书"。互联网上诞生的第一代媒介(莱文森命名为"新媒介")如网上报纸、电子邮件已然深入我的生活,成了我须臾不能分离的必需品,每天都用。然而互联网上的第二代媒介(莱文森命名为"新新媒介")却对我全然陌生。Blogging、YouTube、Wikipedia、Digg、Myspace、Facebook、Twitter、Second Life、Podcast 等至今是我的禁地,我不曾、不想、不愿使用这些远离"离线"生活和真实世界的东西。我至今不用手机,在网络世界中,我连"菜鸟"都不能算,有什么资格和能力来翻译与解读如此新锐的《新新媒介》?

答案之一就在神奇的网络世界。我之所以没有被《新新媒介》的新知识吓倒,那是因为新知识是可以从网络世界获取的!

几年前,我在网上偶然检索到网友陈定家(未曾谋面,估计是我外出讲学时的听众,容我摘抄)的博客《从季羡林"想自杀"到何道宽"幸福死了"》:季羡林先生在1995年10月自述中说:"我身处几万册书包围之中,睥睨一切,颇有王者气象。叵我偏偏指挥无方,群书什么阵也排不出来。我要用哪一本,肯定找不到哪一本。'只在此室中,书深不知处。'……我曾开玩笑似地说过:'我简直想自杀!'……新一代读书人有福了。充分利用网络这个最大的图书馆,也许是解决季老式烦恼的最好方式之一。季老'极以为苦'的怨言,让我想起了翻译家何道宽先生的感叹:'今天做学问的人真是幸福死了!'理由很简单——因为我们生活在一个国际互联网时代。"

我无数次感慨地对亲友和同事说:"互联网有海量的数据库和无数的'百科全书',为我们一切可能利用的资料做了99%……的初级加工,使我们从检索资料的'体力劳动'中解放出来了。"

至于《新新媒介》的理论转译,我的勇气来源于三十年来与麦克卢汉的神交,以及十年来与好友莱文森的文字之交、电邮通信和电话交谈。

我主持并操刀完成了"媒介环境学"译丛(北京大学出版社),对以麦克卢汉和莱文森为代表的整个"媒介环境学"学派有了透彻的理解、解读和批评。自有一番"一览众山小"的豪情,高屋建瓴的气势油然而生。把握他们的媒介思想和理论以后,《新新媒介》里的新知识就小菜一碟、不在话下了。

希望这部"唯一"的新锐著作对学界内外和广大网民有所启迪。

感谢复旦大学出版社以敏锐的眼光捕捉住这个选题,感谢章永宏先生的痛快决策和精心编辑。

何道宽

深圳大学文化产业研究院

深圳大学传媒与文化发展研究中心

2010 年 10 月 3 日

第二版译后记

第一版的后记回答了我何能、何不能的问题。

容我援引其中的两句话:

> 在网络世界中,我连"菜鸟"都不能算,有什么资格和能力来翻译与解读如此新锐的《新新媒介》?……我无数次感慨地对亲友和同事说:"互联网有海量的数据库和无数的'百科全书',为我们一切可能利用的资料做了99%……的初级加工,使我们从检索资料的'体力劳动'中解放出来了。"

> 至于《新新媒介》的理论转译,我的勇气来源于三十年来与麦克卢汉的神交,以及十年来与好友莱文森的文字之交、电邮通信和电话交谈。

在第二版的后记里,容我代表读者感谢莱文森。他特别重视我们这个中文版,为其撰写了"补记:2012年美国大选的借鉴意义"。中译本的读者比英文原版的读者幸运:这个"补记"是英文版没有的!

以其特有的雷厉风行,章永宏先生决定在三年之内连出《新新媒介》的两个版本,使这个紧追互联网、社交媒介、智能手机和平板电脑等技术和文化发展的中文版尽快与读者见面。特表谢忱!

何道宽
深圳大学文化产业研究院
深圳大学传媒与文化发展研究中心
2013年9月15日

作者介绍

保罗·莱文森（Paul Levinson），美国媒介理论家、媒介环境学会顾问、科幻小说家、大学教授、社会批评家、音乐人，在科幻文艺和媒介理论两方面卓尔不凡，在音乐上小有成就。

以学海而论，他相当完美地实现了科学文化与文学文化、精英文化与大众文化的结合。

以学术而论，他发表的论文数以百计，多半涉及传播和技术的历史和哲学；媒介理论著作九部：《思想无羁》、《软利器》、《数字麦克卢汉》、《真实空间》、《手机》、《莱文森精粹》、《学习赛博空间》、《捍卫第一修正案》和《新新媒介》。他的理论著作，大部分已在国内翻译出版。

以文艺成就而论，他创作了科幻作品二十余种，其中长篇五部：《丝绸密码》、《松鼠炸弹》、《记忆的丧失》、《出入银河系》和《拯救苏格拉底》；出版了音乐专辑《双重押韵》。

以学术地位而论，他曾任美国科幻协会会长、现任媒介环境学会顾问，被誉为"数字时代的麦克卢汉"，其科幻作品屡获美国和世界级大奖或提名奖。

莱文森继承和发扬了麦克卢汉（Marshall McLuhan）和波斯曼（Neil Postman）的社会批评，他在广播电视、报纸杂志、网络媒体上发表的访谈和文章数以百计。

莱文森是媒介环境学派领军人物，是数字时代的麦克卢汉、新新媒介研究的拓荒者，他的学术地位还在上升。

图书在版编目(CIP)数据

新新媒介：第2版/[美]莱文森(Levinson, P.)著；何道宽译. —上海：复旦大学出版社，
2014.7(2022.10重印)
(复旦新闻与传播学译库. 新媒体系列)
书名原文：New new media, 2nd ed
ISBN 978-7-309-10584-1

Ⅰ.新… Ⅱ.①莱…②何… Ⅲ.传播媒介-研究 Ⅳ.G206.2

中国版本图书馆 CIP 数据核字(2014)第 080010 号

Authorized translation from the English language edition, entitled NEW NEW MEDIA, 2E, 9780205865574 by LEVINSON, PAUL, published by Pearson Education, Inc., Copyright © 2013.
All rights reserved. No part of this book may be reproduced or transmitted in any form or by any means, electronic or mechanical, including photocopying, recording or by any information storage retrieval system, without permission from Pearson Education, Inc.
CHINESE SIMPLIFIED language edition published by PEARSON EDUCATION ASIA LTD., and FUDAN UNIVERSITY PRESS Copyright © 2014.

上海市版权局著作权合同登记号　图字 09-290-666

新新媒介：第2版
[美]保罗·莱文森(Levinson, P.)　著　何道宽　译
责任编辑/余璐瑶

复旦大学出版社有限公司出版发行
上海市国权路 579 号　邮编：200433
网址：fupnet@fudanpress.com　http://www.fudanpress.com
门市零售：86-21-65102580　团体订购：86-21-65104505
出版部电话：86-21-65642845
浙江临安曙光印务有限公司

开本 787×960　1/16　印张 18.5　字数 316 千
2014 年 7 月第 2 版
2022 年 10 月第 2 版第 5 次印刷
印数 10 401—11 500

ISBN 978-7-309-10584-1/G·1328
定价：39.80 元

如有印装质量问题，请向复旦大学出版社有限公司出版部调换。
版权所有　侵权必究